现代电子信息工程理论与技术丛书

雷达系统建模与仿真

杨万海　编著

西安电子科技大学出版社

2007

内 容 简 介

本书从雷达系统研究与设计的角度，介绍了雷达系统仿真的基本概念、基本原理和基本方法与技术。

全书共分 9 章，第 1 章介绍了系统仿真概述，第 2～9 章分别介绍了随机事件仿真基础——均匀分布随机数的产生与检验，统计试验法概述，目标与杂波模型，随机变量的仿真，相关雷达杂波的仿真，雷达系统模型，重要抽样技术，基于 Simulink 的雷达仿真。

本书是为从事雷达研究与设计领域的工程技术人员编写的，也可作为电子信息类专业雷达仿真方面的教材和研究生的参考书。

图书在版编目(CIP)数据

雷达系统建模与仿真/杨万海编著 . —西安：西安电子科技大学出版社，2007.1
（现代电子信息工程理论与技术丛书）
ISBN 7 - 5606 - 1728 - X

Ⅰ. 雷…　Ⅱ. 杨…　Ⅲ. ① 雷达—系统建模　② 雷达—系统仿真　Ⅳ. TN955

中国版本图书馆 CIP 数据核字(2006)第 116526 号

策　　划	臧延新
责任编辑	杨宗周
出版发行	西安电子科技大学出版社(西安市太白南路 2 号)
电　　话	(029)88242885　88201467　　邮　编　710071
http://www.xduph.com　　E-mail：xdupfxb@pub.xaonline.com	
经　　销	新华书店
印刷单位	陕西华沐印刷科技有限责任公司
版　　次	2007 年 1 月第 1 版　2007 年 1 月第 1 次印刷
开　　本	787 毫米×1092 毫米　1/16　印　张 17.625
字　　数	411 千字
印　　数	1～4000 册
定　　价	26.00 元

ISBN 7 - 5606 - 1728 - X/TN · 0348

XDUP 2020001 - 1

＊＊＊如有印装问题可调换＊＊＊

本社图书封面为激光防伪覆膜，谨防盗版。

序

　　西安电子科技大学出版社一直把视角的焦点放在电子信息领域的最新发展和对于生产的应用方面。针对当前新经济时代，信息化水平已成为衡量我国现代化程度和综合国力的主要标志，现在出版"现代电子信息工程理论与技术丛书"，显然是一个十分恰当的时机。这套丛书的主要对象是从事电子信息领域研究和开发的科技工作者、工程师、在读的研究生，以及希望了解该领域发展的各类相关人员。因此本套丛书的重点不在于艰深的理论探讨，而是力求理论联系实际，揭示新应用，发展新领域。总之，我们希望通过这套丛书能帮助读者对电子信息领域的总体、全貌和发展趋势有所了解。

　　西安电子科技大学出版社一直以电子信息领域的热心读者作为自己的服务对象。这套丛书的好与坏，起的作用大与小都要靠每一位读者来检验。因此在成立编委会和着手编辑这套丛书的时候，我们对读者的对象、读者的需求和读者的兴趣做了多方面的设想。为了使多方面的读者都有所收获，我们力求把每本书每个章节都做到简单明了、深入浅出；每本书都是读者了解电子信息领域的忠实"导游"；每本书都是作者与读者交换思想和促膝谈心的最佳机会。

　　西安电子科技大学出版社一直有着广泛且相对联系紧密的作者群，他们大多是熟悉电子信息领域发展的一线专家，其中不乏是该领域的知名学者、教授，正是由于这么一个群体，使我们有信心把这套丛书的学术水平和实用价值提到一个新的水平。

　　尽管如此，这套丛书的编撰还是新的尝试，作者和编辑们缺乏经验，加之本领域发展十分迅速，使我们难于全面把握。衷心希望每一位读者都作为这套丛书的实践检验者，你们的每一条意见，将是丛书提高的重要依据。

丛书编委会

现代电子信息工程理论与技术丛书编委会

前　言

　　系统仿真是一门伴随着科学技术，特别是电子数字计算机的发展而发展起来的新兴技术，它推动了很多学科的发展。对那些非常庞大而又非常复杂的系统或难于求出数学解的诸多领域，系统仿真技术具有良好的应用前景。

　　过去，我们说对一个系统进行研究，首先想到的是系统分析、系统综合与设计。我们知道，系统分析是在已知系统结构、参数的情况下，研究系统本身的特性及其对系统输出的影响。而系统综合与设计正好和系统分析相反，它是在给定系统特性的情况下，寻求系统结构及其参数，甚至包括系统寻优。对雷达系统也是如此，首先是理论上的设计，然后用硬件实现，可能要经过多次反复、修改，才能定型，人力、物力花费很大。当前，在雷达系统的研究与设计方面又增加了一种新的手段，这就是雷达系统仿真。通过系统仿真既可以对雷达系统进行系统分析，也可以对其进行综合与设计。实际上，在 20 世纪 80 年代以后，世界上某些科学技术比较发达的国家已经利用仿真技术对雷达系统进行研究与设计。

　　雷达仿真技术在雷达系统的研制中有着非常重要的地位。在雷达系统的研究与开发中，利用仿真技术可以确定系统设计方案；对给定的雷达系统进行性能评估；寻求新的雷达体制；寻求最佳雷达波形；寻求更好的信号处理技术；寻求抗各种有源和无源干扰的方法等等。以上这些都可以通过仿真得到验证。应当说，雷达仿真技术是一种能够节约大量人力和物力资源，缩短研制周期，解决设计中的某些难题和推动雷达技术发展的非常有效的方法与手段。

　　本书注重仿真的基本理论、基本技术和基本方法的介绍，所给出的例子尽管比较简单，但易于举一反三。本书注重知识的系统性，力图使读者建立一个完整的全新的雷达系统研究与设计概念。本书以雷达物理系统为核心，将内容基本分为三个部分，其一是雷达系统的输入，除了有用信号之外，还包括具有不同分布特性的雷达噪声、杂波、干扰及其产生方法，其中包括独立的、相关的，相干的和非相干的各种杂波环境。其二是雷达系统本身，即它的分机和电路模型，以搜索雷达为主线，建立了由高频到视频的模型，以便于读者的使用和参考。其三是以雷达系统输出为信源对雷达系统的主要性能作出评价。

　　本书着重介绍了电子信息系统中雷达系统仿真的关键技术和方法，不管对军用雷达还是对民用雷达的研究与设计，都具有应用价值。作者希望本书能对通信、导航、信息对抗等系统的研究与设计有一定的参考价值。

　　实际上，雷达仿真领域所包含的内容是很丰富的，本书不可能全面介绍，如雷达功能仿真，各种成像雷达的仿真等等，如果本书能够起到一点普及和推广雷达仿真技术的作用，也就达到了作者的目的。

　　西安电子科技大学史林教授审阅了本书的全文，对本书的修改提出了许多宝贵意见，编者在此对史林教授表示衷心的感谢。编者对西安电子科技大学出版社的领导、负责本书策划和编辑工作的臧延新和杨宗周同志表示衷心的感谢。最后还要感谢我的诸多学生，是他(她)们为本书提供了部分仿真数据。

由于编者水平有限，书中难免有错误和不妥之处，希望读者多加批评和指正。

编　者

2006 年 10 月

目　　录

第 1 章　系统仿真概述

1.1　系统仿真的一般概念

　　系统仿真是一门伴随着科学技术，特别是电子数字计算机技术的发展而发展起来的新兴技术，它推动了很多学科的发展。对那些非常庞大而又非常复杂的系统或难于求出数学解的诸多领域，系统仿真技术显露出了魔幻般的身手。

　　所谓系统，就是由许多元、部件或单元有机地组合在一起，并且能完成特定任务的统一体。它又可能是另一个更大系统的组成部分，而它的部件或单元又可成为子系统。如雷达系统、通信系统、导航系统、电子对抗系统等，它们又可能成为 C^3I 系统的组成部分。从电子信息系统仿真的角度说，我们所说的"系统"不仅包含物理系统本身，还包含具有各种不同特性的输入信号、在系统输出端得到的输出信号以及对系统的性能评价，可以认为它是一个广义系统。为了不使涉及的面太宽，本书着重介绍电子信息系统中雷达系统仿真的某些关键技术。

　　对一个电子信息系统中重要的子系统，即雷达系统的仿真，首先是指对雷达系统的各种输入信号的建模和仿真，也就是电磁环境的仿真。在信号模型确定之后，按模型要求生成系统的各种输入信号，如有用信号、噪声、杂波和干扰，其中包括有源干扰和无源干扰等。然后对一个将要研究或设计的实际的物理系统进行建模，用计算机语言将其变成一个"软系统"，再根据在计算机上所产生的各种输入信号送入"软化"的物理系统，得到系统的各种输出信号，结合系统的战术技术参数，最后对系统的性能进行评估，使得所设计的系统能在给定的电磁环境下完成给定的任务。从这里我们不难看出，系统仿真是各种雷达系统研究、设计和性能评估的有力的辅助工具。雷达系统的仿真在内容上可以概括为三个部分，即电磁环境的建模与仿真、雷达系统本身的建模与仿真和系统的性能评价。

　　通常，我们说对一个系统进行研究，主要包括系统分析、系统综合与设计和系统仿真几部分内容。

　　系统分析是在已知系统结构、参数的情况下，研究系统本身的特性及其对系统输出的影响。例如，给定一个数字滤波器，我们可以将它看做是一个最简单的系统，找出其传递函数、脉冲响应以及在给定一个输入信号及其参数的情况下，求出它的输出信号及其特征等，均属于系统分析之列；而系统综合与设计正好和系统分析相反，它是在给定系统特性的情况下，寻求系统结构及其参数，甚至包括系统寻优。例如，要求设计一个频带为 Δf 的数字系统，当然它可以是一个数字滤波器，要求综合设计一个具有给定特性的滤波器，包括确定滤波器的阶数、结构及具体的滤波器参数等。

要进行系统分析必须保证系统能被客观地描述，而且能从描述的关系中求出系统的输出。

根据一个给定的数字系统，可以写出一个或一组差分方程，即差分方程能客观地描述数字系统，这是第一点；在给定输入信号的情况下，解差分方程，可求出系统的输出信号，它是根据系统本身的特性，脉冲响应或传递函数等求出的，这是其二；如果给定的是一个模拟系统，可以写出一组描述它的微分方程，在给定输入信号的情况下，解微分方程，可求出系统的输出信号，它也是根据系统本身的特性，脉冲响应或传递函数等求出的。当然，我们也可直接由给定的系统响应与输入信号求输出，也可反推出其差分方程或微分方程。

在进行系统的综合与设计时首先要明确地给出系统的响应特性；其次利用所选定的方法，求出满足给定特性的系统元、部件及参数，并给出元、部件的连接方式或结构。

例如，要求综合与设计一个具有通带为 Δf 的 MTI 数字对消器，我们就可以选择利用付里叶级数展开法进行综合与设计，一直到确定对消器的阶数和系数为止。

上边所举的例子都是比较简单的，并且也都是能用数学工具进行综合和分析的。随着科学技术的飞速发展，各种复杂的的系统相继出现，对这些系统的性能评估、预测及系统设计等越来越显得重要，往往这些系统又都是由许多数字系统组成的，它们又可能是更大的系统的组成部分。例如一个现代雷达系统，不仅是由许多部件组成的，而且它的输入信号也是非常复杂的，不仅包括确定信号，也包括随机信号，并且还有人为的和天然的各种干扰，所以对这样复杂的系统进行研究，只靠系统分析和系统综合的方法是难于完成的。随着电子技术的发展和计算机技术的广泛应用，这就出现了另一种进行系统研究的手段，即系统仿真或模拟技术，它不同程度地解决了各种复杂系统的研究与设计中的一系列问题，即系统分析、系统综合和系统性能评估问题，而且在某些方面还优于数学方法，如研究众多的随机因素对系统的性能影响等。可以说，系统仿真或系统模拟技术的出现是系统研究方面的一个非常重要的进展，甚至于突破。

所谓系统仿真，就是在计算机上用软件或单独使用硬件或软、硬件相结合地对给定系统进行模仿。通常它用某种实体或数学模型来代替实际系统，以实现对实际系统进行研究，如图 1-1 所示。在仿真过程中，实际上就是用一个系统模型代替实际系统对实际系统进行分析、规划、评价、寻优和设计的。实际上，雷达系统仿真不仅仅只是对实际的物理系统进行仿真，也包括对非常复杂的电磁环境的仿真，在实验室里复现电磁环境。我们知道，雷达系统的输入信号，不仅包括有用信号，还有噪声、杂波和干扰等。在图 1-1 中，仿真系统的输入和输出信号分别用 $x_1^{'}$, $x_2^{'}$, $\cdots$, $x_N^{'}$ 和 $y_1^{'}$, $y_2^{'}$, $\cdots$, $y_N^{'}$ 表示，以示与实际系统的区别。

图 1-1　实际系统与仿真模型的关系

系统仿真步骤如下：

（1）首先确定研究的对象及要解决的问题，然后根据要解决的问题提出系统仿真所要达到的目的和要求。

（2）根据所研究的问题和目的，确定合理的系统模型，并给出数学表达式，这一步是仿真成败的关键。一般要求模型尽量简化，但又保持与原型的一致，使其不产生太大的误差。如果一个具体模型选择得非常复杂，则要涉及两个问题，一个是能否在计算机上实现的问题；另一个是计算时间的问题。

（3）确定具体的系统结构、描述方法和参数。例如要对一个由阻容网络构成的低频放大器进行仿真，首先就要选择网络结构，并给出描述系统的方程和参数，使它的频率特性与所研究的对象保持一致。

（4）画出程序流程图，用通用语言或专门用于仿真的某种语言编制程序。

（5）确定仿真次数，根据目的要求，进行仿真试验，打印出仿真结果或直接绘制出曲线显示在显示器上。

（6）最后对结果进行分析、判断，看是否达到了仿真的目的和要求。如果没有达到，则提出修改模型或修改试验参数的意见，然后修改程序，继续进行试验。这一步包括发现试验中由于模型不完善或不合理地近似，或由元、器件的非线性因素等所造成的错误，这是进行复杂系统仿真时必须要注意的问题。如果试验满足要求，则结束程序，将以上步骤画成流程图，示于图1-2。

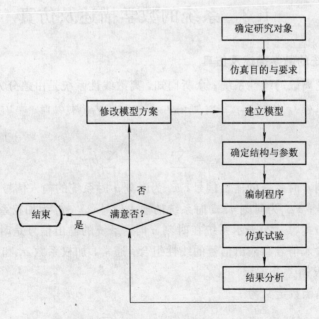

图1-2 系统仿真试验流程图

1.2 系统仿真方法的分类

由于"系统"涉及各行各业，不同的系统之间也千差万别，因此所采用的分类方法也是各种各样的。从建立数学模型的角度看，应主要以数据形式进行分类，这样就可以把它大致分成两类。一类是利用各种电子元器件(如加法器、乘法器、积分器、放大器等),按模型提供的方式和结构,适当地连接起来,构成一个仿真系统。这类仿真称做器件仿真或模拟式仿真。显然,它包括模拟计算机仿真。另一类是把实际系统数字化,给出数学公式或数学关系,即数学模型,使用一定的计算机语言,在数字计算机上进行仿真,这类仿真称做数字仿真。

在 20 世纪 60 年代,主要是利用器件仿真。器件仿真的特点是用一个具体的仿真系统可以代替原来的系统,因此便于直观地了解原系统本身、原系统各个环节之间内在的联系,这是器件仿真的突出优点。另外,它的速度高,缺点是通用性、灵活性差,且不易获得高的仿真精度。

20 世纪 70 年代以后,由于数字计算机的发展,特别是大型、通用和高速数字计算机的出现,使仿真技术由器件仿真逐渐走向了数字仿真。数字仿真的通用性强、灵活、方便。特别是仿真结果是以数字形式给出的,便于处理,但在当时,还是存在存储容量和计算时间的问题。这也是当时有些人想将两种仿真技术结合为一体的原因。

20 世纪 80 年代以后,由于数字计算机技术的飞速发展,数字仿真几乎完全取代了器件仿真,对于一般仿真来说,速度和容量已经不是主要问题。

从其他角度考虑,又可将仿真分为确定系统的仿真和随机系统的仿真,按此分类,蒙特卡罗仿真实际上被包含在随机系统仿真之中了。

1.3 系统的数学描述及仿真

1. 离散系统的数学描述及仿真

这里只讨论离散的线性系统。众所周知,离散线性系统是由差分方程描述的,即

$$y_n = [a_0 x_n + a_1 x_{n-1} + \cdots + a_N x_{n-N}] - [b_1 y_{n-1} + b_2 y_{n-2} + \cdots + b_M y_{n-M}] \quad (1-1)$$

写成和的形式:

$$y_n = \sum_{i=0}^{N} a_i x_{n-i} - \sum_{i=1}^{M} b_i y_{n-i} \quad (1-2)$$

式中:y_n 为时刻 n 时系统的输出信号;x_n 为时刻 n 时系统的输入信号;y_{n-i} 为时刻 $n-i$ 时系统的输出信号;x_{n-i} 为时刻 $n-i$ 时系统的输入信号;a_i, b_i 为加权系数。

式(1-1)和式(1-2)表示系统在时刻 n 时,系统的输出信号是时刻 n 时的输入信号,时刻 n 以前的输入信号和输出信号的线性组合。通常,加权系数 a_i 和 b_i 的数目是有限的,故上式是有限 N 阶差分方程。

系统的传递函数定义为

$$H(z) = \frac{Y(z)}{X(z)} = \frac{\sum_{i=0}^{N} a_i z^{-i}}{\sum_{i=1}^{M} b_i z^{-i}} \quad (1-3)$$

即系统的传递函数等于系统输出信号的 $\mathscr{L}$ 变换和系统输入信号的 $\mathscr{L}$ 变换之比。这样一来,在已知系统的输入信号和系统的传递函数 $H(z)$ 时,就可通过逆 $\mathscr{L}$ 变换求出系统的输出信号。

令传递函数中的 $z^{-1} = \mathrm{e}^{-\mathrm{j}\omega T}$，其中 ω 是角频率。这样，就可直接由传递函数求出系统频率响应的一般表达式

$$H(\mathrm{e}^{-\mathrm{j}\omega T}) = \frac{\sum\limits_{i=0}^{N} a_i \mathrm{e}^{-\mathrm{j}\omega T}}{\sum\limits_{i=1}^{M} b_i \mathrm{e}^{-\mathrm{j}\omega T}} \tag{1-4}$$

通过该方程可以直接求出系统的幅频响应和相频响应。如果已知系统输入信号的频谱，那么就可利用系统的频率响应，通过付里叶逆变换求出系统的输出信号。如果将式(1-4)展成多项式，则可求出系统的零点和极点，每个零点和极点都可单独构成一个子系统。若干子系统并联，传递函数则相加；若干子系统串联，传递函数则相乘。这些都是数字信号处理中的基本概念，这里就不多介绍了。

对于这样的离散的数字系统的计算机实现是比较简单的，只要给定差分方程及其参数、初始值，就可在计算机上进行迭代运算了。图 1-3 是一个具有两个极点的数字系统，其差分方程为 $y_n = x_{n-1} + k_1 y_{n-1} - k_2 y_{n-2}$，式中，$k_1$ 和 k_2 是已知的加权系数，其传递函数为

$$H(z) = \frac{z}{z^2 - k_1 z + k_2} \tag{1-5}$$

其零频增益为

$$C = H(\mathrm{e}^{\mathrm{j}\omega T}) \mid_{\omega=0} = H(1) = \frac{1}{1 - k_1 + k_2} \tag{1-6}$$

根据系统输入信号的直流分量，就可求出系统输出信号的直流分量。通常，都是以该值作为仿真中的 y_n 的初始值。从图 1-3 中可以看出，仿真时的初始值应该有两个，即一个是 y_n 的初始值，另一个是 y_{n-1} 的初始值。y_{n-1} 的初始值应该是将 y_{n-1} 点作为输出时，重新推导该点的传递函数，然后取该点稳态直流分量作为该点的初始值。这样，在给定系数 k_1、k_2 和初始值的情况下，便可画出程序框图，编制程序进行仿真了。

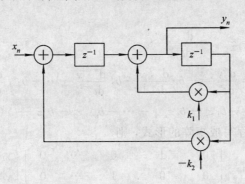

图 1-3　双极点非相干积累器

2. 连续系统的数学描述和仿真

众所周知，一个连续非时变系统可以用微分方程来描述，其一般表达式为

$$\frac{\mathrm{d}^n y}{\mathrm{d}t^n} + b_1 \frac{\mathrm{d}^{n-1} y}{\mathrm{d}t^{n-1}} + \cdots + b_{n-1} \frac{\mathrm{d}y}{\mathrm{d}t} + b_n y = a_0 \frac{\mathrm{d}^{n-1} x}{\mathrm{d}t^{n-1}} + a_1 \frac{\mathrm{d}^{n-2} x}{\mathrm{d}t^{n-2}} + \cdots + a_{n-1} x \tag{1-7}$$

式中：a_i、b_i 是加权系数。这里我们引入算子 $p \equiv \dfrac{\mathrm{d}}{\mathrm{d}t}$，则式(1-7)可写成

$$p^n y + b_1 p^{n-1} y + \cdots + b_{n-1} p y + b_n y = a_0 p^{n-1} x + a_1 p^{n-2} x + \cdots + a_{n-1} x \qquad (1-8)$$

若写成和的形式，则为

$$\sum_{i=0}^{n} b_{n-i} p^i y = \sum_{i=0}^{n-1} a_{n-i-1} p^i x \qquad (1-9)$$

输出量与输入量之比可写成

$$\frac{y}{x} = \frac{\displaystyle\sum_{i=0}^{n-1} a_{n-i-1} p^i}{\displaystyle\sum_{i=0}^{n} b_{n-i} p^i} \qquad (1-10)$$

式中：$b_0 = 1$。

输出量与输入量的拉普拉斯变换之比则是连续系统的传递函数，以 $H(s)$ 表示，得到

$$H(s) = \frac{Y(s)}{X(s)} = \frac{\displaystyle\sum_{i=0}^{n-1} a_{n-i-1} s^i}{\displaystyle\sum_{i=0}^{n} b_{n-i} s^i} \qquad (1-11)$$

当然，一个连续系统也可以用状态方程来表示。假定描述连续系统的微分方程为

$$\frac{\mathrm{d}^n y}{\mathrm{d}t^n} + b_1 \frac{\mathrm{d}^{n-1} y}{\mathrm{d}t^{n-1}} + \cdots + b_{n-1} \frac{\mathrm{d}y}{\mathrm{d}t} + b_n y = x(t)$$

引入状态变量 z，则

$$z_1 = y$$
$$z_2 = \dot{z}_1 = \frac{\mathrm{d}y}{\mathrm{d}t}$$
$$z_3 = \dot{z}_2 = \frac{\mathrm{d}^2 y}{\mathrm{d}t^2}$$
$$\vdots$$
$$z_n = \dot{z}_{n-1} = \frac{\mathrm{d}^{n-1} y}{\mathrm{d}t^{n-1}}$$
$$a_n = \frac{\mathrm{d}^n y}{\mathrm{d}t^n} = -b_1 \frac{\mathrm{d}^{n-1} y}{\mathrm{d}t^{n-1}} - b_2 \frac{\mathrm{d}^{n-2} y}{\mathrm{d}t^{n-2}} - \cdots - b_{n-1} \frac{\mathrm{d}y}{\mathrm{d}t} - b_n y + x(t)$$
$$= -b_1 z_n - b_2 z_{n-1} - \cdots - b_{n-1} z_2 - b_n z_1 + x(t) \qquad (1-12)$$

如果将上述 n 个微分方程写成矩阵的形式，则

$$\mathbf{z} = \begin{bmatrix} z_1 \\ z_2 \\ \vdots \\ z_n \end{bmatrix} = \begin{bmatrix} 0 & 1 & 0 & \cdots & 0 \\ 0 & 0 & 1 & \cdots & 0 \\ \vdots & \vdots & \vdots & & \vdots \\ -b_n & -b_{n-1} & -b_{n-2} & \cdots & -b_1 \end{bmatrix} \begin{bmatrix} y_1 \\ y_2 \\ \vdots \\ y_n \end{bmatrix} + \begin{bmatrix} 0 \\ 0 \\ \vdots \\ z_n \end{bmatrix} x \qquad (1-13)$$

$$\mathbf{y} = [1, 0, \cdots, 0] \qquad (1-14)$$

如果令

$$A = \begin{bmatrix} 0 & 1 & 0 & \cdots & 0 \\ 0 & 0 & 1 & \cdots & 0 \\ \vdots & \vdots & \vdots & & \vdots \\ -b_n & -b_{n-1} & -b_{n-2} & \cdots & -b_1 \end{bmatrix}, \quad B = \begin{bmatrix} 0 \\ 0 \\ \vdots \\ 1 \end{bmatrix}$$

$$C = [1, 0, \cdots, 0]$$

最后有

$$\dot{Z} = Az + Bx$$
$$y = Cz \tag{1-15}$$

前者即所谓的状态方程，后者是输出方程。如果描述系统的微分方程如式(1-8)，则可引入 n 个状态变量 $z_1, z_2, \cdots, z_n$，设

$$\sum_{i=0}^{n} b_{n-i} p^i z = x \tag{1-16}$$

又

$$p^i z = z_{i+1}, \quad i = 0, 1, \cdots, n-1$$

则

$$\sum_{i=0}^{n-1} b_{n-i} z_{i+1} + b_0 p^n z = x$$

因为 $b_0 = 1$，所以有

$$p^n z = z_n = -\sum_{i=0}^{n-1} b_{n-i} z_{i+1} + x \tag{1-17}$$

最后亦归结为

$$\dot{Z} = Az + Bx$$
$$y = \sum_{i=0}^{n-1} a_{n-i-1} z_{i+1} = Cz$$
$$C = [a_{n-1}, a_{n-2}, \cdots, a_0]$$

这样，在状态方程和输出方程的基础上，就可进行器件仿真或在模拟计算机上进行仿真了。仿真框图如图 1-4 所示。

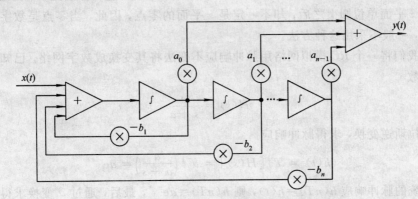

图 1-4　系统器件仿真框图

由图 1-4 可以看出，对于一个由 n 阶线性微分方程所描述的系统，它的仿真器件只涉及 n 个积分器及若干个加法器和乘法器。积分器的输出就是状态变量，对于 n 阶系统，则

有 n 个状态变量。

3. 连续系统到离散系统的转换

前边之所以要介绍一些连续系统的基本知识，是因为在一些电子信息系统中可能要涉及一些模拟网络，通常它们不会超过四阶。但我们主要考虑的是数字仿真，因此，就涉及如何将一个连续系统转换为数字系统的问题。实际上这类方法很多，我们这里只介绍两种方法。

1) 脉冲响应不变法

这种方法的出发点在于使一个数字系统的脉冲响应等于一个给定的连续系统的脉冲响应的采样。于是有

$$H(s) = \sum_{i=1}^{m} \frac{A_i}{s+s_i} \Rightarrow \sum_{i=1}^{m} \frac{A_i}{1-\mathrm{e}^{-s_i T} z^{-1}} = H(z) \tag{1-18}$$

连续系统的脉冲响应 $h(t)$ 是由它的传递函数 $H(s)$ 的拉普拉斯变换定义的，故

$$h(t) = \mathscr{L}^{-1}[H(s)] = \mathscr{L}^{-1}\left[\sum_{i=1}^{m} \frac{A_i}{s+s_i}\right] = \sum_{i=1}^{m} A_i \mathrm{e}^{-s_i t} \tag{1-19}$$

数字系统的脉冲响应 $h(nT)$，是由它的传递函数 $H(z)$ 的 $\mathscr{L}$ 变换定义的，即

$$h(nT) = \mathscr{L}^{-1}[H(z)] \tag{1-20}$$

按照上述思想，有如下的关系

$$h(nT) = h(t), \quad t = 0,\ T,\ 2T,\ \cdots \tag{1-21}$$

则有

$$h(nT) = \sum_{i=1}^{m} A_i \mathrm{e}^{-s_i t} \tag{1-22}$$

这样，再对数字系统的脉冲响应 $h(nT)$ 求 $\mathscr{L}$ 变换，就可得到传递函数 $H(z)$

$$H(z) = \sum_{n=0}^{\infty} h(nT) z^{-n} = \sum_{n=0}^{\infty}\sum_{i=1}^{m} A_i \mathrm{e}^{-s_i nT} z^{-n}$$

$$= \sum_{i=1}^{m} A_i \sum_{n=0}^{\infty} \mathrm{e}^{-s_i nT} z^{-n} = \sum_{i=1}^{m} \frac{A_i}{1-\mathrm{e}^{-s_i T} z^{-1}} \tag{1-23}$$

式中：A_i，s_i 是由连续系统传递函数给定的。需要指出的是，这种方法把 s 平面虚轴上的零点映射到 z 平面单位圆上之后，却不一定是 z 平面的零点，因此，当零点是数字系统的主要因素时，一般不采用这种方法。

下面我们将一个 RC 模拟网络用脉冲响应不变法将其变换成数字网络。已知连续系统的传递函数

$$H(s) = \frac{a}{s+a} \tag{1-24}$$

利用拉普拉斯逆变换，求得脉冲响应

$$h(t) = \mathscr{L}^{-1}[H(s)] = \mathscr{L}^{-1}\left(\frac{a}{a+s}\right) = a\mathrm{e}^{-at} \tag{1-25}$$

令数字系统的脉冲响应 $h(nT)=h(t)$，则 $h(nT)=a\mathrm{e}^{-at}$，最后，通过 $\mathscr{L}$ 变换求得数字系统的传递函数

$$H(z) = \sum_{i=0}^{\infty} a\mathrm{e}^{-anT} z^{-n} = \frac{a}{1-\mathrm{e}^{-aT} z^{-1}} \tag{1-26}$$

这样，一个简单的数字系统就得到了，其差分方程为

$$y_n = ax_n + \mathrm{e}^{-aT} y_{n-1} \tag{1-27}$$

这样，通过脉冲响应不变的方法将一个模拟低通滤波器变成了一个数字低通滤波器。它是以脉冲响应不变为基础的。其中常数 a 和采样周期 T 是已知的，这样就可以根据数字传递函数写出差分方程，画出系统的结构图和程序流程图，编制程序，最后在计算机上对它进行仿真。

2）时域采样法

我们知道，连续系统是由微分方程描述的，而数字系统是由差分方程描述的，时域采样法就是利用它们之间的关系实现这种变换。

$$\left.\begin{aligned}\frac{\mathrm{d}y}{\mathrm{d}t} &\Rightarrow \frac{y_n - y_{n-1}}{\tau} \\ \frac{\mathrm{d}^2 y}{\mathrm{d}t^2} &\Rightarrow \frac{y_n - 2y_{n-1} + y_{n-2}}{\tau^2}\end{aligned}\right\} \tag{1-28}$$

式中：τ 是 y_{n-1} 到 y_{n-2} 之间的时间间隔，即采样间隔，故称这种方法为时域采样技术。为了满足一定的精度要求，应使 τ 足够小。图 1-5 是一个由 RLC 组成的模拟网络，要求利用时域采样技术将其变换成一个相应的数字网络。

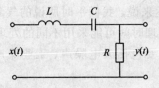

图 1-5　RLC 网络

首先根据网络写出微分方程

$$x(t) = L \frac{\mathrm{d}i}{\mathrm{d}t} + \frac{1}{C} \int i \, \mathrm{d}t + iR \tag{1-29}$$

将电流用电压表示，微分方程变成

$$x(t) = \frac{L}{R} \frac{\mathrm{d}y}{\mathrm{d}t} + \frac{1}{RC} \int y \, \mathrm{d}t + y$$

将等式两端同时微分，有

$$\frac{\mathrm{d}x}{\mathrm{d}t} = \frac{L}{R} \frac{\mathrm{d}^2 y}{\mathrm{d}t^2} + \frac{1}{RC} y + \frac{\mathrm{d}y}{\mathrm{d}t}$$

利用式（1-28），最后得到我们所需要的差分方程

$$Ay_n - By_{n-1} + Cy_{n-2} = \frac{1}{\tau}(x_n - x_{n-1}) \tag{1-30}$$

式中

$$A = \frac{1}{R\tau^2} + \frac{1}{\tau} + \frac{1}{RC}, \quad B = \frac{L}{R\tau^2} + \frac{1}{\tau}, \quad C = \frac{L}{R\tau^2}$$

经 $\mathscr{Z}$ 变换，得数字系统的传递函数

$$H(z) = \frac{1}{\tau A} \frac{1 - z^{-1}}{1 - \frac{B}{A} z^{-1} + \frac{C}{A} z^{-2}} \tag{1-31}$$

这样就可以根据传递函数写出差分方程，画出系统的结构图和程序流程图，编制程序，最后在计算机上对它进行仿真。实际上，利用这种方法也可以将状态方程离散化，构成差分方程而得到数字系统。

1.4 雷达系统仿真所包含的主要内容

1.4.1 系统输入

（1）信号。这里所说的信号是指有用信号，对有源雷达来说，有用信号是指接收到的被观测目标反射的信号，如单脉冲信号、脉冲串信号、连续波信号、相位编码信号等。它与发射信号是相同的，如果是运动目标，所接收的信号不仅具有一定的延迟，而且比发射信号多了一个多普勒频率分量；对无源雷达来说，接收的是观测目标本身的各类辐射信号，如红外雷达接收的是观测目标红外线辐射信号，微波和高频雷达接收的是观测目标发射的无线电信号和目标对其他无线电设备发射信号的反射信号等，当然还可能包括多径信号；对二次雷达或敌我识别器来说，接收信号是询问对象的有针对性的回答信号；对通信系统来说，接收的是对方所发射的信号。必须注意的是，对不同功能的雷达其有用信号的定义可能是不一样的，如对气象雷达来说，我们平时所说的气象杂波则正是气象雷达所需要的有用信号，显然，在进行信号处理时就可能采用不同的处理方法。

（2）外部噪声。外部噪声主要包括天电噪声、工业噪声、各种同频无线电设备所产生的无线电信号等。

（3）系统内部噪声。系统内部噪声包括天线噪声和接收机内部噪声等。

（4）杂波。

① 地物杂波。地物杂波简称为地杂波。地物杂波是由地面上的山脉、丘陵、大地、树木、楼房和其他不同高度的建筑物等地形、地物所产生的杂波。地物杂波属于固定杂波或非运动杂波，在反射雷达信号时本不应该产生多普勒频率，但由于地面的一些树木、草等在风的影响下产生运动、雷达本身频率不稳定和天线调制等因素，地物杂波在频域仍然具有一定的谱宽。通常地物杂波由幅度分布和功率谱密度来描述，幅度分布有瑞利分布，对数一正态分布和韦布尔分布，之所以幅度分布有所不同，是因为不同的雷达有不同的分辨率。当然，擦地角的不同，对有相同分辨率的雷达来说，也可能产生具有不同幅度分布的地物杂波。描述地物杂波的功率谱密度实际上是描述地物杂波在时间、空间采样的相关性。当前，地物杂波的功率谱密度主要为高斯谱和全极型谱，其中包括马尔柯夫谱。

② 海洋杂波。海洋杂波简称为海杂波。它是由海洋中的浪和涌产生的杂波，海洋杂波的大小高度依赖于海上的风力大小。不同的风力会掀起不同的涌浪，通常将其称做海情，海情由小到大通常分为八级。描述海洋杂波的幅度分布有瑞利分布、韦布尔分布和复合 k 分布。描述海洋杂波的功率谱有高斯谱。通过对海洋杂波的研究表明，海洋杂波的功率谱有时很复杂，甚至有双峰。由于海水在不停地运动，它的雷达反射信号有一定的多普勒频移，因此它的功率谱中心不在零频，通常称此类杂波为运动杂波。

③ 气象杂波。气象杂波指由云、雾、雨、雪、冰雹等产生的杂波，通常它们具有高斯谱和瑞利分布。气象杂波也属于运动杂波，因为它在空中是随着空中的风速在不停地运动，

所以，它的功率谱中心也不在零频。

④ 仙波。这里指的是由一些海鸟等所产生的杂波。通常仙波是一些点杂波或面杂波。仙波大小取决于鸟群的大小。

（5）干扰。

① 有源干扰。针对特定的雷达所施放的同频干扰，包括各种雷达欺骗信号，白噪声信号等。实际上，各种工业电器设备所产生的不同频率的高功率干扰也属于有源干扰。

② 无源干扰。如敌人施放的箔条干扰，各种角反射器干扰等。通常，箔条干扰的幅度也服从瑞利分布，并且满足一定的相关函数，它在空中随着风速在运动，其功率谱密度的中心与气象杂波相似，即也不在零频。实际上，前面我们所说的地面杂波、海洋杂波和气象杂波等也属于无源干扰。

目前，瑞利分布、对数—正态分布、复合 k 分布等模型在通信系统的研究与设计中也得到了广泛的应用。

1.4.2 物理系统

一个典型的相干雷达框图如图 1-6 所示。

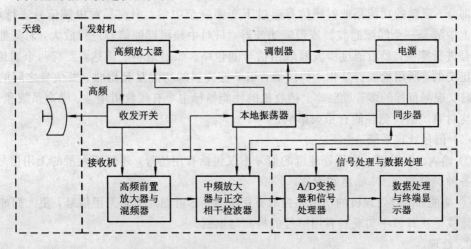

图 1-6 一个典型的相干雷达系统框图

（1）雷达天线。天线是雷达系统与空间电磁环境的接口，各种有用信号和无用信号都是通过天线进入雷达接收机的，不同的尺寸和结构决定了天线的频率特性，因此天线对不同频率的信号是有选择性的。天线的驱动通常有两种类型，一种是通过电机驱动齿轮机构带动天线旋转或做俯仰运动，另一种就是所谓的相控阵天线。相控阵天线是通过在天线的各个阵元上馈给不同相位的电信号，形成在空中可移动的波束，达到对空间扫描的目的，它是由相控阵雷达的波束控制器控制的。需要注意的是，天线会在不同的温度下，产生不同功率的热噪声，它与所接收的有用信号一起进入雷达接收机。在雷达仿真时，天线方向图形状和天线增益是非常重要的参数。对搜索雷达来说，天线方向图在水平方向的宽度往往很窄，它是方位测量的需要，而垂直方向的方向图很宽，则是在仰角上的覆盖的需要。也有些雷达具有针状波束，这是由雷达功能和测量精度决定的，如相控阵雷达和火控雷达等。另一个不能忽视的参数是天线的旁瓣电平，旁瓣电平越低，从旁瓣进来的杂散信号越少，雷达对干扰抑制的性能越好，如机载脉冲多普勒(PD)雷达，它要求天线有较低的旁瓣电平，以利于在旁瓣杂波区的信号检测。对收、发共用天线，收、发信号的隔离度是个非常重要的指标。从种类来说，雷达有阵列天线、抛物面天线和裂缝天线等。

（2）波导或同轴电缆。它们是连接天线和接收机的连接线，由于阻抗匹配等原因，用它们传输电磁波的损耗是很小的，对不同频段的雷达，波导的尺寸是不同的。尽管损耗很小，但在雷达系统仿真时还是应该考虑的，通常以损耗因子给出。

（3）发射机。雷达发射机的功能是将各种不同波形的视频信号，经过高频调制，以电磁波的形式由天线发射出去。发射波形有单脉冲、脉冲串、连续波、调频连续波、无载频窄脉冲、相位编码和白噪声等波形。根据雷达发射机所发射的不同频率，将雷达定义了许多频段，如 X 波段、S 波段、C 波段、L 波段等。不同的频率，对应着不同的波长，而对运动目标的反射信号的多普勒频率与雷达使用的波长有关。雷达发射机功率的大小则决定了雷达的作用距离或称其为威力范围。雷达发射机功率的大小和采用的雷达波形也决定了雷达系统的被截获性能。

（4）接收机。雷达接收机的功能是接收来自天线的各种信号，包括已经混合在一起的各种有用信号和无用信号，并将它们的频率降到零中频或视频。这里包括混频、中放和检波几部分。混频的功能是把射频信号通过下变频降至中频，中放是对中频信号进行放大，实际上中放是一个匹配滤波器或带通滤波器，只对中频附近的信号进行放大，对其他频率的信号进行抑制，最后通过检波器取出信号的包络。如果是相干雷达，要有两个通道，它们是正交的，所用检波器是相干检波器。相干检波器的功能是利用收、发信号之间的相位差，提取观测目标的多普勒频率。接收机的性能指标主要有接收机增益、噪声系数和带宽，它们均对系统的检测性能有重大影响。

（5）信号处理系统。

① 输入。由于送入信号处理机的信号不仅包括有用信号，还包括大量的无用信号，其中有各种类型的杂波、噪声和干扰。

② 功能。信号处理机的功能是提取有用信号，尽可能地抑制无用信号，使人们能够在强杂波或干扰背景中实现对有用信号的检测与识别。

③ 处理。

• A/D 变换。信号处理机首先将模拟信号经过 A/D 变换，将其变成数字信号以便于数字信号处理，A/D 变换器的二进制位数 k 取决于信号处理机的性能。

• 杂波抑制。在 A/D 变换之后，对数字信号进行杂波抑制，包括杂波对消和多普勒滤波(FFT)。杂波对消可根据具体情况选用递归或者非递归的一次对消器、二次对消器、三次对消器，或不同阶数的自适应对消器，它们均可不同程度地提高系统的信噪比。多普勒滤波是由多普勒滤波器组或 FFT 实现的，它不仅可以提高信噪比，同时可以实现对运动目标的多普勒频率 f_d 进行估计。

• 脉冲压缩。脉冲压缩的功能是实现对线性调频信号或相位编码信号进行匹配滤波，为了压低旁瓣电平，通常要对其进行加权，但这时的主瓣略有展宽。脉冲压缩雷达不仅可以扩展作用距离，同时它也是一部抗截获雷达。

• 取模。如果是相干雷达，在杂波对消和多普勒滤波之后，还要对正交双通道信号进行取模处理，以获得信号的包络。

· 恒虚警率(CFAR)处理。恒虚警处理要保证尼曼—皮尔逊准则的实现，最后进行有无运动目标的判决，以较大的概率确认目标的存在。

· 视频积累。是为了进一步提高信号噪声比，以利于信号检测。

实际上，旁瓣对消、空—时二维信号处理等都属于信号处理的范畴。

(6) 数据处理系统。数据处理的对象是信号处理机送来的点迹。数据处理系统对不断送来的点迹进行处理，包括坐标变换、数据关联、目标未来位置的预测、滤波，实现对观测空域目标的跟踪，提取目标的实时状态信息和特征信息。数据处理属于雷达信息处理中的二次处理，在二次处理时形成目标航迹。二次处理采用的算法包括：各种数据关联方法、$\alpha-\beta$ 滤波、$\alpha-\beta-\gamma$ 滤波、自适应 $\alpha-\beta$ 滤波、卡尔曼(Kalman)滤波、自适应卡尔曼滤波等。如果是多雷达/传感器系统，还包括数据融合，利用多传感器信息进行目标识别，对各种目标进行态势评估和威胁评估。

(7) 各种显示器。通过不同类型的显示器，显示所接收的信号，或这些信号的不同特征、运动轨迹，甚至地形地物等。如 A 式显示器、B 式显示器、PPI 显示器和综合显示器等。A 式显示器显示目标回波信号的幅度与作用距离，PPI 显示器称做平面位置显示器，是显示目标方位和距离关系的，综合显示器显示目标的航迹、地形地物、给出目标的批号、坐标、特征参数、时间参数等。

以上给出的实际上是经典雷达所包含的各个部分，对现代雷达来说，如相控阵雷达的波束控制器，可抑制旁瓣电平的旁瓣相消器，为提高方位精度所采用的波束压缩器等都是系统的组成部分，也都是建模时要考虑的。

1.4.3　系统性能评估的主要内容

对系统性能进行评估所利用的信息包括系统仿真输出或仿真结果、给定的战术技术参数、雷达系统的设计要求、参数和指标以及某些随机模型。

1) 评估的主要内容

(1) 系统的威力范围。这里指的是作用距离，其最大作用距离

$$R_{\max} = \left[\frac{P_t G_t G_r \lambda^2 \sigma}{(4\pi)^3 L S_{\min}}\right]^{\frac{1}{4}} \tag{1-32}$$

其中，P_t 为雷达发射机的峰值功率；G_t 为雷达发射机天线增益；G_r 为雷达接收机天线增益；λ 为雷达工作波长；σ 为目标的有效反射面积或雷达横截面积；L 为损耗因子；$S_{\min}$ 为最小可检测信号。

最小可检测信号功率

$$P_{\min} = kT_e \Delta f\left(\frac{S}{N}\right)$$

其中，T_e 为接收系统的等效噪声温度；Δf 为信号带宽；S/N 为信号噪声比；k 为波尔兹曼常数，$k = 1.38 \times 10^{-23}$ J/K。

这里要强调的是，最大作用距离实际上是一个随机变量，在过去计算最大作用距离 $R_{\max}$ 时，往往将其中的雷达横截面积取为常量，实际上它是个有起伏的随机变量，并且在不同的条件下，其起伏模型也不同，因此，最大作用距离只能是统计平均意义上的最大作用距离。

（2）系统的改善因子。主要是对信号处理机说的，通常用 I 表示，其定义为：系统输出端的信号杂波比与系统输入端的信号杂波比的比值。改善因子可表示为

$$I = \frac{r_{out}}{r_{in}} = \frac{S_{out}/N_{out}}{S_{in}/N_{in}} \qquad (1-33)$$

式中：S_{out} 为系统输出的信号幅度；S_{in} 为系统输入的信号幅度；N_{out} 为系统输出的杂波剩余的均方根值；N_{in} 为系统输入的杂波的均方根值；r_{out} 为系统输出信杂比；r_{in} 为系统输入信杂比。

系统的改善因子是对相干雷达说的，它是衡量现代雷达系统对各类杂波抑制能力的一种度量，也是现代雷达系统的一个非常重要的指标。

（3）系统的发现概率。系统发现概率是指在系统虚警概率一定的情况下，给定一个信号噪声比，系统发现目标的概率。应当指出的是，系统的发现概率和单脉冲的发现概率是不同的，在现代雷达系统中，由于增加了视频积累，系统的发现概率要大大高于单脉冲的发现概率。系统的发现概率是对系统发现目标能力的度量。

（4）系统的虚警概率。在雷达威力范围内不存在目标的情况下，经视频积累后将系统输出判定为有目标的概率。当然我们希望这个概率越小越好，通常设计在 10^{-6} 左右，而单脉冲的虚警概率大约在 $10^{-3} \sim 10^{-2}$ 之间。

（5）系统的抗干扰能力。系统的抗干扰能力是衡量该系统在未来的战争中是否能起作用和起多大作用的问题，这是雷达系统的一个非常重要的指标。当前，对雷达进行干扰的手段越来越多，对雷达的设计者来说，在雷达设计中就必须考虑对抗不同干扰的措施，以使在严重干扰的情况下，能够保证雷达正常工作。

（6）系统捕获、跟踪、再捕获机动目标的能力。对现代雷达系统，一般情况下都要求它能对机动目标进行连续跟踪，时刻掌握被跟踪目标的空间位置、特征参数及其动向，这就要求它能够对目标及时捕获、判机动、连续跟踪和在目标丢失的情况下，能及时对它进行再捕获，并能正确判定航迹混淆等。定量地给出在对目标进行连续跟踪时，目标机动的上限，即最大转弯半径。

（7）系统的方位精度。在考虑方位量化误差、机械轴与电轴不重合产生的误差、站置误差、方位测量中的滞后误差等一系列误差之后，在方位上是否能够满足精度要求。

（8）系统的距离精度。在考虑距离量化误差、站置误差、回波前沿抖动等一系列误差之后，在距离上是否能够满足精度要求。

（9）目标识别能力。对现代雷达系统来说，均要求雷达有一定的目标识别能力，如大目标、小目标、低空目标，甚至是歼击机、民航机、运输机、轰炸机、巡航导弹等，这对指挥员和组网雷达系统的作战决策都是非常重要的。

（10）生存能力。在核爆炸、轰炸和反辐射导弹的环境中能否生存。

2）系统仿真的主要内容

（1）产生系统的各种输入信号，即包括信号、噪声、干扰和杂波，并将其按一定的规律进行混合，然后送入软化的物理系统。

（2）对物理系统进行建模，系统的每一部分都必须建立一个模型，根据给定的模型，将物理系统进行"软化"，也就是说，在计算机上以软件的形式构造一个"软系统"。显然，这个系统是由很多模块组成的，而且每个模块都与物理系统的一个模块相对应。在某些情

况下，也可能组成混合仿真系统，即有些模块可能是硬件，有些模块可能是由软件组成的。

（3）利用系统的仿真输出、战术技术参数、雷达系统的设计参数等对雷达系统的性能指标进行综合评估。

雷达系统仿真所包含的主要内容可以用图 1-7 来表示。

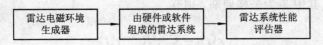

图 1-7　雷达系统仿真所包含的三个部分

从上面的叙述我们还可以看出，以上工作如果从性质上分，可分成两类：一类是只包含确定性的工作，如系统建模并将各个模块软化，只要算法给定，就可将其变成软件，最终形成一个软系统；另一类工作，包括环境形成和性能评估，除了确定性工作之外，还有一些随机事件参与其中，这就要用处理随机事件的方法来处理这部分工作。众所周知，对随机事件进行仿真的一种有效方法，就是所谓的蒙特卡罗法（Monte Carlo Method）。

1.4.4　电子系统输出信号的统计特性的估计

下面我们通过一个简单的例子来讨论电子信息系统输出信号统计特性的估计问题。首先假定，我们讨论的系统是一个由电阻电容组成的 RC 积分电路，如图 1-8 所示。我们的目的在于：

（1）对给定的输入信号为均值为零、方差为 1 的高斯白噪声的情况，试估计系统输出的概率密度函数、功率谱密度及其相应参数。

（2）对给定的输入信号为均值为零、方差为 1 的高斯白噪声加恒值信号的情况，在虚警概率 $p_f = 10^{-6}$ 的情况下，给定信号噪声比，估计系统输出的检测概率。

（3）寻求系统的最佳参数。从仿真的角度出发，要估计电子信息系统输出的信号统计特性，首先必须完成两部分工作，即完成各种输入信号的仿真和电子信息系统本身的建模。我们知道，电子信息系统如果是离散系统，由于它是由差分方程描述的，可直接在计算机上进行仿真。如果是连续系统，由于它是由微分方程描述的，不能直接在数字计算机上进行仿真，首先必须按照某种方法将其变成离散系统。

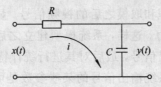

图 1-8　RC 积分电路

假定，图 1-8 中的 $x(t)$，$y(t)$ 分别表示该系统的输入信号和输出信号，则描述该系统的微分方程可表示为

$$x(t) = iR + \frac{1}{C}\int i \, \mathrm{d}t \tag{1-34}$$

式中：i 表示通过系统的电流。我们可以通过如下的方法将其变成离散系统。由图 1-8 知，系统输出可表示成

$$y(t) = \frac{1}{C}\int i \, \mathrm{d}t \tag{1-35}$$

$$\frac{\mathrm{d}y}{\mathrm{d}t} = \frac{i}{C}, \quad i = C\frac{\mathrm{d}y}{\mathrm{d}t}$$

令 $\dfrac{\mathrm{d}y}{\mathrm{d}t} \Rightarrow \dfrac{y_n - y_{n-1}}{T}$，其中 T 为采样周期，则有

$$x(t) = C\frac{\mathrm{d}y}{\mathrm{d}t}R + y(t)$$

$$x_n = RC\frac{y_n - y_{n-1}}{T} + y_n$$

经整理有

$$y_n = \frac{T}{1+RC}x_n + \frac{RC}{1+RC}y_{n-1}$$

令 $k = \dfrac{RC}{1+RC}$，$T=1$，则有

$$y_n = (1-k)x_n + ky_{n-1} \tag{1-36}$$

显然，该差分方程所描述的系统是一个只有一个极点的数字系统。实际上它就是我们经常用于非相干雷达信号进行积累的单极点视频积累器。在式(1-36)中，加权系数 k 必须是一个小于 1 的常数，否则该系统就是一个不稳定系统。也就是说，系统的极点在单位圆之内。系统结构如图 1-9 所示。

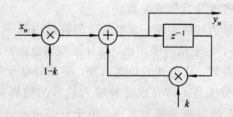

图 1-9 单极点积累器

该系统的输入信号通常是非相干雷达接收机输出的视频信号，也可以是相干雷达接收机的信号经相干检波、信号处理和取模之后的视频信号。显然，它的输出信号的统计特性将直接影响雷达的发现目标能力。这样，系统模型建立之后，便可将仿真信号送入已经软化的电子系统，求出系统的输出信号，最后对其进行统计特性的估计。

实际上，这个简单的电子系统输出信号的某些参数是可以计算的，如其输出信号的均值和方差可分别表示为

$$E(y) = \frac{1}{1-k}E(x), \quad D(x) \approx \sigma_{\mathrm{in}}^2 \frac{1}{1-k^2} \tag{1-37}$$

当输入为高斯白噪声加马克姆目标时，其输出信号噪声比为

$$\frac{S}{N} \approx \frac{1+k}{1-k} \tag{1-38}$$

显然，以上参量也可以用模拟的方法来进行估计，因为对于一个复杂系统是很难用解析的方法求出这些参数的，但用统计模拟的方法就可迎刃而解了。按给定的条件，估计的功率

谱密度、概率密度函数及其参量如图 1 - 10(a)、(b)和(c)所示。

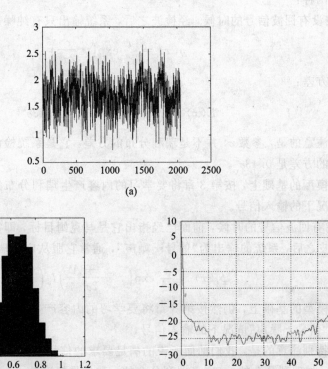

图 1 - 10 积累器输出的概率密度函数和功率谱的估计

(a) 积累器输入的高斯噪声；(b) 所估计的积累器输出的概率密度函数；

(c) 所估计的积累器输出的功率谱密度

这里没有给出估计信号功率谱密度和估计概率密度函数的方法，在以后的学习中，需要注意这些方法。

图 1 - 10 中(a)、(b)和(c)分别给出了积累器输入信号和输出信号的概率密度函数和功率谱的估计结果。

图 1 - 10 中的曲线只是对一个特定的 k 值的估计结果，如果多选择几个 k 值，就会得到一组曲线，我们就会看到，系统中的加权系数 k 越大，系统的频带越窄，系统输出序列的相关性就越强，功率谱密度的宽度就越窄，输出信号分布的方差就越小，这与理论分析结果是一致的。如果将系统的输出信号与一个门限电平进行比较，超过门限就认为存在目标，那么这就构成了一个最简单的雷达信号检测器。众所周知，雷达信号检测是以尼曼—皮尔逊准则为基础的，故描述检测器性能的指标包括发现概率 P_D、虚警概率 P_F 和信号噪声比 S/N。当然，作为检测器它也可以对目标的方位进行测量，如对搜索雷达以上穿门限为目标开始，以下穿门限作为目标结束，便可计算出目标的方位中心。

对以上单极点视频积累器要用解析法获得其检测概率是困难的，当然对于更复杂的检测器更是如此。通常，都采用统计模拟的方法来估计系统的发现目标能力。

用统计实验法估计系统输出的发现概率时可分以下几个步骤：

(1) 首先，按输入信号的统计模型，产生满足要求的输入信号。对于非相干积累器，输入信号分两种：

① 在没有回波信号的时候，经检波之后，系统输出只有纯噪声，通常它服从瑞利分布

$$p(x) = \frac{x}{\sigma^2} \exp\left(-\frac{x^2}{2\sigma^2}\right) \tag{1-39}$$

有均值和方差：

$$E(x) = \sqrt{\frac{\pi}{2}}\sigma, \quad D(x) \approx 0.43\sigma^2 \tag{1-40}$$

应当注意的是，参数 σ^2 并不是瑞利分布的方差，它是系统检波前高斯分布的方差，而瑞利分布的方差是 $0.43\sigma^2$。

在此模型的基础上，按第 3 章将要学习的内容产生瑞利分布的随机变量，作为系统在纯噪声情况下的输入信号。

② 在有回波信号的时候，前面已经指出它是马克姆目标，即雷达回波信号为恒幅的情况。经检波之后，系统的输出为"信号＋噪声"，通常它服从广义瑞利分布或莱斯分布

$$p_s(x) = \frac{x}{\sigma^2} \exp\left(-\frac{x^2 + A^2}{2\sigma^2}\right) I_0\left(\frac{xA}{\sigma}\right) \tag{1-41}$$

在此模型的基础上，仍然按第 3 章将要学习的内容产生广义瑞利分布的随机变量，作为系统在"信号＋噪声"情况下的输入信号。

需要特别注意的是，我们前面所说的满足要求的信号不仅包括统计分布，而且包括其分布参数，如瑞利分布的 σ、广义瑞利分布的 σ 和信号幅度 A。

(2) 给定系统参数，该系统只有惟一的一个参数 k。

(3) 然后，在输入为纯噪声时，用统计实验法或称蒙特卡罗法求出虚警概率 P_F。由于雷达的虚警概率 P_F 要求很低，一般都在 10^{-6} 左右，故常常要做大量的统计试验，以便确定满足给定虚警概率 P_F 所要求的门限电平，如果统计试验的时间很长，必须考虑采用方差减小技术，它可将试验时间减小几个数量级，这里需要注意的是，虚警概率确定之后，就等于确定了门限电平。

(4) 最后，给定信号噪声比，按给定的统计模型产生"信号＋噪声"的混合信号，并将其送入软化的系统，然后用统计试验法求出系统的发现概率，该发现概率便是在虚警概率 $P_F = 10^{-6}$ 的情况下，在已知信号噪声比 S/N 时的发现概率 P_D。这里需要指出的是，对发现概率进行统计试验时的试验次数与虚警概率进行统计试验时不同，它是大概率事件，最多有几百次就够了。

尽管该系统模型非常简单，但它反映了对电子信息系统输出信号进行性能估价的基本思路。特别是在一个复杂电磁环境下工作的电子信息系统，我们不仅希望知道在某种环境下的工作特性，我们还希望知道它在各种电磁环境下的的工作特性，这是系统分析和外场试验难以做到的，而用统计试验法只要能在计算机上根据所建立的统计模型产生出各种环境下的系统输入信号，便可容易地获得系统输出的统计特性。当然，在实际工作中，我们希望系统有最佳的性能，统计试验法还可以对系统的性能进行优化，得到系统的最佳参数。这就是说，统计试验法对系统设计、寻求最佳设计方案和最佳参数都有非常重要的应用价值。

对上面给出的单极点视频积累器的参数 k，从系统的稳定性来说，要求 $k<1$ 就可以了，但从系统的检测性能来说，完全可以通过统计试验法找出最佳参数 k_{opt}。其方法如下：首先取一个系数 k_1，重复上述仿真过程，得到一个发现概率，然后再取一个参数 k_2，再重复上述过程，再得到一个发现概率，依此类推，结果会得到一个 k 值由小到大的检测概率曲线，从中找出最佳的 k_{opt}。试验结果表明，最佳的 $k_{opt} \approx 0.8$。当然，这一结果是有条件的，即在目标回波数 $m=16$、$P_F=10^{-6}$ 的情况下得到的。

从上面的例子我们不难看出：

(1) 电子信息系统仿真技术是研究电子信息系统的一种非常有力的手段，尤其是系统特别庞大的时候，其中有线性环节，有非线性环节，某些环节得不到封闭的数学解，而且系统非常复杂，例如 C^3I 系统。另外，还包括很多传感器，不仅有各种类型的雷达（如机载预警雷达、地面搜索雷达、火控雷达、跟踪雷达等），还可能包括红外传感器、电视传感器、电子支援测量系统和敌我识别系统等，并且还必须有庞大的计算机网络把这些传感器连接起来，因此各类通信手段都可能采用，这样的庞大系统是很难用纯理论分析的方法进行研究的。

(2) 电子信息系统仿真技术所遇到的两类问题，即一种是确定性的问题，一种是非确定性的问题，但两类问题均有一个共同的问题，就是建模问题。非确定性问题需要建立统计数学模型，才能在计算机上实现其算法，确定性问题实际上是电路与系统的问题，给出电路结构和性能指标，便可将电路模型变成软系统进行仿真了。

第 2 章　均匀分布随机数的产生与检验

2.1　均匀分布随机数的产生

由已知分布随机总体中抽取简单子样，在雷达系统仿真中占有非常重要的地位。众所周知，雷达系统的外部环境是非常复杂的，在不同条件下，各种电磁信号可能有不同的统计特性，如幅度分布可能千差万别，有的在同一随机总体中，子样之间可能是相互独立的，有的可能是相关的，显然，若能复现雷达系统的复杂的电磁环境，我们就需要具有不同分布的简单子样。由概率论可知，产生各种分布的随机总体的简单子样的一种最简单，也是最基本的方法就是利用均匀分布随机总体的简单子样，经过一定的变换来得到。我们称均匀分布随机总体中的简单子样为随机数序列，其中的每个子样称为随机数。这样，首先就必须解决均匀分布随机总体中子样的产生问题。

已知，随机变量 ξ 在 $[0，1]$ 区间上服从均匀分布，则有概率密度函数

$$f(x) = \begin{cases} 1, & 0 \leqslant x \leqslant 1 \\ 0, & \text{其他} \end{cases} \qquad (2-1)$$

其分布函数为

$$F(x) = \begin{cases} 0, & x < 0 \\ x, & 0 \leqslant x < 1 \\ 1, & x \geqslant 1 \end{cases} \qquad (2-2)$$

其均值与方差分别为

$$E(x) = \frac{1}{2}, \quad D(x) = \frac{1}{12} \qquad (2-3)$$

在以后的讨论中，我们就将由该总体中抽取的 n 个简单子样 $\xi_1，\xi_2，\cdots，\xi_N$ 称为 $[0，1]$ 区间上的均匀分布随机数序列，或简单称为随机数。当前，在电子数字计算机上产生随机数的方法大致可分三大类。最早使用的一类方法是把已有的随机数表，例如 Tippet 四万随机数表和 Rand 百万随机数表，存在计算机的外部存储器内，用时再将其读到计算机。由于它要占用大量的存储单元及受随机数个数的限制，目前已基本不用。产生随机数的另一种方法是物理法，在使用之前需在计算机上安装一台物理随机数发生器，它可能是放射型随机数发生器，也可能是噪声型的随机数发生器，它们的统计特性取决于所采用的发生源的器件。这类方法的优点在于它能获得真正的随机数，也正是如此，给仿真时的复算和检验带来了一定的困难。从速度上说，由于它是外源输入，不一定能节省多少运行时间。产生随机数的第三类方法，即数学法，它是目前使用最为普遍的方法。利用这种方法产生随机数的实质在于，利用电子数字计算机能对数字直接进行数值运算和逻辑运算。选择一个比

较合适的数学递推公式

$$\xi_{n+k} = T(\xi_n, \xi_{n+1}, \cdots, \xi_{n+k-1}) \tag{2-4}$$

并利用计算机程序,按式(2-4)对数字进行处理和加工,便会产生具有均匀总体简单子样统计特性的随机数。式中的 k 值为一个不大的正整数。当 $k=1$ 时,是最简单情况,式(2-4)则变为

$$\xi_{n+1} = T(\xi_n) \tag{2-5}$$

只要给定初始值 ξ_0,就可迭代运算了。由式(2-5)可以看出,在计算机上实现上述运算显然存在两个问题:一旦所选定的递推公式和初始值确定之后,所产生的随机数序列便被惟一地确定下来了,这就不能满足采样间相互独立的要求;另一个是由于计算机的字长是有限的,随机数序列不可避免地会出现重复,因此就出现了周期性的循环现象。这就是说,在计算机上所产生的随机数序列并不是真正的随机数序列,通常将其称做伪随机数序列,以示与真随机数序列的区别。但我们将要讨论的序列均是在计算机上用数学的方法产生的,为简单起见,我们仍然将其称为随机数序列。

用数学的方法产生的随机数序列占用计算机的内存小,运行速度快,且由于它的伪随机性,给仿真时的复算、检查带来了方便。虽然它与真随机数序列不同,但只要经过各种有关的统计检验,仍然可以将其当作真随机数序列利用。通常,要求它具有均匀总体简单子样的统计特性,要有足够长的周期,要有快的生成速度。

在计算机上利用数学的方法产生随机数的方法有平方取中法、移位寄存器法和各种同余法等。由于这类技术比较成熟,且有较多的参考资料,这里我们只简单介绍几种方法,并建立与仿真有关的某些概念。

2.1.1　平方取中法

平方取中法是最早用来产生随机数的一种数学方法,并获得了普遍应用。它是由冯·诺伊曼提出来的。我们知道,一个 $2k$ 位的数 x 自乘以后,会得到一个 $4k$ 位的数 x^2。顾名思义,平方取中就是在 x^2 的 $4k$ 位数中,去掉该序列前边的 k 位和后边的 k 位,将中间的 $2k$ 位数保留下来,作为下一个随机数,依此类推,就可获得一个随机数序列 $\xi_1, \xi_2, \cdots,$ ξ_N。例如

$$
\begin{aligned}
x_1 &= 81, & x_1^2 &= 6561 \\
x_2 &= 56, & x_2^2 &= 3136 \\
x_3 &= 13, & x_3^2 &= 0169 \\
x_4 &= 16, & x_4^2 &= 0256 \\
x_5 &= 25, & x_5^2 &= 0625 \\
x_6 &= 62, & x_6^2 &= 3844 \\
&\vdots & &\vdots
\end{aligned}
$$

如果用 10^{-2k} 乘所得到的每个随机数,那么就可以得到 $[0,1]$ 区间上的均匀分布随机数序列:0.81,0.56,0.13,0.16,0.25,0.62,$\cdots$,实际上,对于二进制数也是如此。这样,在一部有 $2k$ 位尾数的二进制计算机上,平方取中法便可表示为

$$x_{i+1} \equiv [2^{-k} x_i^2] \pmod{2^{2k}}$$

$$\xi_{i+1} = \frac{x_{i+1}}{2^{2k}} \qquad\qquad (2-6)$$

式中：$[X]$表示不超过实数 X 的最大整数部分，$M=2^{2k}$。$X \equiv A(\text{mod } M)$ 表示整数 A 被正整数 M 除后的余数，在数论上称同余式。经反复迭代，便可得到 $[0,1]$ 区间上均匀分布的随机数序列 $\xi_1, \xi_2, \cdots, \xi_N$。这种产生随机数的方法简单，运算速度快，但由于它们是早期提出来的，就不可避免地存在着严重的缺点，其一，易于退化，对某些初始值，迭代结果，最后随机数序列可能变成零；其二，均匀性不是很好；其三，最大周期不易确定。当前，只是在要求不高的场合才采用它。之所以还采用它是因为它简单，产生一个随机数只需要几个计算机语句便可以了，不管用什么语言，编程都比较方便。

2.1.2 乘同余法

用乘同余法产生随机数序列的递推公式为

$$x_{n+1} \equiv \lambda x_n(\text{mod } M) \qquad\qquad (2-7)$$

式中：λ、M 为两个参数，x_0 为初始值。众所周知，不管用什么方法产生随机数，都希望它具有长的周期，好的统计特性和快的运算速度，而式$(2-7)$中的参数和初始值则是影响这些要求的直接因素，故这些参数的选择必须仔细。

对一部尾数字长为 k 位的二进制计算机，通常取 $M=2^k$，它是计算机能表示的不同数字的最大个数。这样来取有两个好处：一是它可能得到较长的周期序列；另一个是使用方便，能简化运算，从而提高运算速度。在取 $M=2^k$，当 $k>2$ 时，它可以得到的最大可能周期为 $T=2^{k-2}$ 的随机数序列，但必须满足以下两个条件：

(1) $x_0=2^b+1$，b 为正整数，显然，初始值 x_0 必须是奇数。

(2) $\lambda=2^3a\pm3$，a 为整数。

理论分析表明，在利用乘同余法产生随机数时，乘子 λ 在确定随机数的统计特性方面起着关键的作用。这一点从相关系数分析中可以看到。根据定义，随机变量 x、y 的相关系数可以写作

$$\rho = \frac{E(x, y) - E(x)E(y)}{\sigma(x)\sigma(y)} \qquad\qquad (2-8)$$

取(x, y)的第 n 次抽样值为一对随机数(ξ_n, ξ_{n+j})，$j>0$，可得到间隔为 j 的随机数之间的线性相关系数 $\rho(j)$ 的估计值 $\hat{\rho}(j)$。取 $\lambda=3a+5$，$x_0=4b+1$，计算间隔为 1 时，序列的相关系数为 $\rho(1)$。我们会看到，当 $\lambda \ll M$ 时，相关系数 $\rho(1) \approx 1/\lambda$。显然，$\lambda$ 越大，$\rho(1)$ 值越小，通常都要选择比较大的 λ 值。在计算机上的大量的统计试验表明，选接近 M 的二进制 0、1 序列无明显规律性的 λ 值，一般都可以得到有较好统计特性的随机数序列。经验表明，取 $\lambda=5^{2s+1}$ 是一种较好的方案。其中 s 为正整数，满足 $5^{2s+1}<2^k<5^{2s+3}$。当 $k=31-34$ 时，s 可取 6，λ 值则为 1220703125；$k=35-39$ 时，s 可取 7，λ 值则为 0517578125。

大量的统计试验结果还告诉我们，当 λ 的二进制形式为一些规律性较强的序列时，如

$$10101010, \cdots, 10101010$$
$$11011011, \cdots, 11011011$$

等，所获得的随机数序列的统计性能不佳。

下面给出两组已经通过统计检验的参数：

(1) $M=2^{35}$，$x_0=1$，$\lambda=15^{15}$。

(2) $M=2^{35}+1$，$x_0=10.987\ 654\ 321$，$\lambda=23$。其周期 $T\equiv10^6$。

2.1.3　混合同余法

用混合同余法产生随机数序列的递推公式为

$$x_{n+1}\equiv\lambda\,x_n+c\,(\mathrm{mod}\ M)\tag{2-9}$$

式中：初始值 x_0，增量 c，乘子 λ 和模 M 都取非负的整数。显然，当增量 $c=0$ 时，混合同余法便退化为乘同余法。

M 的取值与乘同余法相同，即 $M=2^k$。这时所得到的整周期序列的周期 $T=2^k$。为了得到 $T=2^k$ 的整周期序列，参数 λ、c、x_0 必须满足

(1) $\lambda=4a+1$，a 为任一正整数。

(2) 增量 c 为奇数，初始值 x_0 为任意的非负整数。

理论分析表明，用混合同余法产生的随机数集合 $\{x_n^*\}$ 和取参数 $\lambda=8a+5$，$x_0=4x_0^*+1$，$M=2^k$ 用乘同余法产生的随机数集合 $\{x_n\}$ 之间存在一一对应关系，即 $x_n=4x_n^*+1$，因此，在取参数 $\lambda=8a+5<2^{k-2}$ 时，可以把乘同余法作为混合同余法的一个特例。这里是用 ＊ 号把混合同余法和乘同余法加以区别的。

除了以上给出的几种产生随机数序列的方法外，还有一些其他的方法，如果需要，可参考有关文献。

2.2　伪随机数的统计检验

前面介绍了几种产生均匀分布随机数的方法，它们都是假定所产生的随机数体现了给定的分布规律。实际上，所产生的这些所谓的"均匀分布"随机数与理论上的均匀分布随机数有多大的差别，是否满足我们的特定的要求等，尚不得而知。这就要求我们想些办法，或者说设立一些能表征其特性的准则，用这些准则去衡量这些随机数，看是否能够满足这些准则，如果满足，我们就承认它，否则就拒绝它。这个过程就称做随机数的检验。由于随机数的各种参数都是用统计方法估计的，故又称做随机数的统计检验。检验时，首先根据已知分布算出它的某些能够表征其特性的参量 p_1，p_2，$\cdots$，p_n，然后再用统计方法估计出所产生的服从该分布随机数 ξ 的各个参量 $\hat{p}_1$，$\hat{p}_2$，$\cdots$，$\hat{p}_n$，最后将两者进行比较。从某些准则的角度看，参量 p_i 与 $\hat{p}_i$ 的差别不显著，就承认所产生的随机数序列符合要求，否则就不符合要求而拒之。与数理统计中相似，通常也是用 H_0 来表示这样的统计假设。检验过程中是接受还是拒绝 H_0，一般都给定一个称做显著水平的临界概率 α，观测到的事件的概率大于 α，就接受假设 H_0；如果观测到的事件的概率小于或等于 α，就拒绝假设 H_0。

具体地说，假设我们利用某种方法得到了一组伪随机数 ξ_1，ξ_2，$\cdots$，ξ_N，并假设它的某一统计量 $E_i=E(\xi_1,\xi_2,\cdots,\xi_N)$，且 E 服从分布 $p_i(E)$，给定一个显著水平 α，并令 $\alpha=1-p_i(E_\alpha)$，其中，E_α 称临界值。如果观测值 $E_i<E_\alpha$，则认为 E_i 与理论值的差异不显著，接受 H_0；如果 $E_i\geqslant E_\alpha$，则认为差异显著，拒绝 H_0。

伪随机数的统计检验方法主要分两大类，即均匀性检验和独立性检验。两者有一定的

差别，也有一定的联系。如果我们用某种方法产生了伪随机数，到底选用哪种统计检验方法，就要看所产生的伪随机数用于什么目的。如果要求均匀性是主要的场合，那么只着重检验均匀性就行了；如果用于产生雷达、通信系统中杂波和干扰，两者都必须进行检验，不仅如此，还必须适当减小显著水平 α。

2.2.1 频率检验

随机数的频率检验也称均匀性检验。所谓频率检验，就是检验随机数序列的观测频数与理论频数的差异是否显著。

具体地说，就是把整个 $[0, 1]$ 区间等分成 k 个子区间，并将包含有 N 个随机数 ξ_1, ξ_2, $\cdots$, ξ_N 的随机数序列，按由小到大的顺序分成 k 组。假设 n_i 是第 i 组的观测频数。那么，随机数属于第 i 组的概率为

$$p_i = \frac{1}{k}, \quad i = 1, 2, \cdots, k \tag{2-10}$$

故，属于第 i 组的理论频数是

$$m_i = N p_i = \frac{N}{k}, \quad i = 1, 2, \cdots, k \tag{2-11}$$

令统计量

$$\chi^2 = \sum_{i=1}^{k} \frac{(n_i - m_i)^2}{m_i} = \frac{k}{N} \sum_{i=1}^{k} \left(n_i - \frac{N}{k} \right)^2 \tag{2-12}$$

的分布函数为 $F_N(z)$，则分布函数序列 $\{F_N(z)\}$ 满足自由度为 $(k-1)$ 的 χ^2 分布

$$\lim_{N \to \infty} F_N(z) = \begin{cases} \dfrac{1}{2^{\frac{k-1}{2}} \Gamma\left(\frac{k-1}{2}\right)} \int_0^\infty z^{\frac{k-3}{2}} e^{-\frac{z}{2}} \, dz, & z > 0 \\ 0, & z \leqslant 0 \end{cases} \tag{2-13}$$

式中：$\Gamma(\,\cdot\,)$ 为 Γ 函数。

这样，只要给定一个显著水平 α，我们就可以确定观测频数与理论频数之间的差异程度了。首先根据 α，按下式求出 χ_α^2

$$\frac{1}{2^{\frac{k-1}{2}} \Gamma\left(\frac{k-1}{2}\right)} \int_{\chi_\alpha^2}^\infty z^{\frac{k-3}{2}} e^{-\frac{z}{2}} \, dz = \alpha \tag{2-14}$$

由于此式比较复杂，不易计算，通常都是事先列出表格，按 α 值查表就行了。一般 α 值取 0.05 或 0.01。

然后，令 N 为某一个比较大的数，根据预检序列 ξ_1, ξ_2, $\cdots$, ξ_N，计算统计量 χ^2。最后把 χ^2 和 χ_α^2 进行比较，如果 $\chi^2 \geqslant \chi_\alpha^2$，我们就称其为差异显著，拒绝假设 H_0；如果 $\chi^2 < \chi_\alpha^2$，则称不显著，该假设 H_0 可以被接受。

例如，某长度为 $N = 16384$ 的随机数序列，将其分成 32 组，即 $k = 32$。显然，$m_i = 512$，该 χ^2 分布的自由度 $d = k - 1 = 31$。当 $\alpha = 0.05$ 时，查表得 $\chi_\alpha^2 = 44.7$，而我们根据预检序列求出的 $\chi^2 = 17.4$，这时，我们可以说该随机数序列通过了频率检验。为了有效地进行统计检验，N 值最好大于 100，$k > 10$，$m_i > 10$，这就是说，在较多的间隔里，每个间隔中所落入的随机数不要太少，结果才比较可信。在雷达仿真中，通常 $N \geqslant 1024$，这对计算机实现

运算不会增加太大的困难。值得注意的是，在 χ^2 统计量的自由度 $d>30$ 时，统计量 $u=\sqrt{2\chi^2}-\sqrt{2d-1}$ 渐近地服从均值为 0，方差为 1 的正态分布，即 $N(0,1)$。这一结果会给你的工作带来方便，如果你的手头没有 χ^2 分布表可查，就可构造一个统计量 u，去查正态分布表。正态分布表在数理统计的书中都可找到。

2.2.2　参数检验

随机数的参数检验是检验随机数分布的各个参数的观测值和理论值的差异是否显著。由于所检验的参数主要包括各阶矩，故参数检验有时也称矩检验。

假定预检随机数序列包括 N 个随机数 $\xi_1,\xi_2,\cdots,\xi_N$。据此，可以计算出随机变量 ξ 的各阶矩的观测值

$$\hat{m}_k = \frac{1}{N}\sum_{i=1}^N \xi_i^k \tag{2-15}$$

显然，一阶矩和二阶矩即是随机变量 ξ 的均值和均方值

$$\left.\begin{array}{l}\hat{m}_1 = \dfrac{1}{N}\sum_{i=1}^N \xi_i \\[3mm] \hat{m}_2 = \dfrac{1}{N}\sum_{i=1}^N \xi_i^2\end{array}\right\} \tag{2-16}$$

对一般情况，计算出一二阶矩就够了。众所周知，随机变量 ξ 的各阶矩和相应方差的理论值分别为

$$m_k = \frac{1}{k+1} \tag{2-17}$$

$$\sigma_{k,N}^2 = \frac{1}{N}\left(\frac{1}{2k+1}-m_k^2\right) \tag{2-18}$$

一二阶矩及其方差的理论值分别为

$$m_1 = \frac{1}{2},\quad \sigma_{1,N}^2 = \frac{1}{12N} \tag{2-19}$$

$$m_2 = \frac{1}{3},\quad \sigma_{2,N}^2 = \frac{4}{45N} \tag{2-20}$$

构造一个统计量

$$z_{k,N} = \frac{\hat{m}_k - m_k}{\sigma_{k,N}} \tag{2-21}$$

对于 $k=1,2$ 时，分别为

$$z_{1,N} = \sqrt{12N}\left(\hat{m}_1 - \frac{1}{2}\right) \tag{2-22}$$

$$z_{2,N} = \frac{1}{2}\sqrt{45N}\left(\hat{m}_2 - \frac{1}{3}\right) \tag{2-23}$$

根据中心极限定理，$z_{k,N}$ 的分布函数 $F_N(z)$ 渐近正态分布

$$\lim_{N\to\infty}F_N(z) = \varphi(z) = \frac{1}{\sqrt{2\pi}}\int_{-\infty}^z \mathrm{e}^{-\frac{z^2}{2}}\,\mathrm{d}z \tag{2-24}$$

给定显著水平 α，我们就可以根据 $\varphi(z_\alpha)=1-\alpha$ 求出临界值 z_α。通常，它是由正态分布

表查得的。这样，在 N 足够大时，如果观测值 $|z_{k,N}| \geqslant z_a$，则拒绝假设 H_0；如果观测值 $|z_{k,N}| < z_a$，我们就说，预检序列通过了矩检验，即接受假设 H_0。

根据同样道理，也可以对随机变量的方差进行直接的检验，观测值可写成

$$s^2 = \frac{1}{N} \sum_{i=1}^{n} \left(\xi_i - \frac{1}{2} \right)^2 = \hat{m}_2 - \hat{m}_1 + \frac{1}{4} \tag{2-25}$$

理论值

$$m_{s^2} = \frac{1}{12}, \quad \sigma_{s^2}^2 = \frac{1}{180N} \tag{2-26}$$

同样可以构成统计量

$$z_{s^2, N} = \frac{s^2 - m_{s^2}}{\sigma_{s^2}^2} = \sqrt{180N} \left(s^2 - \frac{1}{12} \right) \tag{2-27}$$

显然，统计量 $z_{s^2, N}$ 也服从渐近正态分布。

2.2.3　独立性检验

随机数的独立性检验，就是检验随机数序列 ξ_1，ξ_2，$\cdots$，ξ_N 中的前后各数的统计相关性是否异常。独立性检验通常包括相关系数检验、联列表检验和连检验等。这里我们只简单介绍两种检验方法。

(1) 相关系数检验。我们知道，两个随机变量互不相关，不一定相互独立，但它是随机变量相互独立的必要条件，所以作为衡量两个随机变量之间相关程度的相关系数的大小，便可被用来检验随机数的独立性。

假设我们已经用某种方法获得了一个随机数序列 ξ_1，ξ_2，$\cdots$，ξ_N，则随机变量相距为 j 的相关系数定义为

$$\hat{\rho}_j = \frac{\dfrac{1}{N-j} \sum_{i=1}^{N-j} \xi_i \xi_{j+i} - \hat{m}_1}{s^2} \tag{2-28}$$

式中：$\hat{m}_1$ 和 s^2 分别为随机变量 ξ 的均值和方差。只要 N 足够大，新的统计量 $u = \hat{\rho}_j \sqrt{N-j}$ 服从渐近正态分布，即 $N(0, 1)$ 分布。通常取 $N - j > 50$。这样，就可根据给定的显著水平 α 及正态分布表查出临界值了。

(2) 连检验。将随机数序列 ξ_1，ξ_2，$\cdots$，ξ_N 按某种规则分类，例如我们将其分为两类，分别称 A 类和 B 类。令属于 A 类的概率为 p，属于 B 类的概率为 $q = 1 - p$。然后，根据随机数 $\xi_i (i = 1, 2, \cdots, N)$ 是属于 A 类还是 B 类，按先后次序进行排列

$$A B B A A A B A A B B B B A A$$

我们将相邻的同类元素称为连，同类元素的个数称为连长。如果以 N_1 表示 A 类元素的个数，以 N_2 表示 B 类元素的个数，则随机数的总数 $N = N_1 + N_2$，如果以 $r_{A,i}$ 表示连长为 i 的 A 类元素的连数，以 r_B 表示连长为 i 的 B 类元素的连数，则

$$N_1 = \sum_i i r_{A,i}, \quad N_2 = \sum_i i r_{B,i}$$

如果以 R_1 和 R_2 分别表示 A 类元素和 B 类元素的连数，则总连数 $R = R_1 + R_2$，而

$$R_1 = \sum_{i=1}^{N_1} r_{A,i}, \quad R_2 = \sum_{i=1}^{N_2} r_{B,i}$$

显然，R 是一个统计量，在 R 为偶数时，它服从以下分布

$$p(R = 2v) = 2C_{N_1-1}^{v-1} C_{N_2-1}^{v-1} p^{N_1} q^{N_2} \tag{2-29}$$

统计量 R 的数学期望和方差如下：

$$\left. \begin{array}{l} E(R) = p^2 + q^2 + 2npq \\ D(R) = 4npq(1-3pq) - 2pq(3-10pq) \end{array} \right\} \tag{2-30}$$

统计量渐近地服从正态分布 $N(2npq, 2\sqrt{npq(1-3pq)})$，即均值为 $2npq$，标准差为 $2\sqrt{npq(1-3pq)}$ 的正态分布。

① 正负连检验。把随机数序列 $\xi_1, \xi_2, \cdots, \xi_N$ 中的每个随机数均减去它的理论上的均值 $1/2$，然后构成一个新的随机数序列 $\left\{ \xi_i - \dfrac{1}{2} \right\}$，根据它的正、负号分为两类，组成正、负两类连。显然，根据均匀性和独立性假设，出现 A、B 正、负两类事件的概率均为 0.5，且

$$\left. \begin{array}{l} E(R) = \dfrac{N}{2} + 1, \quad D(R) = \dfrac{N-1}{4} \\ P\{l = k\} = 2^{-k}, \quad k = 1, 2, \cdots \end{array} \right\} \tag{2-31}$$

这样就构成了一个 $N[0, 1]$ 的新的统计量 u，并进行检验。

② 升降连检验。将随机数序列 $\xi_1, \xi_2, \cdots, \xi_N$ 按 $\{\xi_i - \xi_{i-1}\}$ 构成一个新的随机数序列，然后，按正、负分为两类，构成升降二类连，其均值和方差分别为

$$E(R) = \dfrac{2N-4}{3}, \quad D(R) = \dfrac{16N-29}{90} \tag{2-32}$$

且有

$$p_1 = \dfrac{5}{8}, \quad p_2 = \dfrac{11}{40}, \quad p_3 = \dfrac{19}{240}, \quad p_4 = \dfrac{29}{1684}, \quad \cdots$$

于是又可构成一个 $N[0, 1]$ 统计量 u，并进行统计检验。

从以上介绍可以看出，不管是哪类检验，关键的问题是在已知随机数序列之后，要想办法构造一个已知分布的统计量，然后给定一个显著水平 α，在相应的表中查出临界值，并将其与计算值相比较，以决定是接受还是拒绝该假设 H_0。

第 3 章　统计试验法概述

统计试验法(Statistical Testing Method)又称随机抽样技术。这种方法用得最多的名称是蒙特卡罗法(Monte Carlo Method)。

所谓蒙特卡罗法,是一种通过对实际过程的建模、随机抽样和统计试验来求解各种工程技术、数学物理、社会生活和企业管理等不同问题的近似解的概率统计方法。用蒙特卡罗法解题并不是通过真实试验来完成的,而是抓住事物运动的基本特征,如统计特性,统计参数,几何特征等,利用数学方法在计算机上对真实事物、过程进行仿真,即进行数字统计模拟来完成的。蒙特卡罗法真正地作为一种独立的方法被采用,还是 20 世纪中期的事情。首先是用于核物理的研究方面,后来才逐渐扩大到其他应用范围,到当前几乎科学技术的各个领域都有蒙特卡罗法的踪迹。这个古老的思想之所以经过几百年后才得到广泛应用,究其原因是因为要获得精确的统计试验结果,必须进行大量的统计试验或运算,这在计算机发明之前,人是难以胜任的。就是在 20 世纪 50~60 年代,计算机速度较低时,也难以广泛应用。实际上,蒙特卡罗法的应用与推广是与电子数字计算技术的发展与普及紧密地联系在一起的。可以说,蒙特卡罗法的广泛应用是概率论、数理统计与电子数字计算技术多学科发展的结果。

蒙特卡罗法真正地用于电子信息系统领域虽然只有 40 年左右的历史,但已经成为电子信息系统的研究与设计者的非常强有力的工具。当前,把蒙特卡罗法与系统仿真结合起来,在实验室完全可以复现各种复杂的雷达或电子信息系统的电磁环境,产生雷达或电子信息系统的各种输入信号、相干或非相干的杂波、干扰和噪声,从而对其进行信号处理、检测以产生点迹、航迹,对各类目标进行外推、跟踪、数据融合,进而进行综合显示。蒙特卡罗法在电子信息领域将会有广泛的应用前景:

(1) 雷达或电子信息系统电磁环境的生成;

(2) 用于雷达或电子信息系统的验收与性能评估;

(3) 用于雷达或电子信息系统的方案设计,系统性能的优化;

(4) 研究和选择电子信息系统抗各种有源、无源干扰手段;

(5) 研究或寻求各种先进的雷达或电子信息系统的体制、波形和先进的技术;

(6) 将蒙特卡罗法和电子信息系统仿真、EDA 技术结合在一起用于现代雷达或电子信息系统的自动化设计中。

随着计算技术的飞速发展,统计试验法在雷达或电子信息系统的研究和设计方面必将更加普及、更加成熟。这是因为统计试验法具有经济性(在雷达与电子信息系统的研究和设计方面,利用统计试验法可以节省大量的人力、物力)、有效性(利用统计试验法对雷达和电子信息系统进行研究可以大大地缩短系统的研制周期)、惟一性(利用统计试验法可以完成人工难以完成或根本无法完成的工作,特别是对那些无法求出的数学解或极其复杂的问题,是目前惟一有效的方法),而且蒙特卡罗法不仅能解决概率问题,也可以解决非概率问题，在大多数情况下都是将非概率问题转化为概率问题来求解的。

3.1 蒲 丰 问 题

蒲丰(Buffon)是一位法国的科学家，他是第一个运用统计试验法来解决实际问题的科学家。他提出了用统计试验法确定圆周率 π 的概率统计模型。通常称其为蒲丰模型或随机投针试验模型。

蒲丰问题叙述如下：在一个任意的平面上，画一组平行线，线与线之间的距离为 $2R$，R 为一常数。然后向平面上任投一针，针的长度为 $2L$，并且有 $R>L>0$，问这一针与任一直线相交的概率是多少？图 3-1 中给出了描述这一问题的示意图，不过图中只给出了两条平行线，图中 M 点是针的中点，x 是 M 点到最近的一条平行线的垂直距离，针与相交线之间的夹角为 φ。

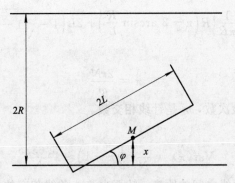

图 3-1　蒲丰模型示意图

从投针方式和图 3-1 可以看出，针的中点 M 等概率地落在长度为 R、垂直于所画平行线的线段上，即随机变量 x 在 $[0, R]$ 区间上是均匀分布的，其概率密度函数为

$$f(x) = \begin{cases} \dfrac{1}{R}, & 0 \leqslant x \leqslant R \\ 0, & \text{其他} \end{cases} \qquad (3-1)$$

其次，夹角 φ 界于 φ_1 和 $\varphi_1 + \Delta\varphi$ 之间的概率与增量 $\Delta\varphi$ 的大小成正比，即 φ 在 $[0, \pi]$ 区间上是均匀分布的，其概率密度函数为

$$f(\varphi) = \begin{cases} \dfrac{1}{\pi}, & 0 \leqslant \varphi \leqslant \pi \\ 0, & \text{其他} \end{cases} \qquad (3-2)$$

另外，随机变量 x 与 φ 是互相独立的，针与线相交与否完全由 x 与 φ 决定，其充要条件为

$$x \leqslant L \sin\varphi, \qquad 0 \leqslant x \leqslant R \qquad (3-3)$$

这样，x 与 φ 的联合概率密度函数为

$$f(x, \varphi) = \frac{1}{R\pi} \qquad (3-4)$$

于是，针线相交的概率为

$$p = \int_0^\pi \int_0^{L \sin\varphi} f(x, \varphi) \, \mathrm{d}x\mathrm{d}\varphi = \int_0^\pi \frac{1}{\pi} \frac{L \sin\varphi}{R} \, \mathrm{d}\varphi \qquad (3-5)$$

令 $\varphi = \pi y$，则有

$$p = \int_0^1 \frac{L}{R} \sin(\pi y)\mathrm{d}y = \frac{2L}{R\pi} \tag{3-6}$$

如果令 $R = L$，则有结果

$$p = \frac{2}{\pi} = 0.636\ 619\ 78$$

如果令 $R = 2L$，则得到更简单的结果

$$p = \frac{1}{\pi} \tag{3-7}$$

可见，只要用统计试验法求出概率 p，则 π 值的估值就可求出来，即

$$\hat{\pi} = \frac{1}{p} \tag{3-8}$$

对于 $2L > R$ 的情况，结果比较复杂

$$p = \frac{1}{\pi R}\left\{ R\left(\pi - 2\ \arcsin\frac{R}{L}\right) + 2L\left(1 - \sqrt{1 - \frac{R^2}{L^2}}\right)\right\} \tag{3-9}$$

π 值的渐近无偏估计

$$\hat{\pi} = \frac{2rN}{m} \tag{3-10}$$

其中，$r = L/R$，N 是试验次数，m 是针线相交数。

渐近方差

$$\mathrm{Var}(\hat{\pi}) = \frac{\pi^2}{N}\left(\frac{1}{2}\pi - 1\right) \approx \frac{5.6335}{N} \tag{3-11}$$

如果针的长度大于相邻两线之间的距离，针至少与一条线相交的概率为

$$p = \frac{2L}{\pi R}(1 - \sin\varphi) + \frac{2\varphi}{\pi} \tag{3-12}$$

其中，$\sin\varphi = R/L$。这样，也可以得到 π 的估值。

上述过程就称做建模，它把蒲丰问题用一个数学模型表达了出来。

实物统计试验步骤：

(1) 在任一平面上按模型要求画一组平行线，线的间距为 $2R$。

(2) 向该平面任意投一根针，针的长度等于 $2L$，投针时记录总试验次数 N 和针与线相交的次数 m。

(3) 计算事件 A 出现的相对频率

$$\hat{p} = \frac{m}{N} \tag{3-13}$$

根据大数定理知，试验次数在独立的条件下，只要试验次数 N 足够大，概率估值 $\hat{p}$ 与概率 p 值之差小于某一正数 ε 的概率趋近于 1，即

$$p\left(\left|\frac{m}{N} - p\right| \leqslant \varepsilon\right) \to 1 \tag{3-14}$$

这样，便可用相对频率 $\hat{p}$ 代替概率 p。

(4) 得到 π 的估值

$$\hat{\pi} = \frac{1}{\hat{p}} = \frac{N}{m} \tag{3-15}$$

后人根据这一模型给出了人工仿真结果，如表 3 - 1 所示。

表 3 - 1　前人给出的 π 的估计结果

仿真者	时间/年	仿真次数	π 的近似值
Wolf	1850	5000	3.1596
Smith	1855	3204	3.1553
Demorgan	1860	600	3.137
Fox	1894	1120	3.1419
Lazzarini	1901	3408	3.141 592 9
Reina	1925	2520	3.1795

由于人工仿真存在一系列问题，特别是试验次数很大时，人是无法完成的。如表 3 - 1 给出的蒲丰问题数据，人工给出的试验次数最多只有 5000。如试验次数再增加几个数量级，这对雷达等电子信息系统的仿真和性能评估来说，是经常有的事情，人工显然是难以完成的，但对当今计算机来说，可能是举手之劳。对蒲丰问题的计算机仿真步骤如下：

(1) 首先，在电子计算机上产生两个相互独立的随机变量 y、θ 的随机抽样序列 $\{y_i, \theta_i, i=1, 2, \cdots, N\}$，$y_i$、$\theta_i$ 均服从 $[0, 1]$ 区间上的均匀分布。

(2) 然后，分别将随机变量 y_i、θ_i 变换成 $[0, a]$ 区间和 $[0, \pi]$ 区间上的均匀分布随机序列 $\{x_i, \varphi_i, i=1, 2, \cdots, N\}$，即

$$x_i = R y_i$$
$$\varphi_i = \pi \theta_i, \quad i = 1, 2, \cdots, N$$

(3) 在计算机上检验不等式

$$x \leqslant L \sin\varphi_i \tag{3-16}$$

即

$$y_i \leqslant \frac{L}{R} \sin(\pi\theta_i)$$

是否成立，如果此式成立，则认为投针试验成功，即针线相交；否则就算失败，针与线没有相交。

(4) 重复步骤 (1) ～ (3) N 次，得成功次数函数，即

$$m(x_i, \varphi_i) = \begin{cases} 1, & x_i \leqslant L \sin\varphi_i \\ 0, & \text{其他} \end{cases}$$

计算 p 的估值 $\hat{p}$ 和 π 的估值 $\hat{\pi}$

$$\hat{p} = \frac{1}{N} \sum_{i=1}^{N} m(x_i, \varphi_i) \tag{3-17}$$

$$\hat{\pi} = \frac{N}{\sum_{i=1}^{N} m(x_i, \varphi_i)} \tag{3-18}$$

(5) 最后对精度进行估计，看是否需要增加试验次数继续进行统计试验。如果满足精度要求，则结束仿真，给出仿真结果。表 3 - 2 中给出的一组数据是在计算机上得到的估计结果。从这组数据可以看出，π 值的精度基本上是随着试验次数 N 的增加而增加的。

表 3 - 2　π 值估计结果

模拟次数	π 的估值
1000	3.311 258 28
2000	3.169 606 39
3000	3.188 097 75
4000	3.167 251 06
5000	3.207 184 09
6000	3.217 541 65
7000	3.019 941 40
8000	3.170 828 38
9000	3.140 434 78
10000	3.140 876 31

这里需要说明的是，在进行仿真试验之前，必须对计算机中所给出的[0，1]区间的均匀分布随机数进行统计检验。

综合以上步骤，给出投针试验的程序流程图，如图 3 - 2 所示。图中 N_0 表示满足精度的试验次数。

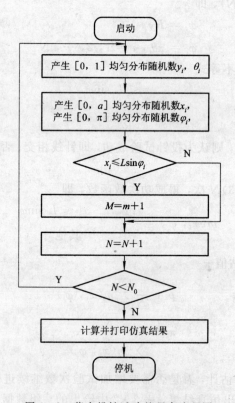

图 3 - 2　蒲丰投针试验的程序流程图

由于蒲丰问题比较简单，因此通过对它的分析，不难归纳出用统计试验法来解概率问题的一般步骤：

（1）根据待解决问题的物理过程，建立描述该过程的概率模型，即对问题进行建模。

（2）根据要求，确定满足试验精度的试验次数。

（3）产生[0，1]区间上的均匀分布随机数。

（4）产生仿真系统所需要的随机变量，它们可能是独立的，也可能是相关的。

（5）根据所选定的方法画出程序流程图，然后选定仿真语言，编出源程序，上机进行仿真。

（6）对仿真结果进行评估。

3.2　报　童　问　题

与蒲丰问题不同，报童问题是决策方面的一个简单例子。对一个报童来说，他每天从报社买来报纸，然后到街上去卖，当然他希望获得最大的利润。如果把报童问题看做一个系统，那么报纸、顾客、报童和利润就成了该系统的重要组成部分。问题在于，根据市场需求，报童寻求一个什么样的定货法则或策略才能使他所获得的利润最大。因为定货多了，而市场需求小，卖不了将导致利润下降，甚至亏本；定货少了，如果市场需求量大，又失去了赚钱的机会。这样一来，定货法则或定货策略就成了报童能否赚取最大利润的关键。当然，最好是每天需要多少份就定多少份，但市场需求量是一个随机变量，这就需要每天用统计方法做出决策。

假定，B_n 是当天买进或订购的报纸数量，S_n 是当天卖掉的报纸数量，D_n 是当天市场需要报纸的数量，显然，它是一个随机变量。

再假定，报童每天买进和卖出每份报纸的价格分别用 P_B 和 P_S 表示，且 $P_S > P_B$，即卖出价大于买入价，则第 n 天的利润为

$$P_n = S_n P_S - B_n P_B \tag{3-19}$$

报童决定，当天订购报纸的数量等于前一天的市场需求量，即

$$B_n = D_{n-1} \tag{3-20}$$

而当天卖掉的报纸的数量 S_n 则由以下两个条件来决定

$$\left. \begin{array}{l} D_n \leqslant B_n \ \text{时}，S_n = D_n \\ D_n > B_n \ \text{时}，S_n = B_n \end{array} \right\} \tag{3-21}$$

即是说，如果当天订购的报纸的数量大于需求量，当天卖掉的报纸的数量只能等于需求量；如果当天买的报纸的数量小于需求量，即当天卖掉的报纸的数量等于当天订购量和当天需求量二者中的小者。

现在的问题是，前一天的需求量如何决定。报童决定利用过去一年的统计数字来确定 D_{n-1}。报童根据以前的卖报记录知道，每天的需求量有以下几种可能：40 份、41 份、42 份、43 份、44 份、45 份、46 份；并且统计出了相对频数 P_n，得到如表 3-3 的一组数据。

其需求量的平均值

$$\overline{D}_n = \sum_i i P_i = 43.10$$

最后，报童做了一个轮盘，并将其分成了七份，每份的大小分别等于每个需求量对应的频数，即需求量分别为 40、41、…、46 份报纸时，其轮盘上对应的面积分别为 0.05、0.1、…、0.30。如图 3-3 所示。

表 3-3　需求量与相对频数的关系

需求量 D_n	相对频数 P_n
40	0.05
41	0.10
42	0.20
43	0.30
44	0.15
45	0.10
46	0.10

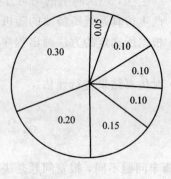

图 3-3　轮盘示意图

这样，报童每天去订货之前转一次轮盘，指针所指的数量就作为前一天的需求量 D_{n-1}。假定，第一天转了一次，$D_{n-1}=42$，即 $D_0=42$，作为第二天买报的依据；第二天又转了一次，$D_1=41$，表示当天的需求量，说明这一天订购 42 份，由于 $B_n>D_n$，因此只卖掉 41 份，即 $S_n=D_n$。第三天又转了一次，$D_n=45$，表示当天的需求量，说明这一天订购 41 份，由于 $B_n<D_n$，所以当天只卖掉 41 份，即 $S_n=B_n$，依此类推。表 3-4 给出了 10 天的仿真结果。

表 3-4　报童问题 10 天的仿真结果

n	D_n	B_n	$D_n \leqslant B_n$	$D_n > B_n$	S_n	P_n	$\sum P_n$
0	42						
1	41	42	Y		41	11.8	11.8
2	45	41		Y	41	12.3	24.1
3	44	45	Y		44	12.7	36.8
4	43	44	Y		43	12.4	49.2
5	46	43		Y	43	12.9	62.1
6	43	46	Y		43	11.4	73.5
7	42	43	Y		42	12.1	85.6
8	44	42		Y	42	12.6	98.2
9	43	44	Y		43	12.4	110.6
10	40	43	Y		40	10.5	121.1

从整个仿真可以看出，在价格确定之后，利润的多少关键在于决策法则。由于 D_n 是个随机变量，实际上当天的订购策略可能有许多选择，如 $B_n=(D_{n-1}+D_{n-2})/2$，也可以用长

时间的统计平均值。如果报童积累的数据较多，也可以建立 D_n 的统计模型。上表是在 $P_B = 0.5$，$P_S = 0.8$ 时得到的。

表 3-5 给出了采用四种决策准则所获得的 17 天的利润累计结果。从表中可以看出，不同的决策准则所获得的利润是不一样的。

表 3-5 采用不同的决策准则时报童所获得的利润

N_0	17 天的利润	报童使用的决策准则
1	335.5 元	$B_n = D_{n-1}$
2	347.0 元	$B_n = \dfrac{D_{n-1} + D_{n-2}}{2}$
3	358.5 元	$B_n = $ 常数，历史上 m 天 D 的平均值
4	366.0 元	$B_1 = D_0$ $B_2 = \dfrac{D_0 + D_1}{2}$ $\vdots$ $B_n = \dfrac{D_0 + D_1 + \cdots + D_{n-1}}{n}$
		说明： B_n ——每天买入的报纸数量； D_n ——每天市场的需求量； P_B ——每份报纸的买入价； P_S ——每份报纸的卖出价； 过去累计的需求量及相应的概率： 40　　41　　42　　43　　44　　45　　46 0.05　0.10　0.20　0.30　0.15　0.10　0.10

从以上结果可以看出，当采用不同的决策准则时，其结果是不同的。在没有计算机的时代，做一个轮盘已经是够科学了，但对于今天，10 天的统计结果和 $B_n = D_{n-1}$ 的决策准则是不够的，如果能够利用更多的数据建立一个统计模型或如前所述改变决策准则，将会获得更多的利润。从决策的角度说，这样一个简单的例子尽管没有普遍意义，但我们从这里看到了从建模开始到随机变量的产生及如何进行仿真的全过程。这也说明，统计试验法的应用范围是很广的，它不仅仅用于电子信息系统的仿真研究。

3.3　蒙特卡罗法在解定积分中的应用

计算定积分是蒙特卡罗法的一个很重要的应用。在通常情况下，定积分都是用数值计算的方法来解的，但当积分的重数增加时，其工作量的增加特别显著，甚至用电子数字计算机也难于完成，然而，用蒙特卡罗法这个问题就迎刃而解了，特别是对多重积分，效果更明显。就是用蒙特卡罗法计算一般的积分，也不失为一种较好的选择。这里只介绍计算定积分的两种基本方法，为电子信息系统性能的评估奠定基础。

3.3.1 概率平均法

首先让我们考虑一个定积分

$$J = \int_a^b f(x)\, \mathrm{d}x \qquad (3-22)$$

假设，ξ 为 $0x$ 轴某区域 Ω 上取值为 x 的连续随机变量，取值范围由 a 到 b，它的分布规律由 Ω 域上的概率密度函数 $f(x)$ 决定，如图 3-4 所示。实际上，计算该积分的问题就是计算随机变量 ξ 落在 Ω 域上 ω 区间内的概率问题，它应等于概率密度函数 $f(x)$ 和 a 与 b 在 x 轴所限定区间的面积，即

$$p = p(a \leqslant \xi < b)$$

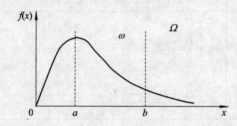

图 3-4　概率密度函数与积分边界关系图

首先，根据给定的概率密度函数 $f(x)$，产生满足该分布规律的随机变量 x_i，然后检验 x_i 是否落在 ω 区间之内，如果 x_i 处在此区间，则认为此次试验是成功的，否则就认为是失败的。在进行 N 次独立试验之后，得出成功次数 m，便可得到随机变量 ξ 落入区间 ω 内的概率估值，或相对频率

$$\hat{p} = \frac{m}{N} = \frac{1}{N}\sum_{i=1}^{m} x_i \qquad (3-23)$$

利用贝努利定理，假定事件 A 出现的概率为 p，在 N 次统计试验中事件 A 出现的次数为 m，则对任意正数 ε，有

$$\lim_{N \to \infty} p\left(\left| \frac{m}{N} - p \right| < \varepsilon \right) = 1 \qquad (3-24)$$

显然，当 N 足够大时，取 m/N 作为上述积分的近似值是合理的，即 $p = \hat{p}$。

由此，得到统计试验步骤如下：

(1) 从具有分布规律为 $f(x)$ 的随机总体中抽取随机数 x_i。

(2) 将随机数 x_i 与区间 ω 的界 a 和 b 进行比较，比较结果用一个特征指标 β 来表示，如果满足不等式 $a \leqslant x_i < b$，则 $\beta = 1$，否则 $\beta = 0$。

(3) 将比较所得到的 β 值加入一个试验成功计数器，该计数器用 m 表示，我们称其为 m 计数器。

(4) 每次试验完毕，不管试验成功与否，均在试验次数计数器内加 1。

(4) 在 N 次统计试验之后，计算成功计数器内的数值与试验次数 N 的比值，即为所求概率的估值 $p = \hat{p} = \dfrac{m}{N}$。

例 3.1　用蒙特卡罗法进行概率计算，假定随机变量 ξ 服从瑞利分布

$$f(x) = \frac{x}{\sigma^2} \exp\left(-\frac{x^2}{2\sigma^2}\right), \quad x \geqslant 0 \tag{3-25}$$

试计算 ξ 小于任一门限 T 的概率，这里假定，$T=1$，$\sigma=1$。

该积分的理论值

$$p = \int_0^T x \exp\left(-\frac{x^2}{2}\right) \mathrm{d}x = 1 - \mathrm{e}^{-\frac{T^2}{2}} \tag{3-26}$$

用统计试验法计算的结果示于表 3-6。表中 x_i 表示依次取的随机数，它服从瑞利分布。m 为成功次数。由表可见，在 20 次的统计试验中，只有 6 次满足 $x_i < T$ 的条件，即 $p=0.30$。由式（3-26）计算的结果为 $p=0.393$。显然，20 次的统计试验的结果是不太精确的，误差达 25%。如果要提高精度，必须增加试验次数。然而，值得注意的是，在此表中似乎 $n=10$ 时更精确，实际上，这只是一种偶然现象。在统计试验时，只有多次试验的结果趋于稳定的时候，才能说所得到的结果是该积分的近似解，否则只能说明试验次数太少，这时需要继续进行补充试验。

以上求积分的方法是作为概率问题来解的，它应当满足以下条件

$$\left.\begin{array}{l} f(x) \geqslant 0 \\ \int_{-\infty}^{\infty} f(x)\,\mathrm{d}x = 1 \end{array}\right\} \tag{3-27}$$

表 3-6　例 3.1 的计算结果

N	1	2	3	4	5	6	7	8	9	10
x_i	1.042	0.811	1.225	0.526	0.927	2.071	1.906	0.635	1.586	1.379
m	0	1	1	2	3	3	3	4	4	4
p	0	0.50	0.33	0.50	0.60	0.50	0.43	0.50	0.44	0.40
N	11	12	13	14	15	16	17	18	19	20
x_i	3.154	1.845	1.133	1.786	2.481	0.476	2.391	1.076	0.727	3.000
m	4	4	4	4	4	5	5	5	6	6
p	0.36	0.30	0.31	0.29	0.27	0.31	0.29	0.28	0.32	0.30

如果给定的被积函数不是概率密度函数，通常经过适当的变换可使其满足式（3-27）的要求。在大多数情况下，这种变换是可能的，但有时要进行非常复杂的运算，甚至复杂到不低于计算定积分本身，即使能够很快得到变换表达式，又要通过适当的抽样方法得到新的分布的随机抽样，如是这样，就要考虑是否选择其他的计算方法了。

3.3.2　随机投点法

下面介绍一种利用均匀分布随机数通过随机投点来计算定积分的方法。首先，假定有一定积分

$$J = \int_0^1 g(x)\,\mathrm{d}x \tag{3-28}$$

其被积函数满足条件 $0 \leqslant g(x) \leqslant 1$。

利用均匀分布随机数计算定积分原理如图 3-5 所示。

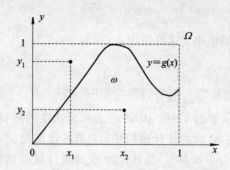

图 3-5　利用均匀分布随机数计算定积分原理图

Ω 域是由不等式 $0 \leqslant x \leqslant 1$ 和 $0 \leqslant y \leqslant 1$ 确定的，而 ω 又是由曲线 $y = g(x)$、$0x$ 轴和 $x = 1$ 所限定的区域。显然，该积分 J 等于 ω 域的面积，因为 Ω 域的面积等于 1。如果我们利用两个相互独立的 [0, 1] 区间上均匀分布的随机数 x_i 和 y_i 构成一个二维随机点 (x_i, y_i)，当将 N 个随机点都投到 Ω 域上时，这些随机点将均匀地分布在 Ω 域上，那么落入 ω 域中的点数显然与其面积成正比，而与这些点所落的位置无关。这些点落入 Ω 域的概率等于 1。

如果已知从一均匀分布随机总体中抽出的 N 个随机点为 (x_1, y_1)，$\cdots$，(x_N, y_N)，那么它们的联合概率密度函数仍然是均匀分布的，且有联合概率密度函数 $f(x, y) = 1$，故随机点 (x_i, y_i) 落入 ω 域的概率为

$$p(\omega) = J = \iint_{\omega} f(x, y) \, \mathrm{d}x \, \mathrm{d}y \tag{3-29}$$

根据以上得到了该积分面积的计算步骤：

(1) 产生 [0, 1] 区间上的均匀分布的随机数序列。

(2) 从该随机数序列中任意抽取一对随机数，构成一个随机点 (x_i, y_i)。

(3) 将随机点 (x_i, y_i) 变成坐标 $[x_i, y_i]$，并判断其是否落入 ω 区：先依 ξ_i，求出 $y_i = g(\xi_i)$；将 y_i 与 η_i 进行比较，如果 $y_i \leqslant \eta_i$，则该次试验成功，在成功计数器 m 中加 1，否则失败。

(4) 不管试验成功与否，每试验一次，在试验计数器 N 中加 1。

(5) 求随机点落入 ω 区的概率估值

$$\hat{p} = \hat{J} = \frac{1}{N} \sum_{i=1}^{N} m_i, \quad m_i = \begin{cases} 1, & y_i \leqslant \eta_i \\ 0, & y_i > \eta_i \end{cases} \tag{3-30}$$

最后，将 $\hat{J}$ 作为 p 的近似值。

在某些情况下，积分限不是从 0 到 1，而是从 a 到 b，例如 $J = \int_a^b h(x) \, \mathrm{d}x$，对这种情况，需要对随机数做变换

$$y_i = a + (b - a) x_i \tag{3-31}$$

即将 [0, 1] 区间的均匀分布随机数变成 [a, b] 区间的均匀分布随机数，以保持投点区间与积分限的一致。

例 3.2　用蒙特卡罗法计算正方形内切圆的面积。正方形及其内切圆如图 3-6 所示，其中圆的半径 $R = 1$，正方形的边长 $L = 2$。该圆面积的理论值应为 $S = \pi R^2 = \pi \approx 3.141\ 592\ 6$。

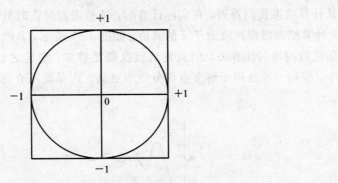

图 3-6 用蒙特卡罗法计算正方形内切圆面积示意图

在用蒙特卡罗法对该面积进行估计时，我们采用了前面介绍的随机投点的方法，其基本步骤如下：

（1）首先产生两个相互独立的，且在[-1，1]区间均匀分布的随机数序列$\{x_i\}$、$\{y_i\}$（方法见第5章）：

$$\left.\begin{array}{l} x_i = 2u_{i1} - 1 \\ y_i = 2u_{i2} - 1 \end{array}\right\} \qquad (3-32)$$

式中：u_{i1}、u_{i2}为[0，1]区间上的均匀分布随机数。

（2）然后，取一对随机数 x_i、y_i，在正方形内形成一个交点，等效于向正方形内随机投点。

（3）检验由 x_i、y_i 决定的点是否落入正方形的内切圆内，即 $x_i^2 + y_i^2 < 1$，如果该点落入圆内，认为此次试验成功，成功计数器 m 加 1，同时试验次数计数器 N 也加 1。如果试验失败，此种情况下只有试验次数计数器 N 加 1。最终 m 计的是落入圆内的试验次数，N 计的是总的试验次数。

（4）重复步骤（1）～（3），一直到试验次数 N 等于给定的试验次数 N_0 为止，得到随机点落入圆内的概率估值 $\hat{p} = \dfrac{m}{N}$。该估值意味着圆的面积占正方形面积的百分比。

（5）由于该正方形的面积是已知的，即等于4，故最后得到圆的面积

$$S = 4\hat{p} = 4\,\frac{m}{N} \qquad (3-33)$$

表 3-7 中给出了一组统计试验结果。

表 3-7 用蒙特卡罗法计算圆面积的试验结果

试验次数	所计算的圆的面积值	计算的相对误差
100	3.36	-0.069 521 2
500	3.192	-0.016 045 2
1000	3.18	-0.012 225 5
2000	3.164	-0.007 132 5
3000	3.12	0.006 873 14
4000	3.156	-0.004 586 02
5000	3.1376	0.001 270 88

从计算结果我们看到，在实际计算时，计算误差时正时负，随着统计试验次数 N 值的增加，计算结果慢慢地收敛于 π 的真值。如图 3-7 所示，其收敛速度与试验次数 N 和均匀分布随机数的均匀性有关。但只要试验次数足够多，稳定之后，其相对误差是比较小的。实际上，蒙特卡罗法用于解多重积分效率更高，这里就不介绍了，如果有兴趣可参考有关资料。

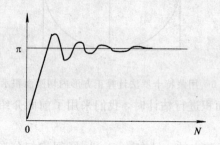

图 3-7　收敛过程与试验次数 N 的关系曲线

3.4　利用蒙特卡罗法计算 sinθ 和 cosθ 的快速算法

3.4.1　选舍抽样法 I

我们知道，利用变换抽样所获得的正态分布随机抽样公式中包含着正弦函数 sinθ 和余弦函数 cosθ，在计算机上实现 sinθ 和 cosθ 的运算是很花费计算时间的，这就要求我们利用快速算法以加快运算速度。这里我们给出一种由 Van Neumann 提出的算法。首先，我们分别以 I 和 Q 表示正弦函数和余弦函数

$$I = \sin\theta, \quad Q = \cos\theta \tag{3-34}$$

根据半角公式，式(3-34)可以写成

$$I = \sin\theta = 2\sin\frac{\theta}{2}\cos\frac{\theta}{2}, \quad Q = \cos\theta = \cos^2\frac{\theta}{2} - \sin^2\frac{\theta}{2} \tag{3-35}$$

现在，我们将 A，B 定义成图 3-8 中单位圆内直角三角形的两条直角边，则

$$\sin\frac{\theta}{2} = \frac{B}{\sqrt{A^2+B^2}}, \quad \cos\frac{\theta}{2} = \frac{A}{\sqrt{A^2+B^2}} \tag{3-36}$$

将式(3-36)代入式(3-35)中，最后得到 sinθ 和 cosθ 的表达式

$$I = \sin\theta = \frac{2AB}{A^2+B^2}, \quad Q = \cos\theta = \frac{A^2-B^2}{A^2+B^2} \tag{3-37}$$

显然，只要给定 A 和 B 的数值，便可由式(3-37)直接计算 sinθ 和 cosθ 的数值了。关键的问题就是如何确定 A 和 B 的数值。

由图 3-8 可以看出，我们可以把 A 和 B 看做是两个独立的，在[-1, 1]区间上均匀分布的随机变量。这样当我们产生一对 A_i 和 B_i 时，就在单位圆内构成一个随机点 p_i。显然，随机点 p_i 在单位圆内是均匀分布的，那么随机点 p_i 到单位圆圆心的线段 p_i0 与 x 轴之间的夹角 $\theta/2$ 也是均匀分布的，则 θ 必然也是均匀分布的。于是，在已知均匀分布随机数 A_i 和 B_i 的时候，就可按式(3-37)计算 sinθ 和 cosθ 的数值了。

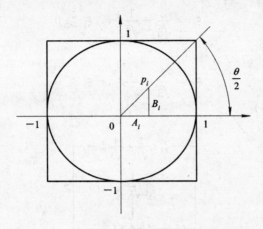

图 3-8　利用选舍抽样法 I 计算 $\sin\theta$ 和 $\cos\theta$

在计算的过程中值得注意的是，如果发现 $A_i^2 + B_i^2 > 1$，必须抛弃由该组 A_i 和 B_i 所产生的结果，重新选一对 A_i 和 B_i 继续进行计算，一直到新的或更新的一组 A_i 和 B_i 满足 $A_i^2 + B_i^2 > 1$，才保留该结果并用它们去计算 $\sin\theta$ 和 $\cos\theta$。利用这种方法计算的 $\sin\theta$ 和 $\cos\theta$ 所用的机器时间只是幂级数法的 1/3 左右。它的精度只与随机数的性能和乘除运算的结尾误差有关。由于公式本身是精确的，因此它不存在幂级数计算中的项数有限所产生的误差。这种方法的计算效率 $E = \pi R^2/4 = 0.785$。

3.4.2　选舍抽样法 II

前面所介绍的计算 $\sin\theta$ 和 $\cos\theta$ 的方法能够大大地提高计算速度，但它存在一个问题，即它的抽样效率 $E = \pi/4 = 0.785$，抽样效率较低。这就意味着在 $\xi_1^2 + \xi_2^2$ 的计算中，有近 25% 是做了无用功。下面介绍一种具有较高抽样效率的计算方法，如图 3-9 所示。其基本思想仍然是向单位圆随机投点，只是单位圆不是正方形的内切圆，而是正六边形的内切圆，该正六边形的边长为 $2/\sqrt{3}$。由于是向二维平面随机投点，因此我们还是用两个随机数，第一个随机变量 ξ_1 是在 $[-1, 1]$ 区间上均匀分布的，第二个随机变量 ξ_2 是在 $[0, \sqrt{3}]$ 区间上均匀分布的。由 ξ_1 和 ξ_2 描述图中 CD 线段的方程为

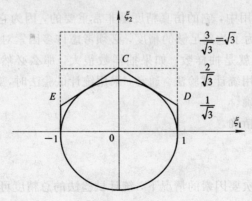

图 3-9　利用选舍抽样法 II 计算 $\sin\theta$ 和 $\cos\theta$ 的快速算法

$$\xi_2 = \frac{2}{\sqrt{3}} - \frac{1}{\sqrt{3}}\xi_1, \quad \xi_1 \geqslant 0 \tag{3-38}$$

CE 段的方程为

$$\xi_2 = \frac{2}{\sqrt{3}} + \frac{1}{\sqrt{3}}\xi_1, \quad \xi_1 \leqslant 0 \tag{3-39}$$

于是,有抽样方法如下:

则按方法 1 有

$$\cos\theta = \frac{\xi_1^2 - \xi_2^2}{\xi_1^2 + \xi_2^2}, \quad \sin\theta = \frac{2\xi_1\xi_2}{\xi_1^2 + \xi_2^2} \tag{3-40}$$

有抽样效率

$$E = \frac{\pi R^2}{2\sqrt{3}} \approx 0.906$$

与前一种方法相比抽样效率提高了 12.1%,但它增加了两次加法运算和两次乘法运算。

这种方法有两点值得注意:一是在抽样运算时利用了公式 $\xi_2 = \sqrt{3} - \xi_2$,因为 $\sqrt{3} - \xi_2$ 在 $[0, \sqrt{3}]$ 区间也是均匀分布的;另一个是在抽样效率公式分母中的 $\sqrt{3}$,它不是图中在纵轴方向的 $0 \rightarrow \sqrt{3}$ 的 $\sqrt{3}$,它是计算矩形面积时在纵轴方向的等效边长,刚好也是 $\sqrt{3}$。

3.5 统计试验法的精度

3.5.1 统计试验法的总精度

在统计试验法的应用中,它的仿真精度是非常重要的,因为它关系到应用这种方法的成败问题。在仿真时,为了达到足够的精度,必须考虑许多因素对仿真结果的影响,例如,其中一个很重要的因素就是抽样数。如果抽样数很大,那么必然要占用大量的计算机时间,有时不得不放弃应用统计试验法。通常,采用统计试验法时,影响精度的主要因素有:

(1) 输入数据不精确。

(2) 采用的模型不精确。

(3) 存在计算误差。

(4) 试验次数有限。

这样,在忽略一些次要因素的情况下,统计试验法的总精度可以用下式来表示:

$$\sigma_z = \sqrt{\sigma_1^2 + \sigma_2^2 + \sigma_3^2 + \sigma_4^2} \tag{3-41}$$

其中,σ_1、σ_2、σ_3、σ_4 分别表示输入数据不精确、采用的模型不精确、存在计算误差和试验次数有限误差的均方根值。

　　通常，只要计算机的字长足够长，计算误差是可以忽略不计的。对输入数据，我们知道，可能是确知量，也可能是随机量，对确知量是无须说明的，但对随机量，为了保证一定的仿真精度，必须进行一定的检验。例如，在电子信息系统电磁环境仿真时，我们要用到均匀分布的伪随机数，它是否服从均匀分布，子样间是否独立以及它的统计参数是否符合仿真要求等，都必须进行严格的检验。对在仿真中所建立的模型，应尽量简化，以便进行更多的试验，而又不增加计算机的时间。当然，模型的化简将会增加方法误差，但应以不造成粗大误差为原则，即将模型简化到最合适的程度，以保证用一定的计算机时间使总误差最小。下面我们着重讨论子样数有限所产生的误差。

3.5.2　确定数学期望时的精度

　　首先，假定进行了 N 次独立试验，得到某随机变量 ξ 的 N 个值，x_1、x_2、$\cdots$、x_N，该随机数序列的均值的估计为

$$\bar{x} = \frac{1}{N} \sum_{i=1}^{N} x_i \tag{3-42}$$

方差的估计为

$$s^2 = \frac{1}{N-1} \sum_{i=1}^{N} (x_i - \bar{x})^2 \tag{3-43}$$

如果 x_0 为数学期望的真值，则

$$\alpha = p(-\varepsilon \leqslant \bar{x} - x_0 \leqslant \varepsilon) \tag{3-44}$$

式中：$\varepsilon = t_\alpha \dfrac{s}{\sqrt{N}}$，$t_\alpha$ 可根据 α，$k = N - 1$ 由"学生"分布表中查出来。α 通常称做可信度。如果我们要求出某随机变量的数学期望，并使其误差以给定的可信度 α 不超过 ε 值，则可利用式（3-44）和"学生"分布表求之。由于我们用到的 N 值一般都比较大，故只用 $N = \infty$，α 为不同的 t_α 即可，具体数值如表 3-8 所示。

表 3-8　对于不同的 ε、p 值，在 $\alpha = 0.95$ 时得到的试验次数

p	q	$\varepsilon = 0.05$	$\varepsilon = 0.01$	$\varepsilon = 0.005$	$\varepsilon = 0.001$
0.9	0.1	$N_1 = 140$	3600	14 000	36×10^4
0.9	0.1	$N = 720$	18 000	72 000	18×10^5
0.5	0.5	$N_1 = 390$	9800	39 000	98×10^4
0.5	0.5	$N = 2000$	50 000	2×10^5	5×10^6

　　该表只适用于 $k > 50$ 的情况。由于 $k = N - 1$，故此条件通常总是满足的。随机变量 $(\bar{x} - x_0)$ 的均方根值为

$$\sigma(\bar{x} - x_0) = \frac{s}{\sqrt{N}} \sqrt{\frac{N-1}{N-3}} \tag{3-45}$$

当 N 值很大时，该式可以化简为

$$\sigma(\bar{x} - x_0) = \frac{s}{\sqrt{N}} \tag{3-46}$$

例 3.3 在对雷达滑窗检测器进行性能仿真时,除了测量发现概率之外,还要在发现目标之后测量目标的方位中心。在试验次数 $N=2000$,发现概率 $P_D=0.5$,要求在可信度 $\alpha=0.9$ 时,相对误差不超过 5%。试根据测量结果估算测量精度是否满足要求。

已知测量方位中心的均值 $\bar{x}=0.56°$,测量方位中心最大均方根值 $s=0.14°$。首先,根据给定的 α 值,查表得 $t_a=1.6345$,则有 $\varepsilon=t_a\dfrac{s}{\sqrt{Np_d}}=0.007\,28°$,$\dfrac{\varepsilon}{\bar{x}}=0.013$。从计算结果和所提的要求看,所求得的方位中心不仅满足要求,而且具有较高的精度。

3.5.3 计算均方根值时的精度

按式(3-43)计算 s 值作为均方根值 σ 的合理估计。数理统计已经证明

$$\alpha=p\quad(s\leqslant q\sigma)\tag{3-47}$$

式中:σ 为均方根值的真值。q 值可根据 α、$k=N-1$ 由表中查出。

用来计算 s 的均方根值的近似式为

$$\sigma(s)=\frac{\sigma}{\sqrt{2N-1.4}}\tag{3-48}$$

该式与式(3-45)一起,都可用于计算统计试验法的总误差。

例 3.4 继续例 3.3,并要求真值 σ 不大于 s 的 1.1 倍,问已求得的结果是否满足这一要求。

由 N、P_D 和 α 值,查表得 $q=0.963$,得

$$\frac{\sigma}{s}=\frac{1}{q}=1.037$$

显然,满足要求。

3.5.4 计算事件概率时的精度

我们知道,在相同条件下,进行 N 次独立的重复试验,如果事件 A 出现 m 次,且它每次出现的概率都相同,那么我们就可以说,事件 A 出现的频率为 $\hat{p}=m/N$。当 $N\rightarrow\infty$ 时,事件 A 出现的概率 $p=\hat{p}$,即随机变量 $\hat{p}$ 的数学期望为 p,即 $E(\hat{p})=p$,其均方根误差为

$$\sigma(\hat{p})=\sqrt{\frac{p(1-p)}{N}}\tag{3-49}$$

这个结果可用来估计统计试验结果的总误差。但由于 p 值是未知的,直接使用该公式有困难,通常只得用 $\hat{p}$ 代替 p 值。

3.6 试验次数的确定

我们知道,在进行统计试验时,只有试验次数 $N\rightarrow\infty$ 时,事件 A 出现的频率才与事件 A 出现的概率相等。显然,进行这样多次的统计试验是不可能的。通常都是以一定的置信度 α 来满足一定精度 ε 作为选择统计试验次数的依据。这样,我们就可以将置信度 α、仿真精度 ε 和统计试验次数 N 联系起来。能把这三个量联系起来的数学表达式就是所谓的切比

雪夫不等式

$$p\left(\left|\frac{m}{N}-p\right|<\varepsilon\right)\geqslant 1-\frac{\sigma^2(\hat{p})}{\varepsilon^2} \tag{3-50}$$

式中：N 为统计试验次数；m 为事件 A 出现的次数；p 为每次试验时事件 A 出现的概率，$p=1-q$，q 是事件 A 不出现的概率；ε 为所选择的误差。

将计算事件概率时的方差 $\sigma^2(\hat{p})$ 代入上式，则有

$$p\left(\left|\frac{m}{N}-p\right|<\varepsilon\right)\geqslant 1-\frac{pq}{N\varepsilon^2} \tag{3-51}$$

如果我们希望事件 A 出现的频率与概率的差值小于某一正数 ε 的概率大于、等于置信度 α，即 $\alpha\leqslant 1-\dfrac{pq}{N\varepsilon^2}$，则有

$$N\geqslant\frac{pq}{(1-\alpha)\varepsilon^2} \tag{3-52}$$

由表达式可以看出，只要给定置信度 α、仿真精度 ε 和概率 p，便可由此式计算出统计试验次数 N。

例 3.5　在某一概率测量时，如果要求测量置信度 $\alpha=0.95$，概率 $p=0.9$，测量误差 ε 不超过 0.01，试求试验次数。

根据式（3-52），求出最小试验次数 $N\geqslant 1.8\times 10^4$，实际上，按上式计算的试验次数仍然是偏大的，因为没有利用某些已知的统计特性，仿真时就会占用太多的机器时间。更精确的 N 值的估值，应该考虑平均概率这一随机变量 $\hat{p}$ 的统计分布。

众所周知，随机变量 $\hat{p}$ 具有渐近正态的统计特性，于是 $\dfrac{p-\hat{p}}{\sigma(\hat{p})}$ 便服从 $N(0,1)$ 分布，于是便有

$$p\left(\frac{p-\hat{p}}{\sigma(\hat{p})}<t_a\right)\geqslant\alpha \tag{3-53}$$

式中：t_a 为区间临界值，可根据置信度 α 从正态分布表中求出，结果为 $\varepsilon=t_a\sigma(\hat{p})$，或 $\varepsilon=t_a\sqrt{\dfrac{pq}{N}}$。由此，便可确定出新的试验次数 N_1 为

$$N_1=\frac{p(1-p)}{\varepsilon^2}t_a^2 \tag{3-54}$$

利用该式所确定的试验次数 N_1 要比前式中的 N 值小得多。仍以例 3.1 为例，查正态分布表得 $t_a=1.65$，经计算，$N_1=2450$，比 N 值小了 7.35 倍，尽管不到一个数量级，但对机器时间来说，减少到原来时间的 0.136 倍是可观的。表 3-8 中列出了对于不同的 ε、p 值，在 $\alpha=0.95$ 时利用两个公式得到的试验次数 N 和 N_1。

这里需要指出的是，我们所说的试验次数是指所采用的随机变量之间是相互独立的，如果所采用的随机变量之间是相关的，则必须根据相关系数的大小适当增加试验次数。

在统计试验时，由于概率 p 值并不总是已知的，这时不得不采用最大试验次数法或逐步试探法。

（1）最大试验次数法。所谓最大试验次数，就是选择最大可能的 N 值，使它对任何概率值都能满足要求。前面已经给出随机变量 $\hat{p}$ 的方差

$$\sigma^2(\hat{p}) = \frac{p(1-p)}{N} \qquad (3-55)$$

则有

$$N = \frac{p(1-p)}{\sigma^2(\bar{p})} \qquad (3-56)$$

若先对其求导，然后令其等于零，则

$$\frac{\mathrm{d}N}{\mathrm{d}p} = \frac{1-2p}{\sigma^2(\bar{p})} = 0$$

解此方程，则得到 $p=q=0.5$，这说明，按 $p=q=0.5$ 所确定的 N 值是最大可能值。显然，这样确定的 N 值是以增加计算机时间为代价的。这里仍以 $\alpha=0.95$ 和 $\varepsilon=0.01$ 为例，按这种方法确定的 N 值为 10^4，要比上面所计算的 N_1 值高出三倍。

值得注意的是，仿真中能否采用这种方法，要根据具体情况来确定。如在检测器的仿真时，在不考虑加速收敛的情况下，测其发现概率不超过一分钟，而测虚警概率时，如 10^{-6} 则要几十分钟以上，显然前者是允许的，而后者是不能接受的。通常，对小概率情况，可采用逐步试探法。

（2）逐步试探法。这里只给出逐步试探法的基本思想。人们根据这一思想就可以画出程序流程图并在计算机上进行计算。

这种方法的基本思想是这样的：根据问题模型，依据经验首先选择一个试验次数 N_0，然后进行 N_0 次统计试验，依事件 A 出现的次数计算出一个相对频率 $\hat{p}$，把该相对频率作为 p 的估值，求出一个新的 N 值。如果新计算出来的 N 值大于开始选择的 N_0，则必须根据 N 与 N_0 的差值进行补充试验。如果在补充试验之后求出的 $\hat{p}$ 值与原来的 $\hat{p}$ 值相比有显著变化，那么还必须用更新的 N 值再去做补充实验，一直到用我们选定的某个 N 值做试验，使所求得的 $\hat{p}$ 值趋于稳定为止。

3.7　统计仿真的特点

统计试验法与数值计算方法、概率统计方法一样，都是求解各类数学物理、工程技术、社会生活与企业管理问题近似解的一种工具。给定一个实际的问题，能否利用统计试验法求解，是由许多因素决定的，如给定问题的物理背景，构造统计模型的难易，所使用的计算机的运算速度、计算技巧和工程技术人员对统计试验特点理解的深入程度等。所以熟悉统计试验的特点是一个工程技术人员能否正确利用这种方法的关键。

（1）根据对蒲丰等几个问题的分析，我们可以看出，统计试验法的基本原理是大数定理。具体地说是贝努利定理

$$\lim_{N \to \infty} p\left(\left| \frac{m}{N} - p \right| < \varepsilon \right) = 1$$

该式表明，在实验次数为无穷大的情况下，所测得的概率 $\hat{p} = \dfrac{m}{N}$ 与概率的真值之差的绝对

值小于某个任意小的正数 ε 的概率为 1。但在我们解决实际问题的工作中，试验次数总是有限的，它使我们有可能以一定的精度用事件出现的相对频率去代替事件出现的概率，当然，"一定的精度"是指工程背景而言的，即它必须满足我们的要求。

（2）统计试验法的另一个特点是它的随机性。从电子信息系统研究的角度来说，统计试验法实质上是模拟给定概率模型中的随机变量、随机向量、随机流，及它们与有用信号混合以后，使它们通过给定的电子信息系统。显然系统的输出信号也是随机变量，它们都是统计试验所研究的对象。系统的输入信号的生成是对系统电磁环境的仿真，当然，我们对系统的输出信号更感兴趣，要对它们进行统计分析，以得出一些有用的结论。

（3）统计试验工作是大量的简单的重复工作，例如，在对雷达系统的检测器的虚警概率进行仿真时，在虚警概率要求为 10^{-6} 时，为了保证仿真精度，同样的工作最少也需要重复 10^8 次。即使采用第 8 章将要介绍的方差减小技术，也得几千次以上。显然，这种工作只能由计算机来完成，由计算机完成大量的重复工作又构成了统计试验法的另一个特点。

（4）由蒲丰问题的分析可以看出，对于同一个概率模型可能有不同的解法，并且可能给出不同的仿真精度。实际上这又为我们提供了一种选择较满意的仿真方法的机会。当然，选择原则是满足精度的前提下，使试验次数最少。

（5）统计试验法的精度不高，收敛速度较慢。如要以增加试验次数提高仿真精度，则要付出极大的代价，甚至成百倍的增加计算机时间。因此，它适用于精度要求不高的场合。正因为如此，在进行统计试验设计时，就要考虑应用减小方差技术，以便进一步提高工作效率。

（6）根据实际的物理过程构造的统计模型是统计仿真的关键。既要使概率模型与实际过程一致，包括矛盾的各个方面，又要尽可能地简单，以便于在计算机上能够进行仿真。否则，要么不能实现，要么所获得的近似解的精度太低。所以，在对某个过程进行仿真时，对这一环节必须小心对待。

（7）统计试验法的实用性。许多物理过程非常复杂，难以用数学分析的方法获得数学解，特别是影响它们的因素或参数非常多时，用统计试验法均可迎刃而解。

（8）统计试验法的普遍性，即它可以用于各种领域，与其他技术的结合可能产生巨大的经济效益和社会效益。

第 4 章　目标与杂波模型

在对雷达系统进行仿真时，首当其冲的问题就是对电磁环境的仿真。电磁环境主要指两类电磁信号，即有用信号和无用信号。

（1）有用信号包括各种不同体制的主动雷达所发射的各种波形由探测目标直接反射回来的信号，如单脉冲信号、脉冲串信号、相位编码信号、线性调频信号和步进频率信号等。同时也包括被动雷达的各种辐射信号，如热辐射和电磁辐射信号等。

（2）无用信号可分为三大类，即杂波、噪声和干扰。杂波是由大地、海洋、云、雨、雪、雾、冰雹以及鸟群等产生的反射信号，分别将其称为地物杂波、海洋杂波、气象杂波和仙波。噪声主要包括外部天电噪声和接收机内部噪声。外部天电噪声主要由宇宙噪声、大气噪声和工业噪声等组成，通常为宽带噪声。接收机内部噪声包括热噪声和散弹噪声，通常是窄带噪声。实际上，从对雷达接收机的影响来说，后者远远大于前者。不管接收机输出噪声是由多少种噪声叠加而成的，由于接收机是窄带的，因此其输出为窄带噪声。干扰包括有源干扰和无源干扰。有源干扰指专门针对不同体制雷达人为施放的电子干扰。无源干扰最有代表性的是人为施放的箔条干扰，即我们所谓的箔条杂波。实际上，地物杂波、海洋杂波和气象杂波等也是一种无源干扰。需要指出的是，对气象雷达来说，我们所说的气象杂波实际上是有用信号。

从以上叙述可知，雷达接收机的输出信号实际上是有用信号、各种杂波和噪声的混合信号。不管雷达发射的是不是确定信号，也不管接收的是不是有用信号，雷达接收机的输出都是随机信号。

这一章的任务就是对以上各种信号，包括有用信号和无用信号进行建模。通常，我们将各种雷达杂波、噪声和有用回波信号用具有不同统计特性的随机过程来描述。采样间的幅度特性、相关特性或频域特性，均从不同的角度给出了不同的信息，这对我们从杂波和噪声背景中提取有用信号和进行杂波抑制及杂波识别是非常有意义的。实际雷达测量表明，许多雷达杂波都是相关的，除了幅度分布特性之外，它的谱特性或相关特性是描述雷达杂波的一个非常重要的参量。不管是杂波频域功率谱的宽窄，还是时域相邻采样或空间采样间相关性的强弱都直接影响雷达系统的性能，所以通过仿真所产生的雷达杂波数据，必须同时满足幅度特性和相关特性的要求。

4.1　雷达杂波功率谱模型

当前，在雷达系统的研究、设计与仿真过程中，经常使用的雷达杂波功率谱模型主要有以下几种。其中，有的是经验公式，有的是对实测数据进行曲线拟合得到的。它们都得到了广泛的应用。

4.1.1　高斯模型

该杂波功率谱模型是由 Barlow 给出的。高斯模型也是在多种文献和资料中引用最多的一种杂波功率谱模型。其功率谱密度表达式为

$$S(f) = S_0 \exp\left(-\frac{f^2}{2\sigma_f^2}\right) = \frac{p_c}{\sqrt{2\pi}\sigma_f} \exp\left(-\frac{f^2}{2\sigma_f^2}\right) \tag{4-1}$$

式中：S_0 为零频时杂波功率谱密度；σ_f 为杂波频谱的均方根值 $\left(\sigma_f = \dfrac{2\sigma_v}{\lambda}\right)$；$p_c$ 为杂波功率；σ_f 中的 λ 为雷达工作波长，σ_v 为杂波速度的均方根值。

当杂波有平均速度时，所对应的平均多普勒频率用 $\bar{f}_d$ 来表示，则杂波功率谱密度函数为

$$S(f) = \frac{p_c}{\sqrt{2\pi}\sigma_f} \exp\left[-\frac{(f - \bar{f}_d)^2}{2\sigma_f^2}\right] \tag{4-2}$$

众所周知，功率谱密度和相关函数是一对付里叶变换，所以该类杂波也有一个高斯型的相关函数

$$R(\tau) = p_c \exp\left(-\frac{\tau^2}{2\sigma_c^2}\right) \tag{4-3}$$

其中，$\sigma_c = \dfrac{1}{2\pi\sigma_f}$，最后有归一化表达式

$$R(\tau) = \exp(-\alpha\tau^2) \tag{4-4}$$

式中：$\alpha = 8\pi^2\sigma_v^2/\lambda^2$。显然，$\alpha$ 值的大小，决定了高斯型相关函数曲线的离散程度。当然，也可以用杂波多普勒频率的均方根值来表示

$$R(k) = \exp[-2(\pi\sigma_f kT)^2] \tag{4-5}$$

式中：T 为采样周期，其协方差矩阵可写成

$$\boldsymbol{R}_n = \sigma_x^2 \begin{bmatrix} 1 & \rho_{12} & \rho_{13} & \cdots & \rho_{1n} \\ \rho_{21} & 1 & & & \\ \rho_{31} & & 1 & & \\ \vdots & & & 1 & \vdots \\ \rho_{n1} & & & \cdots & 1 \end{bmatrix} \tag{4-6}$$

其中，$\rho_{ij} = \exp[-(i-j)^2\Omega^2/2]$，$\Omega = 2\pi\sigma_f T$，$\sigma_x^2$ 为高斯分布相干分量的杂波功率。

4.1.2　马尔柯夫模型

通常，马尔柯夫模型也称柯西谱模型，它有功率谱密度

$$S(f) = S_0 \frac{f_c^2}{f^2 + f_c^2} \tag{4-7}$$

式中：f_c 为截止频率，在该频率处杂波功率谱与零频相比下降 3 dB；S_0 为零频的谱密度。该模型是下面将要介绍的全极点模型的特例，即全极点模型在参数 $n=2$ 时的表达式。

该模型假设一类杂波是用一阶高斯马尔柯夫过程描述的，其差分方程为

$$y_n = \rho y_{n-1} + w_n \tag{4-8}$$

式中：ρ 为相关系数；w_n 为白高斯序列。它有归一化的相关函数

$$R(\tau) = \exp(-\alpha \mid \tau \mid) \tag{4-9}$$

式中：$\alpha = 2\pi f_c$。显然，该相关函数是双指数型的，如果 f_c 很大，即 α 很大，那么 $R(\tau)$ 将很小，当 $\alpha \to \infty$ 时，$R(\tau)$ 则变成 δ 函数，使马尔柯夫模型白化。

马尔柯夫模型的归一化协方差矩阵，以 Toeplitz 矩阵的形式给出

$$\boldsymbol{R}_n = \begin{bmatrix} 1 & a & a^2 & \cdots & a^{N-1} \\ a & 1 & a & \cdots & a^{N-2} \\ a^2 & a & 1 & \cdots & a^{N-3} \\ \vdots & \vdots & \vdots & 1 & \vdots \\ a^{N-1} & a^{N-2} & a^{N-3} & \cdots & 1 \end{bmatrix} \tag{4-10}$$

式中：$a = R(1)/R(0)$。其逆矩阵为

$$\boldsymbol{R}_n^{-1} = \frac{1}{1-a^2} \begin{bmatrix} 1 & -a & 0 & \cdots & 0 \\ -a & 1+a^2 & -a & \cdots & 0 \\ 0 & -a & 1+a^2 & \cdots & 0 \\ \vdots & \vdots & \vdots & & \vdots \\ 0 & 0 & 0 & \cdots & 1 \end{bmatrix} \tag{4-11}$$

4.1.3　全极点模型

对地杂波功率谱的测量表明，在雷达设计中经常采用的高斯模型不能精确地描述所测地杂波功率谱分布的"尾巴"，更精确的描述可由下面的表达式给出

$$S(f) = S_0 \frac{1}{1 + \left(\dfrac{f}{f_c}\right)^n} \tag{4-12}$$

显然，它是马尔柯夫模型的推广，或者说是马尔柯夫模型的一般形式。式中 n 值通常在 3~5 之间。对 X 频段雷达，$n=3$ 时，得到所谓的立方谱

$$S(f) = S_0 \frac{1}{1 + \left(\dfrac{f}{f_c}\right)^3} \tag{4-13}$$

式中：$f_c = k \exp(\beta\gamma)$，$k = 8.36 \text{ Hz}$，$\beta = 0.1356$，$\gamma$ 为以节表示的风速。显然，立方谱又是全极点模型在 $n=3$ 时的特例。

在国外，美国海军研究实验室（NRL）对该模型有较深入的研究，在获取大量测量数据的基础上，经曲线拟合，得到了上述结论。20 世纪 80 年代后期，国内研究机构多次用不同频段的雷达在不同风速的情况下，对不同的山区、丘陵、城市的杂波谱特性和幅度特性进行了测量，经对实测数据的统计分析和拟合计算，也得到了类似的结论，并且给出了在不同环境下不同风速与杂波谱宽的关系。

需要指出的是，这里给出的是当前常用的已经模型化了的几种杂波功率谱模型。在对各种杂波的测量中，发现实际的杂波谱的类型要复杂得多，如在海杂波的测量中就发现，在某些海情的情况下杂波谱会出现双峰。

4.2　雷达杂波幅度分布模型

幅度分布是雷达杂波的主要统计特性之一。杂波幅度分布特性对雷达信号处理、检测、识别、仿真及对系统设计和性能评估均有十分重要的意义。长期以来,雷达工作者一直都在研究和探讨这一问题,由于雷达杂波比较复杂,它包括地杂波、海杂波、气象杂波、仙波和箔条杂波等各种有源和无源干扰,并且在不同的条件下,又是千变万化的,故分析起来比较困难。一般都是用统计的方法,对它们进行分析或对实测数据进行拟合来对雷达杂波的幅度分布进行建模。到目前为止,雷达杂波幅度分布模型有指数分布、瑞利分布、莱斯分布、对数—正态分布、混合—正态分布、韦布尔分布、复合 k 分布和学生 t 分布等。

在 20 世纪 60 年代中期以前,对雷达目标进行检测时,均采用高斯杂波模型。它假设雷达包络检波之后的地杂波、海杂波具有瑞利概率密度函数,这对平稳海情和均匀地面,低分辨率雷达在高擦地角时是正确的。随着科学技术的发展,雷达的分辨率及测量精度不断提高,以及出现了许多新体制雷达,原来的模型已经不能给出满意的结果。主要表现在随着距离分辨率的提高及擦地角的减小,非均匀地面和海面杂波回波出现了比瑞利分布更长的"尾巴",即出现了更多的大幅度的杂波回波,这使建立在经典理论基础上的检测系统出现更多的虚警。

经过对杂波理论长期研究的结果表明,地杂波和海杂波的幅度分布特性与许多因素有关,它们是雷达脉冲宽度、频率、极化方式及海情或地形条件的函数。对高分辨率雷达,地杂波和海杂波的幅度分布已不是瑞利分布,而是对数—正态或混合—正态分布,这一结论是 20 世纪 60 年代后期提出来的,到了 20 世纪 70 年代人们又提出用韦布尔分布来描述雷达地杂波和海杂波,韦布尔分布有介于瑞利分布和对数—正态分布之间的"尾巴"。这些模型的提出是建立在实际测量基础上的,它推动了雷达信号检测理论和技术的发展,以上结果都是以平稳随机过程理论为基础的。

随着对海杂波研究的深入,20 世纪 80 年代,人们发现,海杂波实际上是非平稳随机过程,不仅幅度分布服从某一分布,其均值也是随机变量,是时变的,后来提出用复合 k 分布来描述海杂波,使海杂波研究达到了前所未有的水平。曲线拟合表明,它更能真实地描述海杂波,为从海杂波中提取运动目标信息奠定了新的理论基础,同时也推动了在海杂波中检测有用信号的各种技术的发展。

通过以上回顾,我们可以得出以下结论:

(1) 对于雷达波束照射面积大和高擦地角的情况,各类地杂波、海杂波,根据中心极限定理,其幅度分布均服从瑞利分布,在距离上的相关性,与脉冲宽度相当。对雷达波束照射面积大的低分辨率雷达的气象杂波和箔条干扰也服从瑞利分布。

(2) 对高分辨率雷达,在低擦地角、粗糙的海面和接收与发射信号均是水平极化的情况下,按观测条件差异,各类杂波将分别服从对数—正态分布、韦布尔分布、复合 k 分布和学生 t 分布,它们有一个共同的特点,就是均有一个大的"尾巴",利用固定门限进行信号检测时,相对瑞利分布而言将会产生更多的虚警。

(3) 对数—正态分布相对于韦布尔分布和复合 k 分布,具有更大的"尾巴"。

(4) 复合 k 分布和学生 t 分布更适用于海杂波,特别是在小概率区域与实际情况拟合的更好。

(5) 除了复合 k 分布之外，其他的非瑞利杂波，在理论上还不够完善，特别是在时间和空间相关性方面从散射机制方面的研究尚少。

4.2.1 高斯杂波模型

高斯杂波模型适用于由分布散射体反射回来的杂波，即其中没有任何一个子集占主导地位的杂波。当反射体的数目很多，且可以比拟时，根据中心极限定理知，它属于高斯波，其包络服从瑞利分布，这种杂波很具代表性，通常它可以描述属于无源干扰的箔条杂波、气象杂波、由低分辨率雷达观察到的海杂波和地杂波等。

众所周知，当杂波的载波角频率为 ω_0 时，随机杂波过程可以表示成

$$r(t) = x(t) \cos(\omega_0 t) + y(t) \sin(\omega_0 t) \tag{4-14}$$

式中：$x(t)$、$y(t)$ 均为均值为零，方差为 σ^2 的独立正态过程，其包络

$$r(t) = \sqrt{x^2(t) + y^2(t)} \tag{4-15}$$

具有瑞利概率密度函数

$$f(r) = \frac{r}{\sigma^2} \exp\left(-\frac{r^2}{2\sigma^2}\right), \quad r \geqslant 0 \tag{4-16}$$

式中：σ 为高斯分布的均方根值。

瑞利分布有积累分布函数

$$F(r) = 1 - \exp\left(-\frac{r^2}{2\sigma^2}\right)$$

瑞利分布的 n 阶矩为

$$E(r^n) = 2^{\frac{n}{2}} \sigma^n \Gamma\left(1 + \frac{n}{2}\right)$$

其均值和方差分别为

$$E(r) = \sqrt{\frac{\pi}{2}} \sigma, \quad D(r) \approx 0.43\sigma^2 \tag{4-17}$$

利用 $P = r^2$ 关系式，得杂波功率分布为

$$f(P) = \frac{1}{P_c} \exp\left(-\frac{P}{P_c}\right) \tag{4-18}$$

式中：$P_c = 2\sigma^2$。由于杂波截面积与功率包络成正比，因此，杂波横截面积 A 具有指数概率密度函数

$$f(A) = \frac{1}{\overline{A}} \exp\left(-\frac{A}{\overline{A}}\right) \tag{4-19}$$

式中：$\overline{A}$ 称做平均杂波横截面积，其 $\overline{A} = \bar{\sigma}_0 A_c$（$\bar{\sigma}_0$ 是平均后向散射系数，A_c 是雷达分辨单元的面积），且

$$A_c = R_r R \theta_{AZ} \sec\varphi \tag{4-20}$$

式中：R_r 为发射脉冲宽度对应的距离（$c\tau/2$），单位为米；τ 为发射脉冲宽度，单位为秒；R 为杂波距离，单位为米；θ_{AZ} 为方位波束宽度，单位为弧度；φ 为擦地角；c 为光速（3×10^8 米/秒）。

4.2.2　莱斯杂波模型

如果在分布杂波上叠加一个稳态的大散射体,则该杂波模型就是所谓的莱斯模型,即在高斯杂波回波中加上一个直流分量。例如某些地杂波,可能有两个分量,即漫散射分量和镜面反射分量,与式(4-18)对应的信号功率有概率密度函数

$$f(P) = \frac{1+m^2}{\bar{P}} e^{-m^2} e^{-\left(\frac{P}{\bar{P}}\right)(1+m^2)} I_0\left(2m\sqrt{(1+m^2)\frac{P}{\bar{P}}}\right) \tag{4-21}$$

式中:$I_0(\cdot)$为第一类零阶修正的贝塞尔函数,m^2 为稳态功率 A^2 与分布功率 P_0 之比值

$$m^2 = \frac{A^2}{P_0} \tag{4-22}$$

总功率则为稳态功率和分布功率之和

$$\bar{P} = A^2 + P_0 = P_0(m^2 + 1) \tag{4-23}$$

于是载波下的杂波过程即可写成如下形式:

$$Z(t) = [A + x(t)]\cos(\omega_c t) + y(t)\sin(\omega_c t) \tag{4-24}$$

取其包络,有

$$r(t) = \sqrt{[A + x(t)]^2 + [y(t)]^2}$$

信号 $r(t)$ 的幅度服从莱斯分布

$$f(r) = \frac{r}{\sigma^2} \exp\left(-\frac{r^2 + A^2}{2\sigma^2}\right) I_0\left(\frac{rA}{\sigma}\right) \tag{4-25}$$

如果反射面很粗糙,其镜面反射分量很小,或 $A \approx 0$,则其合成信号的包络服从瑞利分布,见式(4-16)。相反,如果反射面很平滑,镜面分量很大,即 $A \gg \sigma$,则包络变成正态分布

$$f(r) = \frac{1}{\sqrt{2\pi}\sigma} \exp\left[-\frac{(r-A)^2}{2\sigma^2}\right] \tag{4-26}$$

对于散射合成信号的相位,则取决于散射信号的镜面分量和漫散射分量之比,其概率密度函数为

$$f(\theta) = \frac{1}{2\pi} \exp\left(\frac{A^2}{2\sigma^2}\right)\left\{1 + \sqrt{2\pi}\frac{A}{\sigma}\cos\theta\left(\frac{A}{\sigma}\cos\theta\right)\exp\left[\frac{1}{2}\left(\frac{A}{\sigma}\cos\theta\right)^2\right]\right\}, \quad -\pi < \theta \leqslant \pi \tag{4-27}$$

4.2.3　对数—正态杂波模型

美国海军研究实验室于 1967 年用高分辨率雷达对 Ⅰ～Ⅲ 海情的海面进行了海杂波测量,该雷达的主要参数为:雷达频段为 X 频段,波束宽度为 $0.5°$,脉冲宽度为 $0.02\ \mu s$,擦地角为 $4.7°$,极化方式为垂直极化。

测量结果表明,对高分辨率雷达,海杂波的幅度分布不是瑞利分布的,且海情越高,偏离瑞利分布越远。经数据处理及曲线拟合,认为对数—正态和混合—正态分布更适合描述高分辨率雷达海杂波。

对数—正态模型的一个主要特点是,出现大幅度杂波的概率相当高,如果用控制门限的办法来压制其虚警数,则必然要使门限电平太高,致使发现概率降低很多,因此,在该

种杂波环境中检测目标信号的性能较差。当然,如果其功率谱较窄,在经过信号处理之后,也会有好的效果。

相对而言,对数—正态模型的动态范围较大,对海杂波,它与"海尖峰"信号有关,由它所产生的镜面反射是很强的;对地杂波来说,与大的方向性反射体有关。根据观测的角度不同,会产生许多的波峰和阴影,从而造成很大的动态范围。用高分辨综合孔径雷达测得的杂波数据表明,它们与对数—正态模型拟合得很好。

海杂波的包络服从对数—正态分布,即意味着线性包络检波器的输出 v 有一维概率密度函数

$$f(v) = \frac{1}{\sqrt{2\pi}\sigma_v v} \exp\left[-\frac{(\ln v/v_m)^2}{2\sigma_v^2} \right], \quad v \geqslant 0 \qquad (4-28)$$

式中:σ_v 为标准正态分布的标准差;v_m 为对数—正态分布的中值。

对数—正态分布有积累分布函数

$$F(v) = \Phi\left(\frac{\ln v - \ln v_m}{\sigma_v} \right) \qquad (4-29)$$

式中 $\Phi(\cdot)$ 为误差函数。对数—正态分布的 n 阶矩为

$$E(v^n) = \exp\left(n \ln v_m + \frac{1}{2} n^2 \sigma_v^2 \right)$$

由此得到 v 的均值和方差分别为

$$\left. \begin{array}{l} E(v) = v_m \exp\left(\dfrac{\sigma_v^2}{2} \right) \\[2mm] D(v) = v_m^2 \exp(\sigma_v^2)\left[\exp(\sigma_v^2) - 1 \right] \end{array} \right\} \qquad (4-30)$$

得均值—中值比

$$\rho = \frac{E(v)}{v_m} = \exp\left(\frac{\sigma_v^2}{2} \right) \qquad (4-31)$$

如果将概率密度函数中的 σ_v 用均值—中值比 ρ 来表示,也可以写出另一个对数—正态分布表示式。测量结果表明,ρ 值约在 $0.5 \sim 6$ dB 之间。若令 $A = v^2$,$A_m = v_m^2$,则功率包络密度函数为

$$f(A) = \frac{1}{\sqrt{2\pi}\sigma_p A} \exp\left[-\frac{(\ln A/A_m)^2}{2\sigma_p^2} \right], \quad A \geqslant 0 \qquad (4-32)$$

式中:$\sigma_p = 2\sigma_v$,A_m 是杂波截面积的中值。相应的分布函数由下式给出:

$$F_p(A) = \frac{1}{2}\left[1 + \Phi\left(\frac{1}{\sqrt{2}\sigma_p} \ln \frac{A}{A_m} \right) \right] \qquad (4-33)$$

对数—正态分布所对应的标准正态分布为

$$f_A(A_{dB}) = \frac{1}{\sqrt{2\pi}\sigma_{dB}} \exp\left(-\frac{A_{dB}^2}{2\sigma_{dB}^2} \right) \qquad (4-34)$$

式中:$A_{dB} = 10 \lg \dfrac{A}{A_m}$,$\sigma_p = 0.2303\sigma_{dB}$。

该式给出了 σ_p 与 σ_{dB} 的关系。表 4-1 给出了一组雷达频段、擦地角 φ、σ_p 和地形/海情关系的测量数据。

表 4-1 雷达频段、擦地角 φ、σ_p 和地形/海情关系的测量数据

地形/海情	频段	$\varphi/(°)$	σ_p
海情 Ⅱ～Ⅲ	X	4.7	1.382
海情 Ⅲ	Ku	1～5	1.44～0.96
海情 Ⅳ	X	0.24	1.548
海情 Ⅴ	Ku	0.50	1.634
地杂波(离散)	S	低	3.916
地杂波(分布)	S	低	1.38
地杂波	P-Ka	10～70	0.728～2.584
雨杂波	X		0.68
仙波			1.352～1.62

4.2.4 混合—正态杂波模型

混合—正态模型有概率密度函数

$$f(x) = (1 - \gamma)\, \frac{1}{\sqrt{2\pi}\sigma} \exp\left(-\frac{x^2}{2\sigma^2}\right) + \gamma\, \frac{1}{\sqrt{2\pi}k\sigma} \exp\left(-\frac{x^2}{2k^2\sigma^2}\right) \tag{4-35}$$

式中，γ 是混合系数，它决定两个分量的混合比例；k 是两个正态分布标准差之比，它决定两个分量的离散程度。该模型的合理性在于，它有比正态分布大的"尾巴"，并且随着雷达分辨率的降低或照射杂波区面积的增大，能自然地退化为正态分布。

曲线拟合结果表明，低海情，垂直极化的海杂波用混合—正态模型描述较好。高海情，水平极化的海杂波用对数—正态模型描述更合适。1969 年 NRL 利用 X 频段雷达实测的两种分布的参数如表 4-2 所示。

表 4-2 混合—正态和对数—正态杂波参数

极化方式	混合—正态分布		对数—正态分布
	γ	$k\sigma$	σ
垂直	0.35～0.46	2.7～3.2	2.3～2.6
水平	0.025～0.10	4.5～5.6	3.0～3.5

值得注意的是 σ 值，在有的文献中可能与这里给出的不同，这要具体看所给出的概率密度函数表达式。

4.2.5 韦布尔杂波模型

韦布尔杂波主要用来描述高分辨率雷达接收的地杂波和海杂波。该模型是介于瑞利分布和对数—正态分布模型之间的一种杂波模型。由于它是一个分布族，因此它的应用范围较广。

韦布尔模型有概率密度

$$f(R) = \alpha \ln 2 R^{\alpha-1} \exp(-\ln 2 R^{\alpha}), \quad R > 0 \tag{4-36}$$

它是归一化于中值 v_m 的包络检波器输出电压的一维概率密度函数。$R = \dfrac{v}{v_m}$，α 为形状参量。如令 $A = v^2$，则有

$$f(A_c) = \beta \ln 2 A_c^{\beta-1} \exp(-\ln 2 A_c^{\beta}), \quad A_c > 0 \tag{4-37}$$

式中：$A_c = \dfrac{A}{A_m}$，$\beta = \dfrac{\alpha}{2}$，$A_m$ 为杂波截面积的中值，杂波的平均值为

$$\overline{A} = A_m \frac{\Gamma\left(1 + \dfrac{1}{\beta}\right)}{(\ln 2)^{\frac{1}{\beta}}} \tag{4-38}$$

以分贝表示的分布函数为

$$A_{dB} = A_{mdB} + \frac{1.592}{\beta} + \frac{10}{\beta} \lg\left[\ln\left(\frac{1}{1 - F_A(A)}\right)\right] \tag{4-39}$$

如果韦布尔分布的形状参量 $\alpha = 2$，则韦布尔分布就变成了瑞利分布，如果 $\alpha = 1$，则为指数分布。表 4-3 列出了韦布尔模型的若干观测值。

表 4-3　韦布尔杂波参数

地形/海情	频段	波束宽度/(°)	φ/(°)	脉宽/μs	β
石头山	S	1.5	—	2	0.256
林木山	L	1.7	0.5	3	0.313
森林带	X	1.4	0.7	0.17	0.253~0.266
耕地	X	1.4	0.7~5	0.17	0.303~1
海情 I	X	0.5	4.7	0.02	0.726
海情 III	Ku	5	1~30	0.1	0.58~0.8915

4.2.6　复合 k 分布杂波模型

通过对大量的海杂波的实际测量数据的分析表明，海杂波并不是一个简单的平稳随机过程，它除了有一个快变分量之外，还有一个慢变的调制分量，经曲线拟合，提出了高分辨率雷达海杂波可用复合 k 分布来描述。

在组成海杂波复合 k 分布的两个杂波回波分量中，慢变分量表示快变分量的平均电平。它有一个长时间的去相关周期，不受频率捷变的影响，它除了表征海杂波尖峰的平均电平变化之外，还表征海杂波幅度的周期变化，它与广义 chi 分布拟合得很好。快变分量有一个由慢变分量决定的平均电平，来自各分辨单元的回波有短时间的去相关周期，并且可通过频率捷变由脉冲到脉冲完全去相关，通常，也称其为斑点分量，由于这一分量来自多个可比拟的散射体，因此，它总是服从瑞利分布。

如果慢变分量以 y 表示，则有广义 chi 分布概率密度函数

$$f(y) = \frac{2b^{2v}}{\Gamma(v)} y^{2v-1} \exp(-b^2 y^2), \quad 0 \leqslant y < \infty \tag{4-40}$$

式中：$\Gamma(v)$ 是 Γ 函数，v 为形状参数，b 为比例参数，以及有 $b^2 = \dfrac{v}{E(y^2)}$，这里 $E(y^2)$ 是平

均杂波功率。快变分量 x 有瑞利概率密度函数

$$f\left(\frac{x}{y}\right) = \frac{\pi x}{2y^2} \exp\left(-\frac{\pi x^2}{4y^2}\right), \quad 0 \leqslant x < \infty \tag{4-41}$$

如果令 $\dfrac{2y^2}{\pi} = \sigma^2$，则式(4-41)便可表示成标准瑞利分布

$$f\left(\frac{x}{\sqrt{\frac{\pi}{2}}\sigma}\right) = \frac{x}{\sigma^2} \exp\left(-\frac{x^2}{2\sigma^2}\right) \tag{4-42}$$

我们知道，瑞利分布有均值 $E(x) = \sqrt{\dfrac{\pi}{2}}\sigma$，显然在已知 $\sigma = y\sqrt{\dfrac{2}{\pi}}$ 的情况下，随机变量 x 的均值 $E(x) = y$，即式(4-41)所描述的随机变量 y 是快变分量 x 的平均电平。

由式(4-40)还可以求出随机变量 y 的 n 阶矩

$$\overline{y^n} = \frac{1}{b^n} \frac{\Gamma\left(v + \dfrac{n}{2}\right)}{\Gamma(v)} \tag{4-43}$$

最后，由两个随机变量相乘，使总的幅度分布服从 k 分布。正由于它是两个随机变量相乘的结果，故通常称其为复合 k 分布

$$f(x) = \int_0^\infty p(y) p\left(\frac{x}{y}\right) \mathrm{d}y = \frac{2c}{\Gamma(v)} \left(\frac{cx}{2}\right)^v K_{v-1}(cx) \tag{4-44}$$

式中：$K_{v-1}(\cdot)$ 是 $(v-1)$ 阶第二类修正的贝塞尔函数，c 是比例系数，其值为 $c = b\sqrt{\pi}$。

复合 k 分布的 n 阶矩

$$E(x^n) = \frac{2^n \Gamma\left(\dfrac{n}{2} + v\right) \Gamma\left(\dfrac{n}{2} + 1\right)}{c^n \Gamma(v)} \tag{4-45}$$

复合 k 分布有积累概率密度函数

$$F(x) = 1 - \frac{2}{\Gamma(v)} \left(\frac{cx}{2}\right)^v K_v(cx) \tag{4-46}$$

除了以上特点之外，复合 k 分布还有如下特性：N 个具有 $[0, 2\pi]$ 区间的均匀分布相位因子的复合 k 分布随机变量之和

$$S = \sum_{i=1}^N x_i \exp(\mathrm{j}\varphi_i) \tag{4-47}$$

而且仍然服从复合 k 分布，即 $z = |S|$ 有概率密度函数

$$f(z) = \frac{4c^{Nv+1}}{\Gamma(Nv)} z^{Nv} K_{Nv-1}(2cz) \tag{4-48}$$

复合 k 分布的一个很重要参数便是形状参数 v，测量结果表明其范围为 $0.1 \sim \infty$。它是雷达波束擦地角、横向距离分辨率和浪涌方向的函数，有经验公式

$$\lg v = \frac{2}{3}\lg\varphi + \frac{5}{8}\lg l + \delta - k_1 \tag{4-49}$$

式中：φ 为以度表示的擦地角，其范围为 $0.1° \sim 10°$；l 为横向距离分辨率，其范围为 $100 \sim 800$ m；v 为形状参数的估计值。且式中的

$$\delta = \begin{cases} -\dfrac{1}{3}, & \text{与涌平行方向} \\[2mm] +\dfrac{1}{3}, & \text{与涌垂直方向} \\[2mm] 0, & \text{与涌方向成 45° 角或无涌} \end{cases}$$

δ 也可以用余弦函数的形式表示

$$\delta = -\frac{1}{3}\cos(2\theta) \tag{4-50}$$

当指向与浪脊的方向相同时，角度 θ 等于零，与浪脊方向垂直时，角度 $\theta=90°$。天线为垂直极化时，$k_1=1$，为水平极化时，$k_1=1.7$。复合 k 分布的平均功率可由下式定义

$$P_c = \frac{4v}{c^2}$$

复合 k 分布的比例参数 c 可由下式进行估计或预测

$$c = \sqrt{\frac{4v}{P_t G_t^2 \dfrac{\lambda^2 f^4}{(4\pi)^3 R^3}\left(\sigma_0 \theta_B \dfrac{c_l \tau_p}{2}\right)}}$$

式中：P_t 为雷达发射功率；G_t 为雷达天线增益；λ 为雷达工作波长；f^4 为雷达天线双向方向图在海面的值；R 为雷达到杂波单元的距离；θ_B 为雷达天线双向方向图宽度；τ_P 为雷达脉冲宽度；c_l 为光速；σ_0 为平均杂波反射系数。

在多年的研究中对 σ_0 建立了很多模型，如 SIT 模型、GIT 模型、TSC 模型和 HYB 模型，它们都是针对不同环境条件的。这里给出一个 X 波段雷达的海杂波 σ_0 模型，即 SIT 模型。

每个单位面积的雷达横截面积为

$$\sigma_0 = \alpha + \beta \lg \frac{\varphi}{\varphi_0} + \left(\delta \lg \frac{\varphi}{\varphi_0} + \gamma\right)\lg \frac{W_v}{W_0}$$

式中：φ_0 为参考擦地角，以度表示；W_0 为参考风速，以节表示；φ 为擦地角；W_v 为风速；α、β、γ、δ 为常数。

参考参数和常数见表 4-4。

表 4-4 SIT 海杂波模型参数

风向	极化	$\varphi_0(°)$	W_0/节	α/dB	β/dB	γ/dB	δ/dB
迎风	水平	0.5	10	−50	12.6	34	−13.2
侧风	水平	0.5	10	−53	6.5	34	0
迎风	垂直	0.5	10	−49	17	30	−12.4
侧风	垂直	0.5	10	−58	19	50	−33

研究还表明，复合 k 分布包络的概率密度函数的同向和正交分量均服从广义拉普拉斯分布

$$p(x_I) = p(x_Q) = \frac{2b^{\frac{v}{2}+\frac{1}{4}}}{\Gamma(v)\pi^{\frac{1}{2}}} x_{I(Q)}^{v-\frac{1}{2}} K_{v-1}(2x_{I(Q)}\sqrt{b}) \tag{4-51}$$

其中，x_I、x_Q 分别为信号的同向分量和正交分量的幅度，b 是比例参数，v 是形状参数。下面给出海杂波在不同海情的情况下的风速、波高和海面光滑程度的数据。

表 4 - 5　八类海情海面杂波环境数据

海情/级	海面分类	波高/m	风速近似值/节
I	光滑	0～1	0～6
II	弱粗糙	1～3	6～12
III	中等粗糙	3～5	12～15
IV	粗糙	5～8	15～20
V	非常粗糙	8～12	20～25
VI	高海面	12～20	25～30
VII	极高海面	20～40	30～35
VIII	陡峭海面	40	50 以上

4.2.7　球不变随机矢量杂波模型

早期基于低分辨率雷达的以中心极限定理为基础的高斯模型，由于比较简单，故获得了广泛应用。随着雷达基本理论及雷达技术的发展，雷达环境模型也越来越完善，正如前边已经指出的，通过杂波测量、数据处理及曲线拟合表明，高斯模型与许多实际情况并不完全相符，如高分辨率雷达与低擦地角工作的雷达。其主要原因在两个方面：一是雷达照射区独立散射体较少，不满足中心极限定理的条件；二是雷达照射区的不平稳特性，使高斯模型所对应的平稳随机过程的假设也不成立。

我们知道，描述一个随机过程需要 n 维概率密度函数，但如果是高斯过程，只需要均值和协方差函数就够了。而非高斯过程则需要更多维概率密度函数来描述。我们希望找到一种随机过程模型，它既在统计特性上与现有的一些非高斯杂波相吻合，而又能用较少的统计特性完全描述它的全部特征。球不变随机矢量（SIRV）或球不变随机过程（SIRP）为我们提供了一个较好的方案。已经证明，许多类型的杂波，如韦布尔杂波，复合 k 分布杂波和学生 t 分布杂波均可用球不变随机矢量来描述。

1. 球不变随机过程及其基本特性

一个实随机矢量 $X=(x_1, x_2, \cdots, x_N)^T$，若其 N 维联合概率密度函数有如下形式：

$$f_N(X) = |M|^{-\frac{1}{2}} (2\pi)^{-\frac{N}{2}} h_N [(X-U)^T M^{-1} (X-U)] \qquad (4-52)$$

则称此矢量 X 为球不变随机矢量。其中，U 为矢量 X 的均值矢量，M 为其协方差矩阵。上式基本特征之一是表达式中包含了一个二次函数

$$q = (X-U)^T M^{-1} (X-U) \qquad (4-53)$$

式（4-52）中，$h_N(\cdot)$ 为一非负的，单调递减函数。可以把它看做是 N 维高斯过程的推广，即

$$h_N(q) = \exp\left(-\frac{q}{2}\right) \qquad (4-54)$$

因此，可以说高斯过程是一种特殊的球不变随机过程。为了保证 $f_N(X)$ 是概率密度函数，

必须满足

$$h_N(q) = \int_0^\infty s^{-N} \exp\left(-\frac{q}{2s^2}\right) \mathrm{d}F(s) = \int_0^\infty s^{-N} \exp\left(-\frac{q}{2s^2}\right) f(s) \, \mathrm{d}s \qquad (4-55)$$

式中：$F(s)$ 是任意指定的积累分布函数，称其为所对应的 SIRV 的特征积累分布函数（CCDF）。$f(s)$ 是与 $F(s)$ 对应的概率密度函数，称做该 SIRV 的特征概率密度函数（CPDF）。

下面给出一些 SIRV 的基本特性。

（1）对式（4-55）求导后，有

$$\frac{\mathrm{d}h_N(q)}{\mathrm{d}q} = -\frac{h_{N+2}(q)}{2}$$

$$h_{2N+1}(q) = (-2)^N \frac{\mathrm{d}^N}{\mathrm{d}q^N}[h_1(q)]$$

$$h_{2N+2}(q) = (-2)^N \frac{\mathrm{d}^N}{\mathrm{d}q^N}[h_2(q)] \qquad (4-56)$$

由式（4-56）可见，不同阶次的函数 $h_N(q)$ 之间存在着递推关系。由于可以很方便地求出 $h_1(q)$ 和 $h_2(q)$，因此一旦给出较低阶的概率密度函数 $f_N(\boldsymbol{X})$，即可得到任意高阶的 SIRV 概率密度函数的表达式。

（2）将式（4-55）代入 $f_N(\boldsymbol{X})$，可以证明，有 N 维概率密度函数

$$f_N(\boldsymbol{X}) = \int_0^\infty (2\pi)^{-\frac{N}{2}} |s^2\boldsymbol{M}|^{-\frac{1}{2}} \exp\left(-\frac{(\boldsymbol{X}-\boldsymbol{U})^{\mathrm{T}}(s^2\boldsymbol{M})^{-1}(\boldsymbol{X}-\boldsymbol{U})}{2}\right) \mathrm{d}F(s) \qquad (4-57)$$

该式说明，一个球不变随机矢量可以看成是一个具有概率密度函数为 $f(s)$ 的随机变量和一个具有均值为 $\boldsymbol{U}$，协方差矩阵为 $s^2\boldsymbol{M}$ 的高斯随机变量之积。推广到随机过程，就是一个球不变随机过程可以描述为一个概率密度函数为 $f(s)$ 的随机变量和一个独立于这个随机变量的高斯过程之积。

（3）至此，我们不难看出，一个 SIRV $\boldsymbol{X}$ 完全可以由其均值 $\boldsymbol{U}$，协方差矩阵 $\boldsymbol{M}$ 和一阶概率密度函数 $f_1(\boldsymbol{X})$ 或 $F(\boldsymbol{X})$ 表征。推广到随机过程则有，一个球不变过程完全可以由它的均值函数 $E[x(t)]$、协方差函数 $C_x(t_1, t_2)$ 及其一维概率密度函数 $f_1(\boldsymbol{X})$（或 CPDF）来表征。

（4）SIRV 与高斯随机矢量一样，有线性运算特性，即

$$\boldsymbol{Y} = \boldsymbol{L}\boldsymbol{X} + \boldsymbol{b} \qquad (4-58)$$

若 $\boldsymbol{L}$ 为 $m \times n$ 矩阵，且 $\boldsymbol{L}\boldsymbol{L}^{\mathrm{T}}$ 满足非奇异性，$\boldsymbol{b}$ 为 m 维矢量，则 $\boldsymbol{Y}$ 仍为 m 维的 SIRV，且均值 $\boldsymbol{U}_y = \boldsymbol{L}\boldsymbol{U}_x + \boldsymbol{b}$，协方差矩阵 $\boldsymbol{M}_y = \boldsymbol{L}\boldsymbol{M}_x\boldsymbol{L}^{\mathrm{T}}$，且与 $\boldsymbol{X}$ 有相同的 CCDF $\boldsymbol{F}$。这样，只需在式（4-58）中令 $\boldsymbol{L} = \boldsymbol{D}^{-\frac{1}{2}}\boldsymbol{E}^{\mathrm{T}}$、$\boldsymbol{b} = -\boldsymbol{D}^{-\frac{1}{2}}\boldsymbol{E}\boldsymbol{U}_x$，即可由一个 SIRV $\boldsymbol{X}(\boldsymbol{U}_x, \boldsymbol{M}_x, \boldsymbol{F})$ 变换成另一个 SIRV $\boldsymbol{Y}(0, \boldsymbol{I}, \boldsymbol{F})$，这里 $\boldsymbol{I}$ 是单位矩阵，$\boldsymbol{D}$ 为由 $\boldsymbol{M}_x$ 的特征值所构成的对角线矩阵，$\boldsymbol{E}$ 为 $\boldsymbol{M}_x$ 的归一化特征向量矩阵。

（5）Goldman 证明了将 SIRV 表示为极坐标形式的定理。假设 $\boldsymbol{X} = (x_1, x_2, \cdots, x_N)^{\mathrm{T}}$ 为一 N 维具有零均值和单位协方差矩阵的 SIRV，$\boldsymbol{X}$ 的各个分量在广义极坐标中表示为

$$X_1 = R\cos\varphi_1$$

$$X_k = R\cos\varphi_k \prod_{i=1}^{k-1} \sin\varphi_i, \quad 1 < k \leqslant N-2$$

$$X_{N-1} = R\cos\theta\prod_{i=1}^{N-2}\sin\varphi_i$$

$$X_N = R\sin\theta\prod_{i=1}^{N-2}\sin\varphi_i \tag{4-59}$$

式中：$R\in(0,\infty)$、$\varphi\in(0,2\pi)$、$\theta\in(0,\pi)$ 分别有概率密度函数

$$f_R(v) = \frac{v^{N-1}}{2^{\frac{N}{2}-1}\Gamma\left(\frac{N}{2}\right)}h_N(v^2)$$

$$f_{\varphi_k}(\varphi_k) = \frac{\Gamma\left(\frac{N-k+1}{2}\right)}{\sqrt{\pi}\,\Gamma\left(\frac{N-k}{2}\right)}\sin^{N-1-k}\varphi_k$$

$$f_\theta(\theta) = \frac{1}{2\pi} \tag{4-60}$$

式中：$\Gamma(\cdot)$ 为 Γ 函数。R、θ、$\varphi_k(k=1,2,\cdots,N-2)$ 的联合概率密度函数为

$$f_{R,\theta,\varphi_1,\cdots,\varphi_{n-2}}(v,\theta,\varphi_1,\cdots,\varphi_{N-2}) = \frac{r^{N-2}}{(2\pi)^{\frac{N}{2}}}h_N(r^2)\prod_{k=1}^{N-2}\sin^{N-1-k}\varphi_k \tag{4-61}$$

以上一组变换说明，一个具有均值为零和单位协方差矩阵的白 SIRV，在广义球坐标下，R、θ、$\varphi_k(k=1,2,\cdots,N-2)$ 是相互独立的，并且从一种白 SIRV 到另一种白 SIRV，仅仅是 R 变成了 X 的模，即 $R^2 = \|X\|$。

（6）令 $X(t) = n_c(t) + jn_s(t)$ 表示一复 SIRP，则其正交分量 $n_c(t)$、$n_s(t)$ 的联合概率密度函数可由式（4-55）令 $n=2$ 得到，其中的 U、M 分别取随机矢量 $(n_c(t)$、$n_s(t))^{\mathrm{T}}$ 的均值与协方差矩阵。若 $n_c(t)$ 与 $n_s(t)$ 满足零均值，等方差，则有

$$f_{N,N}(x,y) = (2\pi\sigma^2)^{-1}h_2\frac{x^2+y^2}{\sigma^2} \tag{4-62}$$

这里 h_2 为任意对 SIRP 可允许的函数。由对称性可以看出 $n_c(t)$、$n_s(t)$ 同分布，该式变换到极坐标后有

$$f(R,\theta) = (2\pi\sigma^2)^{-1}Rh_2\frac{R^2}{\sigma^2} \tag{4-63}$$

可见，在 $n_c(t)$ 与 $n_s(t)$ 满足上述前提的情况下，R、β 均为独立随机变量，且分别有边缘概率密度函数

$$f(\theta) = \frac{1}{2\pi},\quad 0\leqslant\theta\leqslant\pi$$

$$f(R) = \sigma^{-2}Rh_2\frac{R^2}{\sigma^2},\quad 0<R \tag{4-64}$$

以上所有这些特性为我们对雷达信号进行检测，滤波及电磁环境仿真提供了理论支撑。

2. 雷达杂波的 SIRP 模型

已经指出，只有能够用 SIRP 描述的雷达杂波才能够用 SIRP 对其进行建模。当前已经知道很多随机过程都能用 SIRP 来描述，如高斯分布、拉普拉斯分布、柯西分布、k 分布、学生 t 分布、韦布尔分布、chi 分布、莱斯分布等，其中大部分都与雷达杂波的幅度分布模型一致，只有少数杂波模型难于用 SIRP 来描述，如对数—正态杂波。下面给出两种确定

复 SIRV PDF 的方法及得到的一些结果。

(1) 基于已知特征概率密度函数的方法。我们知道，$h_N(p)$ 有如下形式：

$$h_N(p) = \int_0^\infty s^{-N} \exp\left(-\frac{p}{2s^2}\right) f_s(s)\, \mathrm{d}s$$

显然，当特征 PDF $f_s(s)$ 给定，且可求出该式积分的情况下，$h_{2N}(p)$ 便确定了。

① 高斯分布。具有均值为 b_k，方差为 σ_k^2 的正交高斯分布有边缘 PDF

$$f(y_k) = \frac{1}{\sqrt{2\pi}\sigma_k} \exp\left(-\frac{(y_k - b_k)^2}{2\sigma_k^2}\right) \tag{4-65}$$

其特征概率密度函数 $f(s) = \delta(s-1)$，式中 δ 为单位冲激函数。利用式（4-55），有 $h_N(q) = \exp\left(-\frac{p}{2}\right)$，其中，$p = (y-b)^\mathrm{T} \sum^{-1}(y-b)$，所对应的概率密度函数

$$f_Y(y) = (2\pi)^{-\frac{N}{2}} \left| \sum \right|^{-\frac{1}{2}} h_N(p) \tag{4-66}$$

② k 分布。k 分布包络有概率密度函数

$$f_R(r) = \frac{2b}{\Gamma(\alpha)} \left(\frac{br}{2}\right)^\alpha K_{\alpha-1}(br) \tag{4-67}$$

其特征概率密度函数为

$$f_s(s) = \frac{2b}{\Gamma(\alpha)2^\alpha} (bs)^{2\alpha-1} \exp\left(-\frac{b^2 s^2}{2}\right) \tag{4-68}$$

可以证明，有

$$h_N(p) = \frac{b^N}{\Gamma(\alpha)} \frac{(b\sqrt{p})^{\alpha-\frac{N}{2}}}{2^{\alpha-1}} K_{\frac{N}{2}-\alpha}(b\sqrt{p}) \tag{4-69}$$

需要说明的是，如果涉及正交分量的时候，要用 $2N$ 代替 N。

③ 学生 t 分布。对具有正交分量的学生 t 分布

$$f_{Y_k}(y_k) = \frac{\Gamma\left(v+\frac{1}{2}\right)}{b\sqrt{\pi}\Gamma(v)} \left(1+\frac{y_k^2}{b^2}\right)^{-v-\frac{1}{2}}, \quad v > 0 \tag{4-70}$$

其中，b 是比例参数，v 是形状参数。其特征概率密度函数为

$$f_s(s) = \frac{2}{\Gamma(\alpha)} \left(\frac{1}{2}\right)^v b^{2v-1} \exp\left(-\frac{b^2}{2s^2}\right) \tag{4-71}$$

可以证明，有

$$h_N(p) = \frac{2^{\frac{N}{2}} b^{2v} \Gamma\left(v+\frac{N}{2}\right)}{\Gamma(v)(b^2+p)^{\frac{N}{2}+v}} \tag{4-72}$$

当涉及正交分量的时候，要用 $2N$ 代替 N。

④ 混合高斯分布。对具有正交分量的 PDF

$$f_{Y_k}(y_k) = \sum_i a_i (2\pi k_i^2)^{-\frac{1}{2}} \exp\left(-\frac{(y_k - b_k)^2}{2k_i^2}\right) \tag{4-73}$$

其特征概率密度函数为

$$f_s(s) = \sum_i a_i \delta(s - k_i), \quad a_i \geqslant 0, \quad \sum_i a_i = 1 \quad i = 1, 2, \cdots \tag{4-74}$$

可以证明，有

$$h_N(p) = \sum_i k_i^{-N} a_i \exp\left(-\frac{p}{2k_i^2}\right) \tag{4-75}$$

（2）基于未知特征概率密度函数的方法。当特征概率密度函数未知或尽管特征概率密度函数已知，但在式(4-55)难于求出封闭解的情况下，我们可以借助 $h_2(q)$ 与一阶概率密度函数的关系，求出 $h_{2N}(q)$。我们知道，第 i 个正交分量的联合概率密度可以表示为

$$f_{Y_{ci}, Y_{si}}(y_{ci}, y_{si}) = (2\pi)^{-1} \sigma^{-2} h_2(p), \quad i = 1, 2, \cdots, N \tag{4-76}$$

其中，$p=(y_{ci}^2+y_{si}^2)/\sigma^2$，$\sigma^2$ 为正交分量的公共方差。第 i 个正交分量的包络和相位分别为

$$R_i = \sqrt{Y_{ci}^2 + Y_{si}^2}, \quad \theta_i = \arctan\frac{Y_{si}}{Y_{ci}} \tag{4-77}$$

其联合概率密度函数

$$f_{R, \theta}(r, \theta) = \frac{r}{2\pi\sigma^2} h_2\left(\frac{r^2}{\sigma^2}\right) \tag{4-78}$$

于是就可把它看做是两个相互独立的边缘概率密度函数的乘积，它们分别为

$$f_R(r) = \frac{r}{\sigma^2} h_2\left(-\frac{r^2}{\sigma^2}\right), \quad f_\theta(\theta) = \frac{1}{2\pi} \tag{4-79}$$

最后，我们得到

$$h_2\left(\frac{r^2}{\sigma^2}\right) = \frac{\sigma^2}{r} f_R(r) \tag{4-80}$$

于是，我们建立了包络 PDF 和 $h_2(q)$ 之间的关系。然后利用式 $h_2(q)$ 得到 $h_{2N}(q)$。最后，利用 p 代替 q，便得到了 $h_{2N}(p)$。下面给出几个利用边缘概率密度函数得到 $h_{2N}(p)$ 的例子。

① chi 分布包络 PDF。chi 分布包络的 PDF 为

$$f_R(r) = \frac{2b}{\Gamma(\alpha)}(br)^{2v-1} \exp(-b^2 r^2) \tag{4-81}$$

其中，b 是比例参数、v 表示形状参数。根据递推公式，直接得到

$$h_{2N}(q) = (-2)^{N-1} A \sum_{k=1}^N G_k q^{v-k} \exp(-Bq) \tag{4-82}$$

式中

$$G_k = \binom{N-1}{k-1}(-1)^{N-k} B^{N-k} \frac{\Gamma(v)}{\Gamma(v-k+1)}$$

$$A = \frac{2}{\Gamma(v)}(B\sigma)^{2v}, \quad B = b^2\sigma^2$$

这里需要指出的是，只有 $v \leqslant 1$ 的情况下，SIRV PDF 才是正确的，因为只有满足上述条件，$h_2(p)$ 和它的导数才是单调递减的。在 $v=1$ 时，chi 分布包络 PDF 退化为瑞利包络 PDF，相对应的 SIRV PDF 变成高斯的。

② 韦布尔包络的 PDF。韦布尔包络的 PDF 由下式给出

$$f_R(r) = abr^{b-1} \exp(-ar^b) \tag{4-83}$$

式中：a 是比例参数、b 是形状参数。利用递推公式直接得到

$$h_{2N}(q) = \sum_{k=1}^n C_k Q^{\frac{kB}{2}-N} \exp(-Aq^{\frac{b}{2}}) \tag{4-84}$$

式中

$$C_k = \sum_{m=1}^{k} (-1)^{m+N} 2^N \frac{A^k}{k!} \binom{k}{m} \frac{\Gamma\left(1+\frac{mb}{2}\right)}{\Gamma\left(1+\frac{mb}{2}-N\right)}$$

这里，只有形状参数 $b \leqslant 2$，韦布尔包络作为 SIRV 的 PDF 才是"可允许"的。这对韦布尔雷达杂波建模并没有什么影响，因为韦布尔分布的形状参数也正是在这个范围之内。

③ 广义瑞利包络 PDF。广义瑞利包络 PDF 由下式给出

$$f_R(r) = \frac{\alpha r}{\beta^2 \Gamma\left(\frac{2}{\alpha}\right)} \exp\left[-\left(\frac{r}{\beta}\right)^\alpha\right] \tag{4-85}$$

有

$$h_2(q) = A \exp(-Bq^{\frac{\alpha}{2}}) \tag{4-86}$$

式中

$$A = \frac{\sigma^2 \alpha}{\beta^2 \Gamma\left(\frac{2}{\alpha}\right)}, \quad B = \beta^{-\alpha} \sigma^\alpha$$

然后，有

$$h_{2N}(q) = \sum_{k=1}^{N-1} D_k q^{\frac{k\alpha}{2}-N+1} \exp(-Bq^{\frac{\alpha}{2}}) \tag{4-87}$$

式中

$$D_k = \sum_{m=1}^{k} (-1)^{m+N-1} 2^{N-1} \frac{B_k}{k!} \binom{k}{m} \frac{\Gamma\left(1+\frac{m\alpha}{2}\right)}{\Gamma\left(2+\frac{m\alpha}{2}-N\right)}$$

这里 SIRV PDF 的使用范围为 $0 \leqslant \alpha \leqslant 2$。当 $\alpha = 2$ 时，广义瑞利包络 PDF 退化为瑞利包络 PDF。

④ 莱斯包络 PDF Ⅱ。这里我们考虑相关复高斯零均值随机过程，因为可以直接由 $h_2(q)$ 的微分得到 SIRV PDF。对这种情况，有包络概率密度函数

$$f_R(r) = \frac{r}{\sqrt{1-\rho^2}} \exp\left[-\frac{r^2}{2(1-\rho^2)}\right] I_0\left[\frac{\rho r^2}{2(1-\rho^2)}\right], \quad 0 < \rho \leqslant 1 \tag{4-88}$$

其中，$I_0(\cdot)$ 是第一类零阶修正的贝塞尔函数。令

$$A = \frac{\sigma^2}{2(1-\rho^2)}$$

则有

$$h_2(q) = \frac{\sigma^2}{\sqrt{1-\rho^2}} \exp(-Aq) I_0(\rho Aq) \tag{4-89}$$

最后，有

$$h_{2N}(q) = \frac{\sigma^{2N}}{(1-\rho^2)^{N-\frac{1}{2}}} \sum_{k=0}^{N-1} \binom{N-1}{k} (-1)^k \left(\frac{\rho}{2}\right)^k \xi_k \exp(-Aq) \tag{4-90}$$

式中

$$\xi_k = \sum_{m=0}^{k} \binom{k}{m} I_{k-2m}(\rho A q)$$

当 $\rho=0$ 时，莱斯包络 PDF 退化为瑞利包络 PDF。

⑤ 广义 Gamma 包络 PDF。广义 Gamma 包络 PDF 为

$$f_R(r) = \frac{ac}{\Gamma(\alpha)}(ar)^{\alpha-1} \exp(-ar^c) \tag{4-91}$$

式中：a 是比例参数，α、c 是形状参数。当其参数取不同的值时，我们得到不同的 PDF：

- 当 $\alpha=1$ 时，广义 Gamma 包络 PDF 退化为韦布尔包络 PDF。
- 当 $c=1$ 时，广义 Gamma 包络 PDF 退化为 Gamma 包络 PDF。
- 当 $c=\alpha=1$ 时，广义 Gamma 包络 PDF 退化为指数包络 PDF。
- 当 $c=2$ 时，广义 Gamma 包络 PDF 退化为 chi 包络 PDF。
- 当 $c=2$，$\alpha=1$ 时，广义 Gamma 包络 PDF 退化为瑞利包络 PDF。

同理，有

$$h_2(q) = A q^{\frac{\alpha}{2}-1} \exp(-Bq^{\frac{c}{2}}) \tag{4-92}$$

其中

$$A = \frac{(a\sigma)^{\alpha}c}{\Gamma(\alpha)}, \quad B = a\sigma^c$$

最后，我们有

$$h_{2N}(q) = \sum_{k=0}^{N-1} F_k q^{\frac{\alpha}{2}-N} \exp(-Bq^{\frac{c}{2}}) \tag{4-93}$$

其中

$$F_k = (-2)^{N-1} A \binom{N-1}{k} \frac{\Gamma\left(\frac{c\alpha}{2}\right)}{\Gamma\left(\frac{c\alpha}{2}-N+k+1\right)} \sum_{m=1}^{k} \sum_{l=1}^{m} (-1)^{m+l-1} \frac{B^m}{m!} \frac{\Gamma\left(\frac{lc}{2}+1\right)}{\Gamma\left(\frac{lc}{2}-k+1\right)} q^{\frac{mc}{2}}$$

在第 6 章相关随机变量产生中，将着重讨论如何产生一个 SIRP，因为它在雷达系统及环境仿真中具有重要意义。

4.2.8　箔条杂波模型

1. 箔条云的后向散射截面积

众所周知，如果一根箔条在空间位置的取向是随机的，则它的雷达散射截面积为 $\sigma_1 = 0.17\lambda^2$，式中，λ 为雷达工作波长。由于空间箔条之间的耦合，屏蔽及粘连效应，空中的 N 根箔条所形成的箔条云的雷达截面积并不等于 $N\sigma_1$，通常要小于 $N\sigma_1$，如果将其表示为 $N_1\sigma_1$ 的话，则 N_1 小于 1，其大小与箔条形状、长短及制造工艺等因素有关。一般认为箔条偶极子之间的距离大于 $5\sim10\lambda$ 时，它们之间的电磁耦合效应才可被忽略不计。

由于空间偶极子之间的屏蔽作用，在深度为 x 处单位几何面积所形成的雷达截面积为 $\sigma(x) = 1 - \exp(-N_1\sigma_1 x)$，其中，$N_1$ 为单位体积内有效箔条单元的数目。显然，箔条云的体密度和深度越大，所形成的雷达截面积越大，当 $N_1\sigma_1$ 大到一定程度时，则 $\sigma(x) \to 1$，即说明箔条云的截面积近似于其几何投影面积。反之，如果 $N_1\sigma_1$ 很小，则 $\sigma(x) \approx N_1\sigma_1 x$，这时 $\sigma(x)$ 近似与深度 x 成正比关系，比雷达照射方向的几何投影面积大，从而扩大了箔条实

际散射截面积。当雷达照射方向上的箔条云的投影面积大于雷达波束的截面积时，则有效的雷达截面积为

$$\sigma_1 = A_{\theta\varphi}[1 - \exp(-N_1\sigma_1\Delta r)] \tag{4-94}$$

式中：$A_{\theta\varphi}$ 为雷达波束截面积；Δr 为距离分辨单元。

如果相反，则

$$\sigma_1 = A[1 - \exp(-N_1\sigma_1\Delta r)] \tag{4-95}$$

式中：A 为箔条云的几何投影面积。

实际上，箔条云在空中不断地扩展和运动，它的截面积是随时间变化的，实验表明，其散开时间是很短的，只有 $4\sim5$ s。对于不同用途或种类的箔条，其散开时间的长短也有所区别。

2. 箔条云杂波及散射特性

通常箔条云是 N 个箔条偶极子散射单元的集合，它反射雷达信号，形成箔条杂波。假设在观察期间这一杂波为平稳随机过程，但每个偶极子由于旋转及运动使散射信号具有随机振幅和相位。研究表明，回波信号的振幅与偶极子的取向有关，相位则与其取向关系不大，而雷达与偶极子中心距离的变化，既影响振幅，也影响相位。通常假定偶极子的运动是相互独立的，而且在同一周期内相位是均匀分布的，同时忽略它们之间的耦合作用。

在忽略多次散射的情况下，对 N 个散射单元合成的复信号 S 为多个回波信号的矢量和

$$S = V\exp(\mathrm{j}\theta) = \sum_{i=1}^{N} A_i \mathrm{e}^{\mathrm{j}\varphi_i} \tag{4-96}$$

式中：A_i 为第 i 个散射单元的回波信号振幅；φ_i 为第 i 个散射单元的回波信号相位。

根据中心极限定理，各个散射单元的尺寸可比拟，该合成信号的概率密度函数服从高斯分布

$$f(v) = \frac{1}{\sqrt{2\pi}\sigma}\exp\left(-\frac{v^2}{2\sigma^2}\right) \tag{4-97}$$

其包络服从瑞利分布

$$f(r) = \frac{r}{\sigma^2}\exp\left(-\frac{r^2}{2\sigma^2}\right), \quad r \geqslant 0 \tag{4-98}$$

其相位服从均匀分布

$$f(\theta) = \frac{1}{2\pi}, \quad -\pi < \theta < \pi \tag{4-99}$$

雷达截面积有概率密度函数

$$f(s) = \frac{1}{\bar{s}}\exp\left(-\frac{s}{\bar{s}}\right) \tag{4-100}$$

其中，$\bar{s}$ 为平均功率、$\bar{s} = NA^2$。于是我们有如下结论：

(1) 箔条云后向散射杂波电压包络为瑞利分布。

(2) 相位为均匀分布。

(3) 雷达散射截面积为负指数分布。

3. 箔条云的自相关函数

箔条云的自相关函数的计算比较复杂，它不仅与空中的风速有关，而且还与偶极子的

空气动力学特性有关。因此，一般都进行实际测量而获得它的自相关特性。文献中给出了一个在 3.2 cm 波长上所测得的电压自相关函数 $R(V, \tau)$，它以非常缓慢的速度趋近于零，并且有微小的振荡，这是由偶极子缓慢旋转所引起的。相关时间 $t_c \approx 16$ ms。有关文献在 $f = 9.26$ GHz 时也给出了类似的结果。如果相关时间在 10～20 ms，那么这就意味着主要频率成分在 50～100 Hz 的范围之内。尽管该结果似乎有点粗糙，但它为雷达反箔条的研究工作提供了一定的依据。

4. 箔条云的功率谱

由于箔条云在空中是运动的，故它的功率谱相对于发射频率有一个频偏，这便是所谓的多普勒频率。尽管雷达采用单频工作，反射信号也要占据一定的谱宽，这说明箔条云中的每个偶极子散射单元可能具有不同的速度，并且与大气的扰动有非常密切的关系。初步研究表明，箔条云功率谱的宽度主要与以下几个因素有关：

（1）在空中偶极子的固有扩散。

（2）大气湍流引起的空间扩散。

（3）由重力引起的偶极子下降。

（4）由风力引起的偶极子不同速度的运动。

（5）由风力及湍流引起的偶极子自旋。

目前，大多数雷达文献中，都假定箔条云幅度谱为高斯型，归一化表达式为

$$S_A(f) = \exp\left\{ -\left[\frac{(f - f_d)\lambda}{\sqrt{8}\sigma_v} \right]^2 \right\} \tag{4-101}$$

式中：$f_d = 2v_0/\lambda$，v_0 为箔条云的平均径向速度；λ 为雷达工作波长；σ_v 为箔条云径向速度标准差。

其功率谱密度

$$S(f) = S_0 \exp\left[-\frac{\lambda^2 (f - f_d)^2}{4\sigma_v^2} \right] \tag{4-102}$$

式中：$\sigma_v = \sigma_g + \sigma_\omega + \sigma_a$；$\sigma_g$ 为重力引起的速度标准差；σ_ω 为风力引起的速度标准差；σ_a 为大气湍流引起的速度标准差。

当偶极子具有所有可能取向时，其旋转速度 ω_r 和移动速度 ω_d 均为正态分布，其分别为 $N(\overline{\omega_r}, \sigma_r^2)$ 和 $N(\overline{\omega_d}, \sigma_d^2)$，由此可得到协方差矩阵

$$\mathrm{cov}(\tau) = \exp\left(\mathrm{j}\overline{\omega_d}\tau - \frac{\sigma_d^2 \tau^2}{2} \right) \frac{1}{5} \begin{bmatrix} \dfrac{2}{3} & 0 & \dfrac{1}{2} \\[2mm] 0 & \dfrac{1}{12} & 0 \\[2mm] \dfrac{1}{2} & 0 & \dfrac{2}{3} \end{bmatrix}$$

$$+ \exp\left[\mathrm{j}\overline{\omega_d}\tau - \left(\frac{\sigma_d^2 + 4\sigma_r^2}{2} \right)\tau^2 \right] \cos(2\overline{\omega_r}\tau) \frac{2}{10} \begin{bmatrix} \dfrac{1}{3} & 0 & \dfrac{1}{2} \\[2mm] 0 & \dfrac{1}{4} & 0 \\[2mm] -\dfrac{1}{6} & 0 & \dfrac{1}{3} \end{bmatrix}$$

$$\tag{4-103}$$

式中：$\overline{\omega_d}$、$\overline{\omega_r}$ 分别为箔条移动速度和旋转速度的均值；σ_d^2、σ_r^2 为其对应的方差。

4.2.9 拉普拉斯杂波模型

在某些条件下的海杂波有时要用拉普拉斯分布来描述。具有均值为零、方差为 σ_z^2 的拉普拉斯随机变量有概率密度函数

$$f(z) = \frac{1}{\sigma_z \sqrt{2}} \exp\left(-\frac{\sqrt{2}\,|z|}{\sigma_z}\right) \qquad (4-104)$$

离散时间拉普拉斯过程便可由下式得到

$$z(k) = \frac{\sigma_z}{\sqrt{2}}\left[x_1(k)x_2(k) + x_3(k)x_4(k)\right] \qquad (4-105)$$

其中，$x_i(k)(i=1,2,\cdots,4)$ 是独立的高斯过程。这种类型的拉普拉斯过程有相关函数

$$\rho_z(l) \equiv \frac{E[z(k+l)z(k)]}{\sigma_z^2} = \frac{1}{2}\left[\rho_1(l)\rho_2(l) + \rho_3(l)\rho_4(l)\right] \qquad (4-106)$$

其中，$\rho_i(l)(i=1,\cdots,4)$ 是归一化的高斯过程 $x_i(k)$ 的相关函数。

如果上述四个高斯过程有相关函数

$$\rho_i(l) = \left[\text{sign}(r)^i\right]|r|^{-\frac{l}{2}}, \quad i=1,\cdots,4$$

最后有

$$\rho_z(l) = r^{-|l|}, \quad -1 < r < 1$$

式中，r 是相关采样之间的相关系数。该过程就称做拉普拉斯—马尔柯夫过程。与此相对应的四个高斯过程为

$$x_i(k) = \left[\text{sign}(r)\right]^i \sqrt{r}\,x_i(k-1) + \sqrt{1-|r|}\,\xi_i(k), \quad i=1,\cdots,4 \qquad (4-107)$$

式中：$\xi_i(k)$ 是独立高斯白噪声序列。这样，就可以利用其幅度分布和相关函数来产生相关拉普拉斯序列了。

4.3　雷达目标模型

众所周知，雷达的作用距离是目标横截面积的函数，在计算雷达作用距离时，往往按给定的横截面积进行计算，但实际雷达目标在空中由于受多种因素的影响，如大气湍流、发动机振动、风力、机动、……，使其等效横截面积不是一个常量，而是一个随机变量，这就称之为目标的起伏，这种目标就称为起伏目标。当然，也有的目标起伏很小，甚至可以忽略，这种目标就称为非起伏目标。目标起伏程度的大小，取决于目标本身的形状、几何尺寸和环境条件等因素。

若确切地估计目标横截面积的起伏，必须知道概率密度函数。为了确定目标横截面积与时间或脉冲数的相关程度，必须知道目标与时间的相关特性。我们知道，各种目标是千差万别的，要得到它们完整的数据非常困难。从对目标起伏特性的研究表明，用一些模型对各类目标的起伏统计特性进行逼近是合理的，对雷达设计者来说也是方便的。通常，都用功率信噪比 S 来研究雷达横截面积，因为它们之间有单值关系。

当前，所采用的目标模型可以分为两大类，即经典的目标模型和现代的目标模型。前者主要包括恒值的马克姆(Marcum)模型和斯威林(Swerling)起伏模型。斯威林起伏模型

又分四种，即斯威林 Ⅰ～Ⅳ型，现代目标模型包括 χ^2 模型、莱斯模型和对数—正态模型等。

4.3.1　雷达信号模型

1. 发射信号

发射机发射的单个脉冲信号可以表示成

$$P(t) = \sqrt{2P_t} A(t) \cos[2\pi f_c t + \theta(t)], \quad |t| \leqslant \frac{T_p}{2} \tag{4-108}$$

或表示成复数形式

$$P(t) = \sqrt{2P_t} \, \mathrm{Re}[\widetilde{p}(t) \mathrm{e}^{\mathrm{j}2\pi f_c t}], \quad |t| \leqslant \frac{T_p}{2}$$

式中：P_t 为发射机的峰值功率；f_c 为雷达发射机载频；T_p 为脉冲宽度；$A(t)$ 为脉冲幅度；$\widetilde{p}(t)$ 为发射脉冲复包络，$\widetilde{p}(t) = A(t) \exp(\mathrm{j}\theta(t))$；$\mathrm{Re}[\cdot]$ 表示取括号内信号的实部。

2. 目标反射信号

一个匀速运动的起伏点目标反射的信号可表示为

$$S(t) = \mathrm{Re}[\widetilde{S}(t) \mathrm{e}^{\mathrm{j}2\pi f_c t}], \quad \left| t - \frac{2R}{c} \right| \leqslant \frac{T_p}{2} \tag{4-109}$$

式中：

$\widetilde{S}(t) = \widetilde{K} \widetilde{b} \widetilde{p} \left(t - \dfrac{2R}{c} \right) \mathrm{e}^{\mathrm{j}2\pi f_c t}$；$\widetilde{K}$ 为雷达距离方程常数，$\widetilde{K} = \sqrt{\dfrac{P_t L_s}{(4\pi)^3} \dfrac{\widetilde{G}_t \widetilde{G}_r \lambda}{R^2}}$；$L_s$ 为系统总损耗因子，$0 < L_s < 1$；$\widetilde{G}_t$ 为发射天线的复电压增益；$\widetilde{G}_r$ 为接收天线的复电压增益；R 为目标斜距；λ 为雷达工作波长，$\lambda = c/f_c$，c 为光速，$c = 3 \times 10^8$ m/s；f_d 为目标多普勒频率，$f_d = 2v/\lambda$；v 为目标的径向速度；b 为目标散射参量，$b = |\widetilde{b}| \exp(\mathrm{j}\beta)$；$|\widetilde{b}|$ 为目标的雷达横截面积，$|\widetilde{b}| = \sigma$；β 为目标的散射相位，在 $[0, 2\pi]$ 区间是均匀分布的。

如果目标的运动速度保持不变，则由第 n 个发射脉冲所接收的信号为

$$\widetilde{S}_n(t) = \widetilde{K} \widetilde{b} \widetilde{p} \left(t - \frac{2R}{c} \right) \mathrm{e}^{-\mathrm{j}2\pi f_d (t - nT_r)}, \quad n = 0, 1, \cdots, m, \quad \left| t - \frac{2R}{c} \right| \leqslant \frac{T_p}{2}$$

式中：T_r 为脉冲重复周期；m 为脉冲回波数。

该式可表示目标横截面积由脉冲到脉冲起伏变化的信号，如果用 T_s 表示采样周期，则相应的采样信号可表示如下

$$\widetilde{S}_n(kT_s) = \widetilde{K} \widetilde{b}_n \widetilde{p} \left(kT_s - \frac{2R}{c} \right) \mathrm{e}^{-\mathrm{j}2\pi f_d (kT_s - nT_r)}, \quad n = 0, 1, \cdots, m \quad \left| kT_s - \frac{2R}{c} \right| \leqslant \frac{T_p}{2}$$

$$\tag{4-110}$$

这里需要说明的是，在考虑目标起伏模型时，如果是脉冲到脉冲起伏，则目标横截面积 $|\widetilde{b}_n|$ 在 m 个脉冲其间是按斯威林起伏模型规律变化的。如果是扫描到扫描起伏，对点目标来说，在 m 个回波其间信号是不变的，在下一个 m 个脉冲其间是按斯威林起伏模型变化的，这 m 个脉冲的变化是相同的，即目标横截面积 $|\widetilde{b}_n|$ 由扫描到扫描变化一次。这就是将回波模型放在目标模型部分来介绍的原因，以便把信号的变化与起伏模型联系起来。

3. 接收机噪声

可以将雷达接收机噪声看做是一个高斯过程的采样函数。带通噪声信号可表示为

$$n(t) = \mathrm{Re}[\tilde{n}(t)\mathrm{e}^{\mathrm{j}2\pi f_c t}] \tag{4-111}$$

式中：$\tilde{n}(t) = n_d(t) - \mathrm{j}n_q(t)$；$n_d(t)$、$n_q(t)$ 是均值为零，方差为 σ_N^2 的独立高斯随机过程。

噪声方差是由接收机噪声系数 N_F 和接收机带宽 B_R 计算的，即

$$\sigma_N^2 = kT_oN_FB_R \tag{4-112}$$

式中：k 为波尔兹曼常数，$k = 1.38 \times 10^{-23}$ 焦尔/度；T_o 为接收机等效温度（290 K）；B_R 为接收机带宽（Hz）。

在设计雷达接收机时，接收机噪声系数通常是这样定义的：实际接收机输出的噪声功率与理想接收机输出的噪声功率之比。

4. 杂波反射信号

这里只考虑主瓣杂波。在一般情况下，认为旁瓣很低，可以忽略。杂波单元的反射信号可表示成复数形式

$$C(t) = \mathrm{Re}[\tilde{C}(t)\mathrm{e}^{\mathrm{j}2\pi f_c t}] \tag{4-113}$$

式中：$\tilde{C}_n(t) = \tilde{K}\tilde{g}_n\tilde{P}\left(t - \dfrac{2R_c}{c}\right)$，其中，$\tilde{K} = \sqrt{\dfrac{P_t L_s}{(4\pi)^3}\dfrac{\tilde{G}_t\tilde{G}_r\lambda}{R_c^2}}$；$\tilde{G}_t$ 为杂波单元中心方向上发射天线的复电压增益；$\tilde{G}_r$ 为杂波单元中心方向上接收天线的复电压增益；R_c 为到杂波单元的斜距；$\tilde{g}_n$ 为杂波复散射参量。

通常，$\tilde{g}_n$ 由一个固定分量加一个复高斯分量组成一个复散射参量，对地杂波来说，复高斯过程脉冲到脉冲的采样是相关的，它是构造具有各种统计特性杂波的基础。

5. 合成雷达反射信号

合成反射信号是将目标，杂波和接收机噪声的采样信号进行叠加形成的。在雷达扫描其间，每个组合反射信号由下式给出

$$r(t) = \mathrm{Re}[\tilde{r}^n(t)\mathrm{e}^{\mathrm{j}2\pi f_c t}]$$

式中

$$\tilde{r}_n(t) = \tilde{S}_N(t) + \tilde{c}_n(t) + \tilde{n}(t) \tag{4-114}$$

4.3.2 经典目标模型

1. 马克姆模型

该模型也称恒幅模型。它假定目标的横截面积为常量，即输入信号噪声功率比 S 不变。该模型与窄带高斯噪声叠加一个恒值信号相对应，中频信号经线性检波得到的信号包络有概率密度函数

$$f(z) = \frac{z}{\sigma_n^2}\exp\left(-\frac{z^2 + A^2}{2\sigma_n^2}\right)I_0\left(\frac{Az}{\sigma_n^2}\right), \quad x \geqslant 0 \tag{4-115}$$

式中：$I_0(\cdot)$ 为第一类零阶修正的虚幅角贝塞尔函数；A 为信号幅度；σ_n 为噪声的均方根值。

该分布称做莱斯分布，或称广义瑞利分布。令 $x = z/\sigma_n$，$a = z/\sigma_n$，则有归一化概率密

度函数

$$f(x) = x \exp\left(-\frac{x^2 + A^2}{2}\right) I_0(ax), \quad x \geqslant 0 \tag{4-116}$$

当 $a=0$ 时，该密度函数变成瑞利概率密度函数

$$f(x) = x \exp\left(-\frac{x^2}{2}\right), \quad x \geqslant 0 \tag{4-117}$$

在 a 取不同值时可绘出一个曲线族。实际上这时的 a 值就是幅度信号噪声比。$a=0$ 那条线就是纯噪声时的接收机输出信号的概率模型，即服从瑞利分布，其均值、均方值和方差分别为

$$\left.\begin{aligned} E(x) &= \sqrt{\frac{\pi}{2}}\sigma_n \\ E(x^2) &= 2\sigma_n^2 \\ D(x) &= \mathrm{Var}(x) = \left(2 - \frac{\pi}{2}\right)\sigma_n^2 \approx 0.43\sigma_n^2 \end{aligned}\right\} \tag{4-118}$$

对莱斯分布有均值

$$E(x) = \sqrt{\frac{\pi}{2}}\sigma_n \exp\left(-\frac{A^2}{4\sigma_n^2}\right) \times \left[\left(1 + \frac{A^2}{2\sigma_n^2}\right)I_0\left(\frac{A^2}{4\sigma_n^2}\right) + \frac{A^2}{2\sigma_n^2}I_1\left(\frac{A^2}{4\sigma_n^2}\right)\right] \tag{4-119}$$

式中：$I_1(\cdot)$ 为第一类一阶修正的贝塞尔函数。

莱斯分布的 k 阶距

$$m_k = E(x^k) = (2\sigma_n^2)^{\frac{k}{2}} \Gamma\left(1 + \frac{k}{2}\right) {}_1F_1\left(-\frac{k}{2}, 1, \frac{A^2}{2\sigma_n^2}\right) \tag{4-120}$$

式中：$\Gamma(\cdot)$ 为 Γ 函数；${}_1F_1(\cdot)$ 为合流超几何函数。

在大信噪比情况下，莱斯分布趋于高斯分布

$$f(x) = \frac{1}{\sqrt{2\pi}\sigma_n} \exp\left[-\frac{(x-A)^2}{2\sigma_n^2}\right] \tag{4-121}$$

对小信号时的线性检波相当于平方律检波。根据前面分析，可直接得到其概率密度函数

$$f(x) = \frac{1}{\sigma_n^2} \exp\left(-\frac{2x + A^2}{2\sigma_n^2}\right) I_0\left(\frac{A\sqrt{2x}}{\sigma_n^2}\right), \quad x \geqslant 0 \tag{4-122}$$

经归一化，则有

$$f(x) = \exp\left(-\frac{2x + A^2}{2}\right) I_0(A\sqrt{2x}), \quad x \geqslant 0 \tag{4-123}$$

以信噪比（功率信噪比 $s = a^2/2$）表示，则

$$f(x) = \exp[-(x+s)] I_0(2\sqrt{sx}), \quad x \geqslant 0 \tag{4-124}$$

其特征函数

$$C(\mathrm{j}\omega) = \frac{1}{1 - \mathrm{j}\omega\sigma_n^2} \exp\left(-\frac{A^2}{2\sigma_n^2}\right) \exp\left(\frac{\dfrac{A^2}{2\sigma_n^2}}{1 - \mathrm{j}\omega\sigma_n^2}\right) \tag{4-125}$$

这种模型适用于球形或接近于球形的目标和点目标，以及表征在相邻两个脉冲之间方

向不变的固定目标或运动目标，包括人造卫星（球形的）、气球和流星。

2. 斯威林Ⅰ型目标起伏模型

该模型是扫描到扫描的起伏模型。其特点是每次扫描时所接收的回波是恒定的，一次扫描到下一次扫描其回波幅度是按一定规律变化的，由于起伏间隔较长，有时也称之为慢起伏模型。假定一次扫描到下次扫描是不相关的，则其输入功率信噪比 S 的概率密度函数为

$$f(s) = \frac{1}{\bar{s}} \exp\left(-\frac{s}{\bar{s}}\right), \quad s \geqslant 0 \qquad (4-126)$$

式中：$\bar{s}$ 是平均功率信噪比。需要注意的是，该表达式有时也用平均截面积表示。

该模型适用于由多个独立起伏的散射体组成的目标，这些散射体的反射面积近似相等。理论上，独立散射体的数目应无限多，但实际上，有四个以上的这种散射体就可应用这种目标模型。与波长相比很大的物体遵循这种模型，包括表面较大的喷气式飞机、雨杂波和地杂波（擦地角在 5°以上）。

3. 斯威林Ⅱ型目标起伏模型

斯威林Ⅱ型目标起伏为脉冲到脉冲起伏，与斯威林Ⅰ型相比起伏更快，故称之为快起伏。其特点是每次扫描所得到的脉冲之间都是起伏的，并且是脉冲到脉冲独立的。其输入功率信噪比 S 的概率密度函数与斯威林Ⅰ型相同。

适用范围是面积较大的螺旋桨飞机和直升飞机、雨杂波以及地杂波。

4. 斯威林Ⅲ 型目标起伏模型

斯威林Ⅲ型目标起伏情况同斯威林Ⅰ型一样，也是扫描到扫描起伏，但概率密度函数为

$$f(s) = \frac{4s}{\bar{s}^2} \exp\left(-\frac{2s}{\bar{s}}\right), \quad s \geqslant 0 \qquad (4-127)$$

这种模型适用于一个大散射体加一些小散射体描述的目标，或一个大散射体，而方向稍有变化的目标，包括导弹（长而窄的表面）、飞机（长而窄的表面）、火箭（长而窄的表面）和具有延长体的圆形人造卫星。

5. 斯威林Ⅳ型目标起伏模型

斯威林Ⅳ型目标起伏情况同斯威林Ⅱ型一样。但概率密度函数同Ⅲ型一样，应用范围也同Ⅲ型一样。

4.3.3　现代目标模型

经典目标模型的优缺点：经典目标模型与许多实际目标非常接近；马克姆对恒幅情况给出了 p_f、p_d、S/N 的关系并给出了图表；斯威林给出了四种目标模型，迪费和梅耶给出了五种情况的图表，使设计、计算非常方便；经典目标模型有一定局限性，而现代目标模型更具有一般性。

现代目标模型主要包括 χ^2 模型，莱斯模型和对数—正态模型等。下面简单介绍 χ^2 目标模型。χ^2 目标模型与实际测量的目标截面积数据比较表明，χ^2 密度函数作为目标模型更

合适。其概率密度函数

$$f(\chi^2) = \frac{(\chi^2)^{k-1} \exp\left(-\dfrac{\chi^2}{2}\right)}{2^k \Gamma(k)} \tag{4-128}$$

式中：$k = v/2$ 为双自由度函数。对单个信号加噪声脉冲回波时，概率密度函数为

$$f(s) = \left(\frac{k}{\Gamma(k)\bar{s}}\right)\left(\frac{ks}{\bar{s}}\right)^{k-1} \exp\left(-\frac{ks}{\bar{s}}\right), \quad s \geqslant 0 \tag{4-129}$$

式中：s 是瞬时单脉冲信噪比，$\bar{s}$ 为其平均值。它是在经变量代换 $\chi^2 = 2ks/\bar{s}$ 得到的，即

$$f(s) = f(\chi^2) \frac{\mathrm{d}\chi^2}{\mathrm{d}s} \tag{4-130}$$

其均值和方差为

$$E(s) = \bar{s}, \quad D(s) = \mathrm{Var}(s) = \frac{\bar{s}^2}{2} \tag{4-131}$$

当 $k < 1$ 时，该模型又称温斯脱克模型，适用于随机相位的圆柱体目标，其 k 值约在 0.3～0.7 范围内。

实际上，上面所给出的五种经典目标模型都是 χ^2 目标模型的特例，在一定条件下，莱斯、对数—正态目标模型又可由 χ^2 模型来近似，这里就不再介绍了。

第 5 章　随机变量的仿真

　　我们知道，概率论是在已知随机变量的情况下，研究随机变量的统计特性及其参数，而随机变量的仿真正好与此相反，是在已知随机变量的统计特性及其参数的情况下，研究如何在计算机上产生服从给定统计特性和参数的随机变量。

　　随机变量的仿真就是通常所说的随机变量的抽样。它是指由已知分布的总体中产生简单子样。前边介绍的均匀分布随机数序列是由[0，1]区间上均匀分布的随机总体中抽取的简单子样，它是由已知分布进行随机抽样的一个特殊情况。但在雷达、导航、声纳、通信和电子对抗等系统中，应用得最多的概率统计模型还是正态分布或高斯分布、指数分布、瑞利分布、莱斯分布或广义瑞利分布、韦布尔分布、对数—正态分布、m 分布、拉普拉斯分布、复合 k 分布等。在这些随机总体中进行随机抽样，实际上都是以[0，1]区间上的均匀分布随机总体为基础的。这就是在有关系统仿真的书籍中首先要讨论均匀分布随机数产生的原因。原则上讲，只要已知[0，1]区间上的均匀分布随机数序列，总可以通过某种方法来获得某已知分布的简单子样。实际上，这一过程就是通过某种数学方法把已知的[0，1]区间上的均匀分布的随机数序列变换成某一给定分布的随机数序列的过程，因此，有时将利用[0，1]区间上的均匀分布随机数产生某给定分布随机数的过程，称做随机数的变换。只要给定的均匀分布随机数序列满足均匀且相互独立的要求，经过严格的数学变换或者严格的数学方法，所产生的任何分布的简单子样都会满足具有相同的总体分布和相互独立的要求。

　　随机变量的抽样又分离散随机变量的抽样和连续随机变量的抽样，本书以介绍连续随机变量的抽样为主，只简单地给出几种离散随机变量的抽样公式。连续随机变量的抽样方法有许多种，如直接抽样、变换抽样、复合抽样、选舍抽样等。本章除介绍各种抽样方法的基本原理外，还将通过一些例子给出雷达、声纳、通信、导航和电子对抗等系统中经常遇到的各种分布的随机数序列的表达式。

5.1　随机变量的抽样方法

5.1.1　直接抽样

　　直接抽样法，有时也称分布函数特征法，顾名思义，就是利用积累分布函数的特性来获得给定分布随机抽样。概率论中已经证明，如果随机变量 ξ 的概率密度函数为 $f(x)$，那么，随机变量

$$u = \int_{-\infty}^{\xi} f(x)\,\mathrm{d}x \tag{5-1}$$

在[0，1]区间上服从均匀分布。显然，只要已知随机变量 ξ 的概率密度函数 $f(x)$，并能求出该积分的表达式

$$u = F(\xi) \tag{5-2}$$

就可根据反函数，方便地求出随机变量 ξ 的抽样公式

$$\xi_i = F^{-1}(u_i) \tag{5-3}$$

式中：u_i 为[0，1]区间上的均匀分布随机数。实际上，$F(x)$ 就是随机变量 ξ 的分布函数，因此，这种方法有时被称为反函数法。

　　值得注意的是，式(5-1)的积分并不是总能得到显式解的，如果是这种情况，就要考虑用其他方法获得某种分布的随机数了。图 5-1 给出了利用直接抽样方法获得某种分布随机数的基本原理。

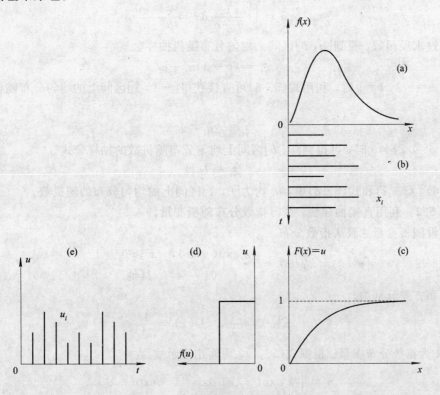

图 5-1　直接抽样基本原理示意图

　　图 5-1(a)为随机变量 x 及其概率密度函数的曲线；图 5-1(b)表示随机变量 x 在不同时刻的抽样 x_i 与时间的关系；图 5-1(c)为随机变量 x 及其分布函数的曲线。注意，这里 $F(x) = u$，其值最大为 1；图 5-1(d)为随机变量 u 及其概率密度函数的曲线，u 在[0，1]区间是均匀分布的。注意，这里概率密度函数的上限与 $F(x)$ 的最大值是对应的；图 5-1(e) 表示随机变量 u 在不同时刻的抽样 u_i 与时间的关系。可见，图 5-1 反映了由随机变量 x 到随机变量 u 的变换过程。

　　图 5-1 不仅形象地说明了直接抽样的基本原理，同时还可以看出，利用直接抽样法获得任意分布随机变量在理论上是严格的，并且概念清楚，产生方便。

　　下面通过一些例子，给出一些在雷达、通信、导航和电子对抗等系统中经常遇到的分

布规律的随机变量的抽样公式。

例 5.1　利用直接抽样法，获得[a, b]区间上的均匀分布随机变量。

已知随机变量 ξ，有概率密度函数

$$f(x) = \begin{cases} \dfrac{1}{b-a}, & a \leqslant x \leqslant b \\ 0, & \text{其他} \end{cases} \tag{5-4}$$

这是任意区间[a, b]上的均匀分布。从实际应用的角度来说，它比[0, 1]区间上的均匀分布应用得更经常、更广泛。但[0, 1]区间上的均匀分布随机变量是产生其他分布随机变量的基础。因此在许多书中对它给予了更多的关注。

根据直接抽样原理，有

$$u = \int_a^\xi \frac{1}{b-a} \, \mathrm{d}x = \frac{\xi - a}{b-a} \tag{5-5}$$

通过求反函数，得到[a, b]区间上均匀分布随机抽样公式

$$\xi_i = (b-a)u_i + a \tag{5-6}$$

当 $a=-1$, $b=1$ 时，利用式(5-6)可直接获得[-1, 1]区间上的均匀分布随机数的抽样公式

$$\xi_i = 2u_i - 1 \tag{5-7}$$

当 $a=0$, $b \neq 0$ 时，可得到[0, b]区间上均匀分布随机数的抽样公式

$$\xi_i = bu_i \tag{5-8}$$

式(5-6)、(5-7)和式(5-8)中，u_i 均为[0, 1]区间上的均匀分布的随机数。

例 5.2　利用直接抽样法，获得指数分布随机变量。

假设随机变量 ξ 服从指数分布

$$f(x) = \begin{cases} \lambda \exp(-\lambda x), & x \geqslant 0 \\ 0, & \text{其他} \end{cases} \tag{5-9}$$

其均值和方差分别为

$$E(x) = \frac{1}{\lambda}, \quad D(x) = \frac{1}{\lambda^2} \tag{5-10}$$

式中：λ 为指数分布参量。根据式(5-1)，可写出表示式

$$u = \int_0^\xi \lambda \exp(-\lambda x) \, \mathrm{d}x = 1 - \exp(-\lambda \xi) \tag{5-11}$$

则有

$$\xi_i = -\frac{1}{\lambda} \ln(1 - u_i) \tag{5-12}$$

可以证明，如果 u_i 在[0, 1]区间上服从均匀分布，那么($1-u_i$)在[0, 1]区间上也服从均匀分布，故又有公式

$$\xi_i = -\frac{1}{\lambda} \ln u_i \tag{5-13}$$

如果令 $\lambda=1$，则

$$\xi_i = -\ln u_i \tag{5-14}$$

如果令 $\dfrac{1}{\lambda} = \bar{x}$，则

$$\xi_i = -\bar{x} \ln u_i \tag{5-15}$$

根据式(5-9)知,随机变量 ξ 有概率密度函数

$$f(x) = \frac{1}{\bar{x}} \exp\left(-\frac{x}{\bar{x}}\right) \tag{5-16}$$

显然,它是在雷达系统仿真中经常用到的斯威林 I 和 II 型起伏的概率密度函数, $\bar{x}$ 是整个目标起伏期间的平均信噪比。

通常,认为普通雷达接收机输出的小信号服从指数分布。除此之外,诸如机器寿命,系统的稳定时间等,在一般条件下,也被认为服从指数分布。应当指出,指数分布是系统仿真中所用到的最基本的随机变量之一,根据它又可以产生一些其他的有关随机变量,如 Γ 分布, χ^2 分布等随机变量。可以证明,若干指数分布的随机变量之和服从 Γ 分布。 Γ 分布有概率密度函数

$$f(x) = \frac{\lambda^k}{\Gamma(k)} x^{k-1} \exp(-\lambda x), \quad k > 0,\ \lambda > 0,\ 0 \leqslant x < \infty \tag{5-17}$$

其均值与方差分别为

$$E(x) = \frac{k}{\lambda}, \quad D(x) = \frac{k}{\lambda^2} \tag{5-18}$$

为了产生具有给定均值和方差的 Γ 分布随机变量,我们可以利用下面的公式确定分布参数

$$\lambda = \frac{E(x)}{D(x)}, \quad k = \frac{E(x)^2}{D(x)}$$

由于若干指数分布随机变量之和为 Γ 分布,有 Γ 分布随机变量产生公式

$$\xi_i = -\frac{1}{\lambda} \sum_{i=1}^{k} \ln(1 - u_i) \tag{5-19}$$

式中: k 为指数分布随机数的数目,整数,通常称其为 Γ 分布的自由度; u_i 为[0,1]区间上的均匀分布随机变量。

显然,取不同的 k 值和 λ 值,随机变量 ξ 将有不同的分布曲线。 k 取非整数情况的表达式将在后面介绍。

例 5.3 利用直接抽样法,获得瑞利分布随机变量。

假设 ξ 是服从瑞利分布的随机变量,有概率密度函数

$$f(x) = \frac{x}{\sigma^2} \exp\left(-\frac{x^2}{2\sigma^2}\right), \quad x \geqslant 0 \tag{5-20}$$

其均值和方差分别为

$$E(x) = \sqrt{\frac{\pi}{2}}\sigma \approx 1.25\sigma, \quad D(x) = \left(2 - \frac{\pi}{2}\right)\sigma^2 \approx 0.43\sigma^2 \tag{5-21}$$

式中: σ 是瑞利分布参量,注意,它不是瑞利分布的均方根值。在雷达系统中,如果 ξ 是线性接收机的输出, σ 则是中频高斯噪声的均方根值,根据式(5-1),可写出

$$u = \int_{-\infty}^{\xi} f(x)\,\mathrm{d}x = 1 - \exp\left(-\frac{\xi^2}{2\sigma^2}\right) \tag{5-22}$$

则

$$\xi_i = \sigma \sqrt{2 \ln \frac{1}{1 - u_i}} \tag{5-23}$$

经化简，最后得到瑞利分布的直接抽样公式如下：

$$\xi_i = \sigma \sqrt{-2\ln u_i} \qquad (5-24)$$

根据瑞利分布的变形公式，随机变量 ξ 又可写成

$$\xi_i = \sqrt{-\ln u_i} \qquad (5-25)$$

这就意味着噪声功率 $\sigma^2 = \dfrac{1}{2}$。显然，根据式(5-13)，如果已知指数分布随机数序列，那么再开方即可获得瑞利分布随机数序列，这就给出了指数分布随机数序列与瑞利分布随机数序列的关系。

众所周知，瑞利分布也是系统仿真中经常用到的概率分布之一，在雷达、通信、导航、信息对抗、C^3I 等系统中，它是最基本也是最主要的统计模型。例如在雷达系统中，线性接收机输出的噪声，低分辨率雷达的海杂波回波，无源干扰中的箔条杂波回波等在幅度上均服从瑞利分布。

例 5.4 利用直接抽样法，获得韦布尔分布随机变量。

假设随机变量 ξ 服从三参量的韦布尔分布

$$f(x) = \frac{a}{b}\left(\frac{x-x_n}{b}\right)^{a-1}\exp\left[-\left(\frac{x-x_n}{b}\right)^a\right], \quad a>0,\ b>0,\ 0 \leqslant x < \infty \qquad (5-26)$$

式中：参量 x_n、a、b 分别称为韦布尔分布的位置参量，形状参量和标度参量。在不考虑位置参量的情况下，韦布尔分布的均值和方差分别为

$$E(x) = b\Gamma\left(\frac{1}{a}+1\right), \quad D(x) = b^2\left[\Gamma\left(\frac{2}{a}+1\right)-\Gamma^2\left(\frac{1}{a}+1\right)\right] \qquad (5-27)$$

式中：$\Gamma(\cdot)$ 为 Γ 函数。由式(5-1)，可写出

$$u = \int_{-\infty}^{\xi} f(x)\,\mathrm{d}x = 1 - \exp\left[-\left(\frac{\xi-x_n}{b}\right)^a\right] \qquad (5-28)$$

最后，得到韦布尔分布随机抽样表达式

$$\xi_i = x_n + b\sqrt[a]{-\ln u_i} \qquad (5-29)$$

从式(5-29)可以看出，要想获得韦布尔分布的随机数序列，首先必须给出参量 x_n、a 和 b。不同的参量又可得到不同的韦布尔分布的随机数序列曲线，从而构成一个韦布尔分布曲线族。

近年来，对韦布尔分布的研究较多，除某些特定的陆地杂波反射及用高分辨率雷达测量时所得到的海杂波反射服从韦布尔分布之外，在电子器件的寿命和系统可靠性研究等方面，韦布尔分布均有广泛应用。

在位置参数 $x_n = 0$，形状参数 $a=2$ 时，韦布尔分布随机抽样表达式(5-29)即是瑞利分布抽样公式；在位置参数 $x_n = 0$，形状参数 $a=1$ 时，韦布尔分布随机抽样表达式(5-29)便是指数分布的抽样公式。从随机变量域也说明瑞利分布和指数分布是韦布尔分布的特例。

上述直接抽样法是一种在系统仿真中得到普遍应用的方法，它可以获得较高的精度，并且这种方法概念清晰、运算直接。然而如上面指出的，在某些情况下，式(5-1)得不到显式解，即求不出积分表达式，故这种方法又受到一定程度的限制。另外，从以上几种分布的抽样公式看，大部分公式中都包括对数运算。我们知道，对数运算要花费许多计算机

时间，这是我们所不希望的。因此，用直接抽样法求出的抽样公式不一定是最好的。从这点出发，也可考虑寻求其他抽样公式。当然，也可研究更好的数值计算方法来提高对数运算的计算速度。

例 5.5　利用直接抽样法，获得 Nakagami m 分布随机变量。

已知，Nakagami m 分布有概率密度函数

$$f(x) = \frac{2m^m x^{2m-1}}{\Gamma(m)\Omega^m} \exp\left(-\frac{mx^2}{\Omega}\right), \quad x \geqslant 0 \tag{5-30}$$

式中：Ω 为 x 的均方值；m 为常数，$m \geqslant \dfrac{1}{2}$，其中包括非整数。

利用直接抽样法

$$u = F(\xi) = \int_{-\infty}^{\xi} f(x) \, \mathrm{d}x = \int_{-\infty}^{\xi} \frac{2m^m x^{2m-1}}{\Gamma(m)\Omega^m} \exp\left(-\frac{mx^2}{\Omega}\right) \mathrm{d}x \tag{5-31}$$

令 $t = \dfrac{mx^2}{\Omega}$，则

$$u = \int_0^{\frac{m\xi^2}{\Omega}} \frac{1}{\Gamma(m)} t^{m-1} \mathrm{e}^{-t} \, \mathrm{d}t \tag{5-32}$$

利用关系式

$$\int_{y_0}^{\infty} \frac{1}{\Gamma(m)} t^{m-1} \mathrm{e}^{-t} \, \mathrm{d}t \tag{5-33}$$

及 $(1-\mu)$ 也是均匀分布的概念，得

$$u_i = \exp\left(-\frac{m\xi_i^2}{\Omega}\right) \sum_{j=1}^{m} \frac{(m\xi_i^2/\Omega)^{j-1}}{\Gamma(j)} \tag{5-34}$$

显然，该式比较复杂，且 m 必须为整数，若要从该式解出随机变量 ξ 的一般表达式是比较困难的，但对于有限的 m 值，它的表达式也并不十分复杂。

当 $m=1$ 时，有

$$u_i = \exp\left(-\frac{\xi_i^2}{\Omega}\right) \tag{5-35}$$

显然，ξ 为瑞利分布

$$\xi_i = \sqrt{-\Omega \ln(1-u_i)} \tag{5-36}$$

当 $m=2$ 时，有

$$u_i = \exp\left(-\frac{2\xi_i^2}{\Omega}\right)\frac{2\xi_i^2}{\Omega} \tag{5-37}$$

取自然对数

$$\ln\mu = \ln\frac{m}{\Omega} + 2\ln\xi - \frac{2\xi^2}{\Omega} \tag{5-38}$$

尽管该式不能给出 ξ 的显式解，但将其制成表格，用起来也是十分方便的。

当 m 值是整数或是 1/2 时，可用如下递推关系产生随机变量：

$$\left.\begin{array}{l} p(a+1, x) = p(a, x) - \dfrac{x^a \mathrm{e}^{-x}}{\Gamma(a+1)} \\[2mm] p(1, x) = 1 - \mathrm{e}^{-x} \end{array}\right\} \tag{5-39}$$

或

$$p\left(\frac{1}{2}, x\right) = \mathrm{erf}(x)$$

$\mathrm{erf}(x)$ 是 x 的误差函数

$$\mathrm{erf}(x) = \frac{2}{\sqrt{\pi}} \int_0^x \mathrm{e}^{-t^2} \, \mathrm{d}t$$

它可以以 10^{-5} 的精度由下式逼近

$$\mathrm{erf}(x) = 1 - (a_1 t + a_2 t^2 + a_3 t^3) \exp(-x^2) \tag{5-40}$$

式中：$t = \dfrac{1}{1 + px}$，$p = 0.470\,47$，$a_1 = 0.348\,024\,2$，$a_2 = -0.095\,879\,8$，$a_3 = 0.747\,855\,6$。

最后，对任意的 m 值，根据下式产生随机变量 R：

$$\left[1 - p\left(\frac{mR^2}{\Omega}, m' - \frac{1}{2}\right)\right]\left[\frac{\omega^2}{2} - \frac{\omega}{2}\right] + \left[1 - p\left(\frac{mR^2}{\Omega}, m'\right)\right][1 - \omega^2]$$

$$+ \left[1 - p\left(\frac{mR^2}{\Omega}, m' + \frac{1}{2}\right)\right]\left[\frac{\omega^2}{2} + \frac{\omega}{2}\right] = u \tag{5-41}$$

式中：m' 是小于 m 的最接近 m 的整数，$\omega = m - m' > 0$。

在通信系统的研究中，经常用 Nakagami m 分布来描述闪烁现象，虽然它是单参量分布，但通过选择 m 值，可用它描述多种经验的或解析的概率密度函数。如果 $m = 0.5$，该分布变为单边高斯分布；$m = 1$，则如前边指出的，变为瑞利分布；如经 $y = x^2$ 的变换，又变成有 $2m$ 自由度的 chi 分布，这时 m 必须为整数。按给定的条件代入式(5-26)，可得到多种分布的表达式。对于不同的 m 值便有不同的 Nakagami m 分布曲线。Nakagami m 分布的 m 值越大，分布曲线就越集中。

5.1.2 近似抽样

正态分布在概率论与数理统计中是一种非常重要的分布，因为自然界中的许多统计现象都服从正态分布。在雷达系统仿真中，正态分布也有着非常重要的地位，因为雷达接收机的内部噪声、雷达的各种测量误差等均服从正态分布，并且还可由正态分布获得指数分布、瑞利分布、韦布尔分布和对数—正态分布等许多非高斯分布表达式，因此可以说正态分布是产生许多非高斯随机变量的基础。

我们知道，要想获得正态分布的随机抽样，利用直接抽样的方法是得不到的，因为利用直接抽样法得不到积分表达式(5-1)的显式解。这时，我们就要考虑采用其他抽样方法了，如近似抽样。

近似抽样又分多种，如统计近似、密度近似等。所谓统计近似，就是根据概率论中的中心极限定理，即服从任何分布规律的数量足够多的随机抽样之和服从正态分布来获得正态分布随机抽样的。所谓密度近似，是利用多项式或其他数学方法产生随机抽样来逼近正态分布的密度函数，要求它与理论分布有较小的误差。

1) 用近似法产生正态分布随机变量

(1) 统计近似法。假设，有 N 个相互独立的随机变量 $u_1, u_2, \cdots, u_N$，它们有相同的分布，其均值 $E(u_i) = m$，方差 $D(u_i) = \sigma^2$，则根据中心极限定理，这 N 个随机变量之和服从高斯分布

$$\lim_{N \to \infty} P \left[a < \frac{\sum\limits_{i=1}^{N} u_i - Nm}{\sqrt{N}\sigma} < b \right] = \frac{1}{\sqrt{2\pi}} \int_a^b e^{-\frac{1}{2}y^2} \, dy \qquad (5-42)$$

式中：$[a, b]$为分布区间。其均值和方差分别为

$$E\left(\sum_{i=1}^{N} u_i\right) = Nm, \qquad D\left(\sum_{i=1}^{N} u_i\right) = N\sigma^2 \qquad (5-43)$$

高斯随机变量为

$$y_j = \frac{\sum\limits_{i=1}^{N} u_i - Nm}{\sigma \sqrt{N}} \qquad (5-44)$$

显然，它是归一化的随机变量。当随机变量 u_i 为$[0, 1]$区间上的均匀分布随机变量时，有

$$x_j = \sum_{i=1}^{N} u_i \qquad (5-45)$$

其均值和方差分别为

$$E(x_j) = \frac{N}{2}, \qquad D(x_j) = \frac{N}{12} \qquad (5-46)$$

有通用的归一化的高斯随机变量表达式

$$y_j = \frac{\sum\limits_{i=1}^{N} u_i - \dfrac{N}{2}}{\sqrt{N/12}} \qquad (5-47)$$

当所要求的高斯分布的均值 $E(y_i) = m_1$，方差 $D(y_j) = \sigma_1^2$，则

$$y_j = \sigma_1 \sqrt{\frac{12}{N}} \left(\sum_{i=1}^{N} u_i - \frac{N}{2} \right) + m_1 \qquad (5-48)$$

通常，均匀分布随机变量 u_i 的数目 N 至少要大于 8。当均匀分布随机变量的数目 $N=12$ 时，式(5-44)则化简为

$$y_j = \sum_{i=1}^{12} u_i - 6 \qquad (5-49)$$

或者

$$y_j = \sum_{i=1}^{6} (u_{2i} - u_{2i-1}) \qquad (5-50)$$

显然，由式(5-49)和式(5-50)产生正态分布随机数序列，在满足一定的精度的情况下，会有较高的运算速度，给运算带来方便。每产生一个正态分布的随机数，最多只需 12 次加法运算或减法运算。需注意的是高斯随机变量 y 的取值范围应是$(-\infty, \infty)$，但这里是$[-6, 6]$。

（2）密度近似法。密度近似法有时能给出较精确的随机抽样，但可能要花费较多的计算机时间。对高斯分布，可按下式构成随机变量：

$$y_i = \frac{x_i}{\sqrt{n}} - \frac{\dfrac{b x_i^2}{\sqrt{n}} - \dfrac{x_i^3}{n\sqrt{n}}}{an} \qquad (5-51)$$

式中：$a=20$，$b=3$，x_i 由式(5-45)给出。此式只要 n 取为 5，随机变量 y_i 就已经很接近正态分布规律了。

如果采用下式：

$$y_i = x_i \left[1 - \frac{\left(\dfrac{x_i^4}{n^2} - \dfrac{cx_i^2}{n} + d \right)a}{bn^2} \right] \tag{5-52}$$

式中：$a=41$，$b=134\ 40$，$c=10$，$d=15$。对此表示式，只要使 $n=2$，就可获得比较满意的结果。

这里再给出一种用 Hasting 有理逼近法产生 $N(0,1)$ 随机抽样的公式

$$y_i = x_i - \frac{a_0 + a_1 x_i + a_2 x_i^2}{1 + b_1 x_i + b_2 x_i^2 + b_3 x_i^3} \tag{5-53}$$

式中

$$
\begin{aligned}
a_0 &= 2.515\ 517 & b_1 &= 1.432\ 788 \\
a_1 &= 0.802\ 853 & b_2 &= 0.189\ 269 \\
a_2 &= 0.010\ 328 & b_3 &= 0.001\ 308
\end{aligned}
$$

利用这种方法所获得的随机抽样，误差小于 10^{-4}，并且均值为零，方差为 1。它的缺点是有太多的乘法运算。

2）利用正态分布随机变量构成其他分布随机变量

（1）产生瑞利分布随机变量。前面介绍了利用均匀分布随机变量直接获得瑞利分布随机变量的的方法。这里介绍在已知正态分布随机变量的情况下，如何获得瑞利分布随机变量的方法。下面将会看到，利用这种方法很容易与莱斯分布，即广义瑞利分布联系起来，这对雷达接收机噪声和信号加噪声的仿真是非常方便的。

众所周知，两个正态分布的随机变量的模服从瑞利分布，因此可以按下述方法获得服从瑞利分布规律的随机变量。

首先，从具有均值为零，方差为 1 的正态分布随机总体中抽取两个随机数 x_i 和 y_i，然后计算 $r_i = \sqrt{x_i^2 + y_i^2}$，随机变量 r_i 即服从瑞利分布，其均值和方差分别为

$$E(x) = \sqrt{\frac{\pi}{2}}, \quad D(x) \approx 0.43 \tag{5-54}$$

（2）产生 χ^2 分布随机数。已经指出，χ^2 分布是一种比较有代表性的分布，很多分布都是它的特例。χ^2 分布的概率密度函数为

$$f_{\chi^2}(x) = \begin{cases} \dfrac{1}{2^{\frac{n}{2}} \Gamma\left(\dfrac{n}{2} \right)} \exp\left(-\dfrac{x}{2} \right) x^{\frac{n}{2}-1}, & x > 0 \\ 0, & x \leqslant 0 \end{cases} \tag{5-55}$$

χ^2 分布分别有均值和方差

$$E(x) = n, \quad D(x) = 2n \tag{5-56}$$

根据正态分布之平方和为 χ^2 分布这一基本原理，可直接获得 χ^2 分布随机变量抽样

$$\xi(n) = \sum_{j=1}^{n} x_j^2 \tag{5-57}$$

式中：x_j 是采样间相互独立的均值为 0，方差为 1 的正态分布随机变量；n 是 χ^2 分布的自由度。由表达式可以看出，自由度 n 是决定该分布的惟一分布参量。

当 $n=2$ 时，

$$\xi_i(2) = x_1^2 + x_2^2 \tag{5-58}$$

显然，它是指数分布。

当 $n=4$ 时，它又是两个指数分布之和的分布。已知，两个指数分布之和的分布为斯威林Ⅲ、Ⅳ型起伏模型

$$f(x) = xe^{-x} \tag{5-59}$$

所以，$n=4$ 时的 χ^2 分布随机变量是在 $\bar{x}=2$ 时的斯威林Ⅲ、Ⅳ型的随机变量，它有概率密度函数

$$f(x, \bar{x}) = \frac{4x}{\bar{x}^2} \exp\left(-\frac{2x}{\bar{x}}\right) \tag{5-60}$$

可以证明斯威林Ⅲ、Ⅳ型起伏模型有随机变量表达式

$$\xi_i = -\frac{\bar{x}}{2}(\ln u_{1i} + \ln u_{2i}) \tag{5-61}$$

式中：u_{1i} 和 u_{2i} 是两个 $[0，1]$ 区间均匀分布随机变量。

从下面的公式我们可以看到，χ^2 分布与 Γ 分布有非常紧密的关系。Γ 分布有概率密度函数

$$f(x) = \frac{\alpha^k x^{k-1} e^{-\alpha x}}{(k-1)!} \tag{5-62}$$

当 $n=2k$ 时，只要令 Γ 分布的参量 $\alpha=1/2$，则两者是一致的，即变成式(5-55)。

从这点上说，Γ 分布比 χ^2 分布更具有代表性，其中 k、λ 为 Γ 分布的参量。

当 $n>30$ 时，我们可以得到一个著名的高斯变量的近似公式

$$z_i = \sqrt{2\chi_n^2} - \sqrt{2n-1} \tag{5-63}$$

于是，我们得到另一个 χ^2 随机变量的抽样公式

$$\xi_i(n > 30) = \chi_n^2 = \frac{(z + \sqrt{2n-1})^2}{2} \tag{5-64}$$

当然，利用正态分布随机变量产生其他分布随机数变量还有许多例子，如广义瑞利分布随机变量、广义指数分布随机变量等，将在后面介绍。

5.1.3　变换抽样

假设随机变量 x 具有密度函数 $f(x)$，新的随机变量 y 与随机变量 x 存在着函数关系 $y=g(x)$，如果 $g(x)$ 的逆函数存在，记作 $g^{-1}(x)=h(y)$，并且具有一阶连续导数，则随机变量 $y=g(x)$ 的概率密度函数为

$$f(y) = f[h(y)] \mid h'(y) \mid \tag{5-65}$$

实际上，这种随机抽样法就是雅可比变换法，通常称做变换抽样。

对于二维情况，有随机向量 (x, y)，其二维联合概率密度函数为 $f(x, y)$，对随机变量 x、y 进行以下变换

$$z_1 = g_1(x, y), \quad z_2 = g_2(x, y) \tag{5-66}$$

并假定 g_1，g_2 的逆函数存在，记作

$$g_1^{-1} = h_1(z_1, z_2), \quad g_2^{-1} = h_2(z_1, z_2) \tag{5-67}$$

同时存在一阶连续导数，如果用 J 表示雅可比行列式，则

$$J = \begin{vmatrix} \dfrac{\partial h_1}{\partial z_1} & \dfrac{\partial h_1}{\partial z_2} \\ \dfrac{\partial h_2}{\partial z_1} & \dfrac{\partial h_2}{\partial z_2} \end{vmatrix} \tag{5-68}$$

且取值不为零，则 z_1 和 z_2 的联合概率密度函数为

$$f(z_1, z_2) = f[h_1, h_2] \,|\, J \,| \tag{5-69}$$

例 5.6　已知随机变量 x 服从正态或高斯分布，其均值 $E(x)=a$，方差 $D(x)=\sigma^2$，有概率密度函数

$$f(x) = \frac{1}{\sqrt{2\pi}\sigma} \exp\left[-\frac{(x-a)^2}{2\sigma^2}\right] \tag{5-70}$$

试利用变换抽样法，获得标准正态分布 $N(0, 1)$ 的随机抽样。

根据变换抽样基本原理，令

$$y = \frac{x-a}{\sigma} = g(x) \tag{5-71}$$

其逆函数为

$$g^{-1}(y) = x = \sigma y + a = h(y) \tag{5-72}$$

式(5-71)的一阶导数

$$h'(y) = \sigma \, \mathrm{d}y = \mathrm{d}x \tag{5-73}$$

则

$$f(y) = \frac{1}{\sqrt{2\pi}\sigma} \exp\left[-\frac{(\sigma y + a - a)^2}{2\sigma^2}\right]\sigma = \frac{1}{\sqrt{2\pi}} \exp\left(-\frac{y^2}{2}\right) \tag{5-74}$$

该式便是标准正态分布的概率密度函数，其随机抽样公式可写成

$$y_i = \frac{x_i - a}{\sigma} \tag{5-75}$$

实际上，这一过程就是雅可比变换过程，而式(5-75)便是其变换函数，它使高斯分布变成均值 $a=0$，方差 $\sigma^2=1$ 的标准正态分布。

例 5.7　利用变换抽样法，由均匀分布随机变量获得指数分布的随机抽样。

已知均匀分布随机变量有密度函数

$$f(x) = \begin{cases} \dfrac{1}{b-a}, & a \leqslant x \leqslant b \\ 0, & \text{其他} \end{cases} \tag{5-76}$$

令

$$g(x) = y = -\frac{1}{\lambda} \ln x \tag{5-77}$$

$$g^{-1}(x) = h(y) = x = \mathrm{e}^{-\lambda y} \tag{5-78}$$

求一阶导数

$$h'(y) = -\lambda \mathrm{e}^{-\lambda y} \, \mathrm{d}y \tag{5-79}$$

由雅可比变换知

$$f(x)\,\mathrm{d}x = f(y)\,\mathrm{d}y$$

故

$$f(y) = f[h(y)]\left|\frac{\mathrm{d}x}{\mathrm{d}y}\right| = \frac{1}{b-a}\lambda\mathrm{e}^{-\lambda y} \tag{5-80}$$

在均匀分布的参量 $b=1$，$a=0$ 时，得

$$f(y) = \lambda\mathrm{e}^{-\lambda y}, \quad \lambda > 0 \tag{5-81}$$

显然，随机抽样公式可写成

$$y_i = -\frac{1}{\lambda}\ln x_i \tag{5-82}$$

此式与直接抽样法所得到的公式是相同的。

　　例 5.8　利用变换抽样法，获得对数—正态分布随机抽样。

　　假设，随机变量 x 服从对数—正态分布

$$f(x) = \frac{1}{\sqrt{2\pi}\sigma_c x}\exp\left[-\frac{1}{2\sigma_c^2}\left(\ln\frac{x}{\mu_c}\right)^2\right] \tag{5-83}$$

对数—正态分布随机变量 x 的均值和方差分别为

$$\left.\begin{aligned}
E(x) &= \exp\left(u_c + \frac{\sigma_c^2}{2}\right) \\
D(x) &= [\exp(2u_c + \sigma_c^2)][\exp(\sigma_c^2) - 1] \\
&= E(x)^2[\exp(\sigma_c^2) - 1]
\end{aligned}\right\} \tag{5-84}$$

　　为了对给定均值和方差的对数—正态随机变量进行仿真，必须先求出对数—正态分布的两个参量

$$\sigma_c^2 = \ln\left[\frac{D(x)}{E(x)^2} + 1\right]$$

$$u_c = \ln(E(x)) - \frac{1}{2}\ln\left[\frac{D(x)}{E(x)^2} + 1\right]$$

这里，先令

$$z = \ln x \tag{5-85}$$

则

$$f(z) = \frac{1}{\sqrt{2\pi}\sigma_c}\exp\left[-\frac{(z - \ln u_c)^2}{2\sigma_c^2}\right] \tag{5-86}$$

经归一化处理

$$f(y) = \frac{1}{\sqrt{2\pi}}\exp\left(-\frac{y^2}{2}\right) \tag{5-87}$$

显然，它是标准正态分布，y 是归一化的随机变量

$$y = \frac{z - \ln u_c}{\sigma_c} \tag{5-88}$$

将 $z = \ln x$ 重新代入上式，则

$$\sigma_c y = \ln x - \ln u_c \tag{5-89}$$

最后得到对数—正态分布的随机抽样表达式

$$x_i = \exp(\sigma_c y_i + \ln u_c) \tag{5-90}$$

只要有关参量已知，并给出正态分布随机抽样 y_i，便可获得对数—正态分布随机抽样。需要指出，这种抽样方法既要进行对数运算，又要进行指数运算，同时又要产生正态分布的随机抽样，计算机的计算时间较长。所以有必要研究更有效的抽样方法和快速算法，以适应雷达仿真的需要。当然，如果所用计算机的速度较高，也可缩短仿真时间。

例 5.9　利用变换抽样法，获得正态分布的随机抽样。

首先假定，x_1 和 x_2 是两个相互独立的标准正态随机变量，其联合概率密度函数

$$f(x_1, x_2) = \frac{1}{2\pi} \exp\left(-\frac{x_1^2 + x_2^2}{2}\right) \tag{5-91}$$

如果考虑变换

$$\left.\begin{array}{l} x_1 = r\cos\theta \\ x_2 = r\sin\theta \end{array}\right\} \tag{5-92}$$

即

$$\left.\begin{array}{l} r = \sqrt{x_1^2 + x_2^2} \\ \theta = \arctan\dfrac{x_2}{x_1} \end{array}\right\} \tag{5-93}$$

则有雅可比行列式

$$J = \begin{vmatrix} \dfrac{\partial x_1}{\partial r} & \dfrac{\partial x_1}{\partial \theta} \\ \dfrac{\partial x_2}{\partial r} & \dfrac{\partial x_2}{\partial \theta} \end{vmatrix} = \begin{vmatrix} \cos\theta & -r\sin\theta \\ \sin\theta & r\cos\theta \end{vmatrix} = r \tag{5-94}$$

得 r, θ 的联合概率密度函数

$$f(r, \theta) = \frac{r}{2\pi} \exp\left(-\frac{r^2}{2}\right) \tag{5-95}$$

显然，θ 是 $[0, 2\pi]$ 区间上的均匀分布随机变量，r 是瑞利分布的随机变量。

当给出两个 $[0, 1]$ 区间上的均匀分布的随机抽样 u_1 和 u_2 时，根据直接抽样的基本原理，有抽样

$$\left.\begin{array}{l} r_i = \sqrt{-2\ln u_{1i}} \\ \theta_i = 2\pi u_{2i} \end{array}\right\} \tag{5-96}$$

最后得到正态分布随机变量的又一种随机抽样公式

$$\left.\begin{array}{l} x_{1i} = \sqrt{-2\ln u_{1i}}\,\cos(2\pi u_{2i}) \\ x_{2i} = \sqrt{-2\ln u_{1i}}\,\sin(2\pi u_{2i}) \end{array}\right\} \tag{5-97}$$

可以证明，式中 x_{1i} 和 x_{2i} 是两个相互独立的高斯随机变量，其均值为零，方差为 1。如果想获得均值为 a，方差为 σ^2 的高斯分布的随机抽样，只要将该随机变量乘上 σ，再加上 a 值便可。尽管这种方法存在运算时间较长的缺点，但在系统仿真中得到了广泛的应用，其原因在于它有较高的精度，并且一次便可得到一对正交高斯随机变量的抽样，这对正交系统的仿真有非常重要的意义。具体应用时，到底选用哪种抽样方法，那就要看在满足精度要求的前提下，哪种抽样方法所用的计算机时间最少。当然，正态分布的随机抽样公式，除了给出的之外，还有其他形式，如果需要可参考有关资料。

另外，根据指数分布和瑞利分布的直接抽样公式及式(5-100)和式(5-101)，还可以写出两个高斯分布随机抽样的变态公式

$$\left.\begin{array}{l} x_{1i} = r_i \cos\theta_i \\ x_{2i} = r_i \sin\theta_i \end{array}\right\} \tag{5-98}$$

和

$$\left.\begin{array}{l} x_{1i} = \sqrt{2x_i}\,\cos\theta_i \\ x_{2i} = \sqrt{2x_i}\,\sin\theta_i \end{array}\right\} \tag{5-99}$$

式中，r_i 是瑞利分布随机抽样，x_i 是指数分布随机抽样，θ_i 是$[0, 2\pi]$区间上的均匀分布随机抽样。于是，就可以将其推广到一般情况，即不管存在着用什么方法产生的瑞利分布和指数分布随机抽样，均可以利用式(5-98)和式(5-99)产生高斯分布的随机抽样，这样就有可能节省计算时间。

这里需要说明，计算正、余弦函数会花费较多计算机的时间，可以利用下面给出的正、余弦计算法得到一组新的抽样公式

$$\left.\begin{array}{l} x_{1i} = V_1 \sqrt{\dfrac{-2\ln R}{R}} \\[3mm] x_{2i} = V_2 \sqrt{\dfrac{-2\ln R}{R}} \end{array}\right\} \tag{5-100}$$

式中：$R = V_1^2 + V_2^2$，$R < 1$；如果 $R \geqslant 1$，舍掉此次结果，去重新计算一组 V_1、V_2，以便计算新的 R 值。其中

$$V_1 = 2u_1 - 1, \quad V_2 = 2u_2 - 1 \tag{5-101}$$

式中：u_1、u_2 均是$[0, 1]$区间上的均匀分布随机序列。

5.1.4 查表法

在进行系统仿真时，所花费的仿真时间是个很重要的指标。它受计算机的运算速度、系统的复杂程度、系统算法、仿真方法、随机变量的产生时间和软件质量等因素所支配。在计算机运算速度、系统的复杂程度、系统算法一定的情况下，产生随机变量所需的时间，特别是非均匀分布随机变量的产生时间，则成了影响仿真时间的主要因素。在某些情况下，宁愿采用某些近似方法牺牲一些精度，也要提高仿真速度。一种比较理想的方法是利用离散分布函数去逼近连续的分布函数，事先将服从某分布的随机序列算好，按表格形式由小到大按一定规律将其存入计算机存储器，需要时，按一定的入口地址，由存储器中取出。因此，这种方法被称为查表法。又由于通常都是用逐段逼近已知分布函数的方法进行近似的，因此有时也称这种方法为逐段逼近法。十年前，这种方法还主要应用在精度要求不高的场合。当前，这种方法已经得到了普遍应用，其原因在于计算机的存储容量提高了几个数量级，为使用这种方法提供了基础。另一个重要原因在于它可以不经任何运算或为了提高精度而又不增加存储容量而只进行少量运算，就可使它的生成速度是其他任何产生随机变量的方法都无法比拟的。它是在雷达仿真中经常采用的一种方法。应当指出，这种方法并不意味着简单地将所产生的所有非均匀分布随机数如百万随机数表一样存入内存，然后按顺序取出应用，而是计算机存储器中的非均匀分布随机数是根据近似关系得到的。下面说明查表法的基本原理。

假设，我们要获得概率密度函数为 $f(x)$ 的随机抽样。如果概率密度函数为 $f(x)$ 的随机变量 ξ 的定义域无界，我们只考虑区间 $[c, d]$ 上的分布。首先，将区间 $[c, d]$ 分成 n 个子区间，则随机变量 ξ 就可表示成以下两个量之和

$$\xi = a_k + \eta_k \tag{5-102}$$

式中：a_k 为第 k 个区间的左边界点，η_k 是个随机变量，它可以在该区间随机取值。

显然，最简单的情况应当是 n 个子区间均具有相同的概率，并且等于 $1/n$。于是，便可依下式得到 a_k 值。

$$\int_{a_k}^{a_{k+1}} f(x) \, \mathrm{d}x = \frac{1}{n} \tag{5-103}$$

在求得各个区间的 $a_k (k = 1, 2, \cdots, n)$ 值之后，按由小到大的顺序排列成一个 a_k 表，存入计算机的存储器中，并且也可以同时存入随机变量 η_k 的概率特征。

图 5-2 给出了计算 a_k 表的示意图。

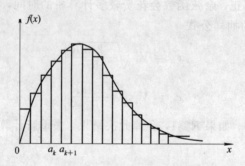

图 5-2　查表法原理示意图

由图 5-2 可以看出，对于这种最简单的情况，随机变量 η_k 在 $[a_k, a_{k+1}]$ 区间是均匀分布的。于是，我们便可得到变换后的随机数

$$x_i = a_k + (a_{k+1} - a_k) u_{i1} \tag{5-104}$$

式中：u_i 为 $[0, 1]$ 区间上的均匀分布随机数。这样，我们便可由均匀分布随机总体中抽取一对随机数 u_{i1}、u_{i2}，用 u_{i2} 的前 m 位作为地址在 a_k 表中读取 a_k 值和其他特征量。

这种方法十分简单，而且计算机运算量小，只有一次加法，两次乘法，因此，运算速度快。这种方法在 n 值不大时是非常方便的，n 一般都选为 2 的整次幂，如 32、64、128 等，即使是小型机也是允许的。在 n 很大时，如 1024、2048 等，有时也采用这种方法，其原因就是在仿真时可以大大地节省计算机的运算时间。从图 5-2 中也可以看出，当 n 很大时，我们完全有理由用 a_k 值作为 x_i 的近似值，因为在区间 $[a_k, a_{k+1}]$ 很小时，区间内的随机数的区别已经很小了，只要直接从 a_k 表中取出当前的 a_k 值就行了。

由图 5-2 曲线可见，当随机变量 ξ 的定义域无限时，最大误差将出现在最后一个增量间隔中，表现为由连续分布函数所得到的随机数往往超过表格中的最大值。减小这种误差的方法主要有：

（1）增加 N 值。

（2）工作中，所得到的表格入口或地址与最后一个间隔相对应时，仍然在这个间隔中采用直接抽样法。尽管在该间隔中增加了运算量，但它是以 $1/N$ 的概率出现的，只要 N 值不是很小，这一事件出现的概率就总是很小的。

（3）采用多级随机数表。当表格入口或地址与最后一个间隔相对应时，便产生一个新的入口，去查另一个随机数表，即二级随机数表，它是将第一个随机数表的最后一个间隔又等分成 N 个间隔，仍然按第一个表的方式产生随机数。于是便得到一个二级随机数表。当然，也可以将这种方法推广到三级、四级，但这种精度的提高是以过多的存储容量为代价的，故应用较少。

（4）根据需要选择 N 值。如在雷达信号的二进制检测时，只要保证最后一个间隔的左边界点在门限电平以上，就会避免而不是减小这个误差。

对于表格的入口，可按以下方法考虑：假定将随机变量 ξ 的定义域等分成 N 个间隔，并令 $N=2^k$，k 即是数码 n 的二进制位数。如果随机数 u 有 m 位，则可通过计算 nu 的整数值来产生该表格的随机入口 K。可通过对随机数 u 的 k 位屏蔽的方法得到 K 值。这种方法速度快。例如，$N=128$，$k=7$，$m=16$，假定随机数的二进制数码 u 为 0.110100011101100，则入口 $K=1101000$，显然，入口为 128 个地址中的 104 号地址，它刚好等于 128 与 0.8125(0.1101000) 之乘积，入口 K 的位数为 k。

5.1.5　选舍抽样

在系统仿真中，另一种经常用到的抽样方法是选舍抽样。它是利用随机抽样是否满足一定的检验条件决定取舍的，故将这种方法称为选舍抽样。这种方法计算简单、灵活方便。下面给出几种常用的选舍抽样方法。

方法 1　假设随机变量 ξ 在有限区间 $[a,b]$ 上取值，且其概率密度函数 $f(x)$ 是有界的，即 $f(x)\leqslant L$，取 $[0,1]$ 区间上的均匀分布随机数 u_1，u_2，并形成 $[0,1]$ 区间和 $[a,b]$ 区间的均匀分布随机数，如果不等式 $Lu_2\leqslant f[a+(b-a)u_1]$ 成立，则随机变量 $\xi=a+(b-a)u_i$ 有概率密度函数 $f(x)$。于是有抽样方法

这种方法的实质在于向边长分别为 L 和 $(b-a)$ 的矩形内随机投点 p，如 p 点在 $f(x)$ 曲线之下，则以该点的横坐标作为随机变量 ξ 的一个抽样，否则，拒绝该点，重新产生一对 $[0,1]$ 区间上的均匀分布随机数 u_1、u_2，重新进行试验。所用选舍抽样方法的好坏通常是用抽样效率衡量的。随机点 p 位于曲线 $f(x)$ 之下的概率，以 E 表示

$$E = p\{Lu_2 \leqslant f[a+(b-a)u_1]\} = \frac{\int_a^b f(x)\,\mathrm{d}x}{(b-a)L} = \frac{1}{(b-a)L} \qquad (5-105)$$

称为选舍抽样方法 1 的抽样效率。其倒数

$$\frac{1}{E} = (b-a)L \qquad (5-106)$$

则表示获得一个随机变量 ξ 的抽样值所需进行的平均试验次数。

这种抽样方法的基本思想见图 5-3，其中图(a)为试验成功的情况，图(b)为试验失败的情况。p 点在 $f(x)$ 曲线之下，$f(\xi)$ 便是一个抽样点，否则重新取一对 $[0,L]$ 区间和

[a，b]区间的随机数，重复以上试验。

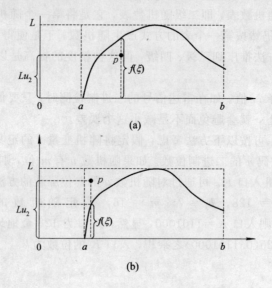

图 5-3 选舍抽样方法基本原理

(a) $Lu_2 \leqslant f(\xi)$，投点成功；(b) $Lu_2 > f(\xi)$，投点失败

例 5.10 设随机变量 ξ 有密度函数

$$f(x) = \frac{12}{(3+2\sqrt{3})\pi}\left(\frac{\pi}{4} + \frac{2\sqrt{3}}{3}\sqrt{1-x^2}\right), \quad 0 \leqslant x \leqslant 1 \tag{5-107}$$

用选舍抽样方法 1，产生 ξ 的随机抽样。

根据式(5-107)知，函数 $f(x)$ 有上确界

$$L = \sup_{0 \leqslant x \leqslant 1} f(x) = \frac{12}{(3+2\sqrt{3})\pi}\left(\frac{\pi}{4} + \frac{2\sqrt{3}}{3}\right) \tag{5-108}$$

然后产生随机数 u_1 和 u_2，得 $u_2 L$ 和 $f(u_2)$。与上述方法不同之处在于这里需对不等式进行整理，最后得 ξ 的随机抽样算法

$$u_1, u_2$$

$$\downarrow$$

$$u_1^2 \leqslant 1 - \frac{3}{4}\left[\left(\frac{\pi}{4} + \frac{2\sqrt{3}}{3}\right)u_2 - \frac{\pi^5}{4}\right]^2 \quad >$$

$$\downarrow \leqslant$$

$$\xi = u_1$$

其中的一些常数可预先计算好，然后再按此方法产生随机变量。抽样效率

$$E = \frac{1}{L} = 0.872 \tag{5-109}$$

方法 2 设随机变量 ξ 有密度函数

$$f(x) = Lh(x)g(x) \tag{5-110}$$

其中，$L > 1$，$0 \leqslant h(x) \leqslant 1$，$g(x)$ 是随机变量 η 的概率密度函数，则随机变量 ξ 的抽样算法如下：

抽样效率 $E=1/L$。其中 u_1 和 u_2 均为 $[0,1]$ 区间上的均匀分布随机数。

例 5.11　用选舍抽样方法 2，产生单边高斯分布随机变量 ξ 的抽样。

假设，随机变量 ξ 服从单边高斯分布

$$f(x)=\begin{cases}\sqrt{\dfrac{2}{\pi}}\exp\left(-\dfrac{x^2}{2}\right), & x\geqslant 0\\ 0, & x<0\end{cases} \tag{5-111}$$

其均值和方差分别为

$$E(x)=\sqrt{\frac{2}{\pi}},\quad D(x)=\frac{\pi-2}{\pi} \tag{5-112}$$

根据选舍抽样方法 2 的基本原理，将概率密度函数 $f(x)$ 分解为

$$f(x)=\sqrt{\frac{2}{\pi}}\exp\left[-\frac{(x-1)^2}{2}\right]\cdot\exp(-x)\cdot e^{\frac{1}{2}}$$

$$=\sqrt{\frac{2e}{\pi}}e^{-\frac{(x-1)^2}{2}}e^{-x} \tag{5-113}$$

其中，$\sqrt{\dfrac{2e}{\pi}}=L$，$e^{-\frac{(x-1)^2}{2}}=h(x)$，$e^{-x}=g(x)$。显然，随机变量 η 有抽样公式

$$\eta=-\ln u \tag{5-114}$$

最后得到随机变量 ξ 的抽样方法

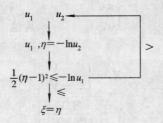

抽样效率

$$E=\sqrt{\frac{\pi}{2e}}=0.760 \tag{5-115}$$

这里顺便指出，由于单边高斯分布不能直接利用直接抽样方法获得单边高斯分布随机数，因此也可考虑利用以下近似公式进行直接抽样

$$f(x)=\sqrt{\frac{\pi}{2}}\frac{4\exp(-ax)}{[1+\exp(-ax)]^2}$$

其中，a 为调节系数。

方法 3　前边通过变换抽样法获得了精确的正态分布随机抽样公式（5-96）和（5-97），其中除开方、对数运算之外，还包含着正弦函数和余弦函数运算。众所周知，在

计算机上实现 $\sin\theta$ 和 $\cos\theta$ 运算开销是很大的，这就要求我们应用快速算法以加快运算速度。这里介绍的选舍抽样方法 3 便可以在一定程度上解决这一问题。

设随机变量 ξ 有密度函数

$$f(x) = L\int_{-\infty}^{h(x)} g(x, y)\,\mathrm{d}y \qquad (5-116)$$

其中，$g(x, y)$ 是随机向量 (x, y) 的联合概率密度函数，$h(x)$ 在 y 的定义域内取值，L 为常数，随机变量 ξ 的抽样过程如下

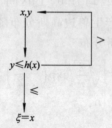

抽样效率

$$E = \frac{1}{L} = \int_{-\infty}^{\infty}\int_{-\infty}^{h(x)} g(x, y)\,\mathrm{d}x\mathrm{d}y \qquad (5-117)$$

当随机变量 x、y 相互独立且分别有密度函数 $g_1(x)$、$g_2(y)$ 时，有

$$f(x) = Lg_1(x)\int_{-\infty}^{h(x)} g_2(y)\,\mathrm{d}y \qquad (5-118)$$

显然，选舍方法 1 和方法 2 是方法 3 在 $g_1(x)$，$g_2(x)$ 为均匀分布时的特例。

例 5.12 在产生正态分布随机变量时，需要产生随机变量 $\eta = \cos 2\pi u$ 等，若直接进行计算，运算量大。若应用选舍抽样方法 3，可得到更快的计算速度。根据变换抽样原理，η 有概率密度函数

$$f(x) = \begin{cases} \dfrac{1}{\pi\sqrt{1-x^2}}, & |x| < 1 \\ 0, & \text{其他} \end{cases} \qquad (5-119)$$

定义随机变量

$$\left.\begin{aligned} X &= \frac{U^2 - V^2}{U^2 + V^2} \\ Y &= \frac{2UV}{U^2 + V^2} \end{aligned}\right\} \qquad (5-120)$$

有联合概率密度函数

$$g(x, y) = \begin{cases} \dfrac{1}{4\sqrt{1-x^2}}, & |x| < 1,\ 0 < y < \dfrac{2}{1+|x|} \\ 0, & \text{其他} \end{cases} \qquad (5-121)$$

于是

$$f(x) = \frac{4}{\pi}\int_{-\infty}^{1} g(x, y)\,\mathrm{d}y \qquad (5-122)$$

最后得到 η 的随机抽样方法

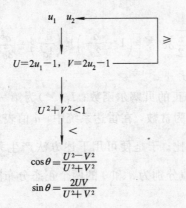

抽样效率

$$E = \frac{1}{L} = \frac{\pi}{4} = 0.7854 \qquad (5-123)$$

5.2　噪声加恒值信号抽样的产生

在雷达信号仿真中，除了要产生各种噪声（如天线噪声、接收机噪声、天电噪声等）、各种杂波（如地物杂波、海洋杂波、气象杂波、仙波等）之外，最有用的还是当存在有用信号时，雷达接收机所输出的随机变量或随机向量。我们感兴趣的是：广义瑞利分布或莱斯分布的随机变量或随机向量；广义指数分布随机变量或随机向量；对数—莱斯随机变量或随机向量；韦布尔—莱斯随机变量或随机向量；混合正态—莱斯随机变量或随机向量；以及目标横截面积服从各种起伏分布时的随机变量，如前面已经给出的斯威林Ⅰ～Ⅳ型的随机变量等。

众所周知，当将雷达的发射信号表示成

$$t(t) = T(t) \sin(\omega_0 t + \varphi) \qquad (5-124)$$

时，接收信号则可表示成

$$v(t) = V(t) \sin(\omega_0 t + \omega_d t + \varphi_1) \qquad (5-125)$$

式（5-124）和式（5-125）中：$T(t)$为发射信号的包络；$V(t)$为接收信号的包络；ω_0为载波频率；ω_d为多普勒角频率；φ为发射信号相位；φ_1为接收信号相位。

由于可以将雷达接收机的高频和中频部分看做是线性的，因此线性检波以后的信号就是所接收信号的包络，而平方律检波器的输出则是所接收信号包络的平方。除多普勒频率之外，回波信号的大部分信息都包含在所接收信号的包络之中。下面主要讨论所接收回波信号的包络。

1. 广义瑞利信号的产生

首先，让我们讨论广义瑞利信号的产生过程。它是将一个恒值信号叠加在两个相互独立的正交高斯随机变量之上，并取其矢量和而构成的。广义瑞利信号也就是所谓的莱斯信号，它有概率密度函数

$$f(r) = \frac{r}{\sigma^2} \exp\left(-\frac{r^2 + a^2}{2\sigma^2}\right) I_0\left(\frac{ar}{\sigma^2}\right) \qquad (5-126)$$

其均值和均方值分别为

$$E(r) = \sqrt{\frac{\pi}{2}}\sigma e^{-\frac{a^2}{4\sigma^2}}\left[\left(1+\frac{a^2}{2\sigma^2}\right)I_0\left(\frac{a^2}{4\sigma^2}\right)+\frac{a^2}{2\sigma^2}I_1\left(\frac{a^2}{4\sigma^2}\right)\right]\right\}$$
$$E(r^2) = 2\sigma^2 + a^2$$
$$(5-127)$$

式中：$I_0(\cdot)$ 为第一类零阶修正的贝塞尔函数；$I_1(\cdot)$ 为第一类一阶修正的贝塞尔函数；σ 为随机变量 r 的分布参数；a 为常数，在雷达系统中，a 值表示接收机的中频信号幅度。

显然，$A=\frac{a}{\sigma}$ 是中频信噪比。于是便可用下述方法产生莱斯分布，即广义瑞利分布随机数。首先，在方差为 1，均值分别为 a 和 0 的两个正态分布随机总体中分别抽取两个随机数 y_i 和 z_i；然后，计算

$$r_i = \sqrt{y_i^2 + z_i^2}$$
$$(5-128)$$

r_i 即服从广义瑞利分布。但要注意，这两个正态随机数序列必须是独立的。当然，上式也可写成

$$r_i = \sqrt{(x_i+a)^2 + y_i^2}$$
$$(5-129)$$

此式看得更清楚，只要 $a=0$，莱斯分布随机数序列 r_i 就变成了瑞利分布随机数序列。这与概念上是一致的。式(5-129)为统计试验提供了方便。仿真时，只要在正态分布随机总体中抽取两个相互独立的均值为零的正态分布随机数 x_i，y_i，再在其中的一个上加个常数 a，便可获得广义瑞利分布随机数，而这个常数本身，在 $\sigma=1$ 时，就是信号噪声比。于是，在进行统计试验时，只要改变常数 a 的数值，就达到了改变信号噪声比的目的，其基本原理如图5-4所示。

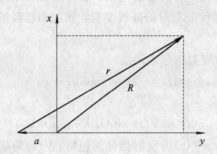

图 5-4　产生莱斯分布随机数示意图

矢量 r 可写成

$$r^2 = a^2 + R^2 - 2aR\cos\theta$$
$$(5-130)$$

在变换抽样一节，我们将要证明，利用变换抽样法可获得复高斯随机变量的抽样

$$x_{1i} = \sqrt{-2\ln u_{1i}}\cos(2\pi u_{2i})\right\}$$
$$x_{2i} = \sqrt{-2\ln u_{1i}}\sin(2\pi u_{2i})$$
$$(5-131)$$

式中：u_{1i}，u_{2i} 均为[0,1]区间上的均匀分布随机数。经适当变换，也可由复高斯随机变量得到广义瑞利分布随机抽样表达式

$$r_i = \sqrt{-2\ln u_{1i} + 2a\sqrt{-2\ln u_{1i}}\cos(2\pi u_{2i}) + a^2}$$
$$(5-132)$$

式(5-132)表明，仿真时也可以直接由均匀分布随机数产生广义瑞利分布随机数，而不必

先求出正态分布随机数。

实际上，对于扫描雷达来说，不同探测周期的回波脉冲信号的幅度是不同的，它是按双向天线方向图加权的，如果用 $A^2G^2(t)$ 表示双向天线方向图函数的话，则式(5-129)可写成

$$r_i = \sqrt{(x_i + A^2G^2(t))^2 + y_i^2} \qquad (5-133)$$

按式(5-133)，除了在计算机上产生所需要的随机变量之外，也可构成莱斯信号硬件产生器，如图 5-5 所示。在对某些雷达终端设备进行仿真和统计研究时，该产生器完全可以作为信号源而取代非相干雷达接收机。

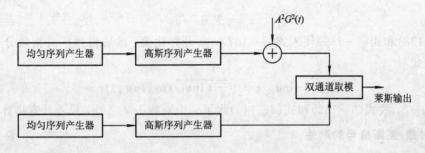

图 5-5　莱斯信号产生器框图

应当指出，A 等于常数是最理想的情况，它适用于无起伏的目标。通常，A 是目标截面积的函数，而目标截面积随目标的空间状态、观察角度等因素而变化。因此，仿真时就必须按目标的起伏特性，求出服从目标起伏规律的随机变量来取代 A 值。当然，这时接收机的输出也就偏离了广义瑞利特性。

在利用这种方法对广义瑞利信号进行仿真时，式(5-132)可能是更方便的方法，因为它不直接涉及高斯随机变量，这对产生一些有比较复杂统计特性的信号包络更有意义。

下面我们假定，已经产生了瑞利随机变量 r_1，然后将信号 r_1 作如下处理：

$$\left.\begin{array}{l} U = r_1 \sin\theta \\ V = r_1 \cos\theta \end{array}\right\} \qquad (5-134)$$

式中：θ 为 $[0, 2\pi]$ 区间上的均匀分布随机变量，则广义瑞利随机变量

$$r = \sqrt{(r_1 \cos\theta + A)^2 + r_1^2 \sin^2\theta} \qquad (5-135)$$

只要将该式展开，我们便会看到，它与进行矢量相加的表达式是一致的。由于这种方法是将瑞利信号 r_1 进行正交分解，即分别乘上 $\sin\theta$ 和 $\cos\theta$，然后再加入信号 A，取模后得到所需信号的，因此称这种方法为正交分解技术，它是用来产生各种杂波或噪声加信号的复合输出的基础。

2. 产生广义指数分布随机数

在雷达系统中，在有信号加噪声存在时，平方律检波器的输出 x 可看做是具有以下概率密度函数的随机变量

$$f(x) = \exp[-(x+s)]I_0(2\sqrt{xs}) \qquad (5-136)$$

此分布称之为广义指数分布。式中 s 是输入信噪比。根据线性检波和平方律检波之间的关系，可直接写出具有式(5-136)概率密度函数的随机变量表达式

$$x = \frac{y^2 + z^2}{2} \tag{5-137}$$

式中：y 是均值为零，方差为 1 的高斯分布随机变量，而 z 是均值为 $\sqrt{2s}$，方差为 1 的高斯分布随机变量，并且两者是相互独立的。两个复高斯随机变量可以满足这一条件，它们可写为

$$\left. \begin{array}{l} T_i = \sqrt{-2 \ln u_{1i}} \, \cos(2\pi u_{2i}) \\[2mm] y_i = \sqrt{-2 \ln u_{1i}} \, \sin(2\pi u_{2i}) \end{array} \right\} \tag{5-138}$$

令

$$z_i = T_i + \sqrt{2s} \tag{5-139}$$

将式(5-138)和式(5-139)代入式(5-137)，展开并化简，最后得到广义指数分布的随机抽样表达式

$$x_i = -\ln u_{1i} + 2 \sqrt{-s \ln u_{1i}} \, \cos(2\pi u_{2i}) + s \tag{5-140}$$

由于 $s = a^2/2$，故式(5-132)和式(5-140)除了一个系数 1/2 之外，只差开方运算。

3. 对数-莱斯信号的产生

对数—莱斯信号是指在对数—正态杂波中加有恒值信号的情况。利用正交分解技术产生这种信号是十分方便的。如果分别以 u、x、y 表示均匀分布、正态分布、对数—正态分布随机数，则可按以下步骤产生对数-莱斯随机变量。

(1) 对对数—正态随机变量进行正交分解，得

$$y_1 = y \cos\theta, \quad y_2 = y \sin\theta \tag{5-141}$$

其中，$\theta = 2\pi u$，$y = e^x$。

(2) 在 y_1 上加入恒值信号 A，取模

$$r = \sqrt{(y \cos\theta + A)^2 + y^2 \sin^2\theta} \tag{5-142}$$

(3) 经整理，得最后结果

$$r = \sqrt{y^2 + A^2 - 2Ay \cos\theta} \tag{5-143}$$

4. 韦布尔-莱斯信号的产生

韦布尔—莱斯信号是指在韦布尔杂波中加有恒值信号的情况。用正交分解法得该变量如下：

$$r = \sqrt{W^2 + A^2 - 2WA \cos\theta} \tag{5-144}$$

式中：W 为韦布尔随机变量，其他符号与以前相同。

5. 混合正态—莱斯信号的产生

混合正态—莱斯分布信号是指在混合正态杂波中加入恒值信号的情况，其产生方法如下：

(1) 产生正态分布随机数 x_i。

(2) 产生混合正态分布随机数

$$s(u_i) = \begin{cases} k\sigma, & u_i \leqslant r \\ \sigma, & u_i > r \end{cases} \tag{5-145}$$

式中：r 为混合系数；k 为两个高斯密度标准差之比。

（3）将混合正态信号进行正交分解，然后在其中之一加上恒值信号

$$X_i = x_i s(u_i) \cos(2\pi + u_i) + A$$

$$Y_i = x_i s(u_i) \sin(2\pi + u_i)$$

式中：x_i 为正态分布随机数；A 为常数，表示恒值信号的幅度。

（4）最后按下式产生混合正态—莱斯分布随机数

$$\xi_i = \sqrt{x_i^2 s^2(u_i) + A^2 - 2A \cos(2\pi u_i) s(u_i)} \tag{5-146}$$

以上各结果均是对线性检波而得到的，如果对平方律检波，只要将各随机变量平方就行了。按这种方法也可获得广义指数分布随机数。

如果所研究的杂波或噪声抽样是相关的，对系统输出的功率谱或相关函数和幅度分布均有要求时，请参见第 6 章相关随机变量的产生。

5.3　某些随机变量的产生方法

本书所涉及的 40 多种随机变量的产生方法，其中一部分已经在前面的例子中介绍过了，其余的将在下面予以介绍。

1. 混合指数（Mixed – Exponential）分布

混合指数分布有概率密度函数

$$f_{ME}(x) = r \exp(-2r\lambda x) + (1-r) \exp(-2(1-r)\lambda x), \quad 0 < r < \frac{1}{2} \tag{5-147}$$

式中：λ 为指数分布参量；r 为混合系数。当 $r=1/2$ 时，混合指数分布就变成了指数分布。

混合指数分布随机变量的产生公式为

$$\xi_i = \begin{cases} -\dfrac{\lambda \ln u_i}{2r}, & u_i < r \\[2mm] -\dfrac{\lambda \ln u_i}{2(1-r)}, & u_i \geqslant r \end{cases} \tag{5-148}$$

式中：u_i 为 $[0,1]$ 区间均匀分布随机数。

2. 混合—正态（Mixed – Normal）分布

混合正态分布有概率密度函数

$$f_{MN}(x) = \frac{1-r}{\sqrt{2\pi}\sigma} \exp\left(-\frac{x^2}{2\sigma^2}\right) + \frac{r}{\sqrt{2\pi}\sigma k} \exp\left(-\frac{x^2}{2\sigma^2 k^2}\right) \tag{5-149}$$

式中：r 为混合系数；k 为两个高斯密度标准差之比。

混合—正态随机变量产生公式为

$$\left. \begin{array}{l} x_i = \sqrt{-2 \ln u_{1i}} \sin(2\pi u_{2i}) s(u_{3i}) \\[2mm] y_i = \sqrt{-2 \ln u_{1i}} \cos(2\pi u_{2i}) s(u_{3i}) \end{array} \right\} \tag{5-150}$$

其中，

$$s(u_{3i}) = \begin{cases} k\sigma, & u_{3i} \leqslant r \\[2mm] \sigma, & u_{3i} > r \end{cases} \tag{5-151}$$

这里，u_{1i}、u_{2i}、u_{3i} 均是 $[0，1]$ 区间上的均匀分布随机数，x_i、y_i 是相互正交的混合—正态分布随机变量。

3. Γ(Gamma)分布

Γ分布有概率密度函数

$$f_\Gamma(x) = \frac{\alpha^k x^{k-1} \mathrm{e}^{-\alpha x}}{(k-1)!}, \quad \alpha > 0, k > 0, x \geqslant 0 \tag{5-152}$$

其均值和方差分别为

$$E(x) = \frac{k}{\alpha}, \quad D(x) = \frac{k}{\alpha^2} \tag{5-153}$$

如果 $k=1$，Γ分布便退化为指数分布。如果 k 是正整数，Γ分布与厄兰分布相同。当 k 增加时，Γ分布渐近高斯分布。

为了产生具有给定均值和方差的 Γ 分布，可以利用下面的公式来确定分布参数

$$\alpha = \frac{E(x)}{D(x)}, \quad k = \frac{E(x)^2}{D(x)} \tag{5-154}$$

由于 Γ 分布的积累分布函数没有显式解，因此必须考虑用其他的方法产生 Γ 分布随机变量。这个问题我们可以通过对 k 个具有期望值为 $1/\alpha$ 的指数分布随机变量取和的方法来实现。指数分布随机变量

$$x_i = -\frac{1}{\alpha} \ln(1 - u_i)$$

或

$$x_i = -\frac{1}{\alpha} \ln u_i$$

于是有

$$x = \sum_{i=1}^k x_i = -\frac{1}{\alpha} \sum_{i=1}^k \ln u_i$$

或者

$$x = -\frac{1}{\alpha} \left(\ln \prod_{i=1}^k u_i \right) \tag{5-155}$$

显然，这就是 k 为整数时的 Γ 分布随机变量。问题是 k 为非整数的情况，没有统计模型可用。我们知道，在参数 $\alpha = 1/2$ 时，χ^2 分布便是 Γ 分布。Γ 分布有均值 $E(x) = 2k$，方差 $D(x) = 4k$。如果 $E(x)$ 是偶数，则 k 是整数，可利用式(5-155)来产生 Γ 变量；如果 $E(x)$ 是奇数，则 $k = E(x)/2 - 1/2$，有产生 Γ 分布随机变量表达式

$$x = -\frac{1}{\alpha} \ln\left(\prod_{i=1}^k u_i \right) + y^2 \tag{5-156}$$

式中：y^2 是均值为 0，方差为 1 的高斯随机变量的平方。

如果 x_i 是均值为 a_i，方差为 $\sigma_i^2 (i=1, 2, \cdots, n)$ 的独立高斯随机变量，则

$$\frac{1}{2}\chi^2 = \sum_{i=1}^n \frac{(x_i - a_i)^2}{2\sigma_i^2} \tag{5-157}$$

服从具有参数 $\alpha = n/2$ 的标准 Γ 分布，有概率密度函数

$$f(y) = \frac{1}{\Gamma\left(\dfrac{n}{2}\right)} e^{-y} y^{\frac{n}{2}-1} \tag{5-158}$$

这里，$y = \chi^2/2$。

4. 贝塔(Beta)分布

贝塔分布有概率密度函数

$$f_{Be}(x) = \frac{(1-x)^{\beta-1} x^{\alpha-1}}{B(\alpha, \beta)} = \frac{\Gamma(\alpha+\beta)(1-x)^{\beta-1} x^{\alpha-1}}{\Gamma(\alpha)\Gamma(\beta)} \tag{5-159}$$

式中：$B(\alpha, \beta)$ 为 Beta 函数

$$B(\alpha, \beta) = \int_0^1 x^{\alpha-1}(1-x)^{\beta-1} \, dx$$

贝塔分布的均值和方差分别为

$$\left.\begin{array}{l} E(x) = \dfrac{\alpha}{\alpha+\beta} \\[3mm] D(x) = \dfrac{\beta E(x)}{(\alpha+\beta)(\alpha+\beta+1)} = \dfrac{\alpha\beta}{(\alpha+\beta)^2(\alpha+\beta+1)} \end{array}\right\} \tag{5-160}$$

我们知道，Beta 分布是两个 Γ 分布随机变量 x_1 和 x_1+x_2 的比值，x_1 和 x_2 是两个相互独立的 Γ 分布随机变量

$$x_1(1, \alpha) = -\ln \prod_{i=1}^{\alpha} u_i, \quad x_2(1, \beta) = -\ln \prod_{i=1}^{\beta} u_i \tag{5-161}$$

则有贝塔分布

$$B(\alpha, \beta) = \frac{x_1(1, \alpha)}{x_1(1, \alpha) + x_2(1, \beta)}, \quad 0 < B(\alpha, \beta) < 1 \tag{5-162}$$

这里顺便指出，如果已知 Beta 分布随机变量 $B(\alpha, \beta)$，则有逆(Inverted)Beta 分布随机变量

$$y = \frac{1 - B(\alpha, \beta)}{B(\alpha, \beta)} \tag{5-163}$$

5. 柯西(Cauchy)分布

柯西分布有概率密度函数

$$f_{Cau}(x) = \frac{1}{\pi(1+x^2)} \tag{5-164}$$

其均值 $E(x)=0$，方差不存在。

随机数产生公式为

$$\xi_i = \tan\left[\pi\left(u_i - \frac{1}{2}\right)\right] \tag{5-165}$$

式中：u_i 为 $[0, 1]$ 区间的均匀分布随机数。

定理：如果随机变量 x 和 y 均为均值为 0，方差为 1 的相互独立的高斯随机变量，则 $z = x/y$ 服从柯西分布，于是又得到另一柯西分布随机变量表达式

$$z = \frac{\displaystyle\sum_{i=1}^{12} u_i - 6}{\displaystyle\sum_{j=1}^{12} u_j - 6} \tag{5-166}$$

如果 b，a 分别为柯西分布的形状和位置参数，则有柯西分布随机变量

$$\xi_i = b \tan\left[\pi\left(u_i - \frac{1}{2}\right)\right] + a \tag{5-167}$$

它对应着概率密度函数

$$f(x) = \frac{1}{\pi\left[b^2 + (x-a)^2\right]} \tag{5-168}$$

6. 拉普拉斯(Laplacian)分布

拉普拉斯分布有概率密度函数

$$f_{\text{La}}(x) = \frac{a}{2} \exp(-a\mid x-m\mid) \tag{5-169}$$

式中：m 为均值；a 为形状参数。

有分布函数

$$F(x) = \begin{cases} \dfrac{1}{2} \exp(-a\mid x-m\mid), & x \leqslant m \\[2mm] 1 - \dfrac{1}{2} \exp(-a\mid x-m\mid), & x > m \end{cases}$$

且有

$$E(x) = m, \quad D(x) = \frac{2}{a^2} \tag{5-170}$$

参数 a 决定了分布曲线尾巴的长短，拉普拉斯分布随机变量常常用来描述冲激型噪声，它们往往出现在甚低频的通信系统中。这里，只考虑 $m=0$，$a=1$ 的情况，即

$$f(x) = \frac{1}{2} \exp(-\mid x\mid) \tag{5-171}$$

由该式可以看出，该分布为双指数分布。我们知道，正指数分布的随机数表达式为 $-\ln u_1$，负指数分布的随机数表达式为 $\ln u_2$，因此有两个相同指数分布随机变量之差服从拉普拉斯分布的结论，最后有

$$\xi_i = \ln\left(\frac{u_{1i}}{u_{2i}}\right) \tag{5-172}$$

式中：u_{1i}、u_{2i} 为 $[0,1]$ 区间的均匀分布随机数。也可以利用分布函数和直接抽样方法得到这一结果。

也可以将式(5-171)写成另外一种形式

$$f(x) = \frac{1}{\sigma_x \sqrt{2}} \exp\left(-\frac{\sqrt{2}\mid x\mid}{\sigma_x}\right) \tag{5-173}$$

该表达式为均值为 0、方差为 σ_x^2 的拉普拉斯分布，在 $\sigma_x = \sqrt{2}/a$ 时，两个表达式是一致的。

下面给出另一种拉普拉斯随机变量的产生方法

$$\xi = \frac{\sigma_x}{2}(x_1 x_2 + x_3 x_4) \tag{5-174}$$

式中：x_1、x_2、x_3、x_4 为四个均值为 0，方差为 1 的相互独立的高斯随机变量。我们知道，如果 x_1、x_2 和 x_3、x_4 分别为两个高斯变量，则平方相加的结果为单边的指数分布，而现在是两两为有正有负的高斯变量，相乘后再相加，形成双边指数变量便是合理的了。

7. 学生 t(Student t)分布

学生 t 分布简称 t 分布，有概率密度函数

$$f_t(x) = \frac{\Gamma\left(\dfrac{n+1}{2}\right)}{\Gamma\left(\dfrac{n}{2}\right)\left[n\pi\left(1+\dfrac{x^2}{n}\right)^{n+1}\right]^{\frac{1}{2}}} \tag{5-175}$$

t 分布有均值和方差

$$E(x) = 0, \quad D(x) = \frac{n}{n-2} \tag{5-176}$$

式中：n 为自由度。

随机变量产生公式为

$$\xi_i = \frac{\zeta_{1i}}{\sqrt{\dfrac{\zeta_{2i}}{n}}} \tag{5-177}$$

式中：ζ_{1i} 为标准正态分布随机变量；ζ_{2i} 为 chi 分布随机变量。

8. 厄兰(Erlang)分布

厄兰分布概率密度函数为

$$f_{Er}(x) = \frac{1}{\Gamma(N)} M^{-N} x^{N-1} \exp\left(-\frac{x}{M}\right), \quad x > 0 \tag{5-178}$$

式中：N 为整数；M 为整数。

如果 $M > 0$，厄兰分布便成为 $\Gamma(N, M)$ 分布。如果随机变量 ζ_1、ζ_2、$\cdots$、ζ_N 服从指数分布，则有

$$\xi_i(N) = \sum_{j=1}^{N} \zeta_j \tag{5-179}$$

服从厄兰分布。于是有随机变量产生公式

$$\xi_i = \sum_{j=1}^{N} \zeta_j = -\sum_{j=1}^{N} \frac{M}{N} \ln u_j \tag{5-180}$$

式中：M/N 是独立指数分布随机变量的均值。

9. 泊松(Poisson)分布

如果事件到达时间间隔服从指数分布 $\exp(-\lambda)$，则单位时间事件所发生的次数便服从泊松分布。泊松分布的概率密度函数为

$$f_{Poi}(k, \lambda) = \frac{\lambda^k}{k!} \exp(-\lambda) \tag{5-181}$$

泊松分布的均值和方差分别为

$$E(x) = \lambda, \quad D(x) = \lambda \tag{5-182}$$

当 $k=0$ 时，$p(0, \lambda) = \exp(-\lambda)$，显然，它是指数分布。

在数学上，泊松分布变量是由以下不等式定义的

$$\sum_{i=0}^{x} t_i \leqslant \lambda < \sum_{i=0}^{x+1} t_i, \quad x = 0, 1, 2, \cdots \tag{5-183}$$

式中：t_i 是指数变量，$t_i = -\ln u_i$，它是具有单位均值的指数随机变量。最后，得到产生服

从泊松分布的随机变量表达式

$$\prod_{i=0}^{k} u_i \geqslant e^{-\lambda} > \prod_{i=0}^{k+1} u_i \qquad (5-184)$$

在给定 $[0,1]$ 区间均匀分布随机数 u_i 后，便可得到满足不等式 $(5-184)$ 的整数 k，则序列 $\{k\}$ 服从泊松分布。

10. 几何(Geometric)分布

在事件 A 第一次出现之前，事件 $\overline{A}$ 发生的次数 N 是一个可能取值为 0、1、2、… 的离散型随机变量，取值为 n 的概率

$$f_{Geo}(x) = pq^x, \quad x = 0, 1, 2, \cdots \qquad (5-185)$$

其积累分布函数 $F(x) = \sum_{i=0}^{x} pq^i$，几何分布的均值和方差分别为

$$E(x) = \frac{q}{p}, \quad D(x) = \frac{q}{p^2} \qquad (5-186)$$

利用直接抽样原理有

$$u = F(x) = 1 - q^{x+1} \qquad (5-187)$$

因为 $1-u$ 与 u 有相同的分布，故有

$$\left. \begin{array}{l} u = q^{x+1} \\ x + 1 = \dfrac{\ln u}{\ln q} \end{array} \right\} \qquad (5-188)$$

最后有

$$x = \left[\frac{\ln u}{\ln q} \right] \qquad (5-189)$$

式中：$[\ ]$ 表示取小于括号内数值的下一个最小整数。

11. 负二项(Negative Binomial)分布

负二项分布概率密度函数为

$$f_{NB}(x) = \binom{k+x-1}{x} p^k q^x, \quad x = 0, 1, 2, \cdots \qquad (5-190)$$

式中：k 为成功次数；x 为 k 次成功出现之前出现的失败次数。

负二项分布的均值和方差分别为

$$E(x) = \frac{kq}{p}, \quad D(x) = \frac{kq}{p^2} \qquad (5-191)$$

当给定均值和方差的时候，就可以得到 p 和 k 值

$$p = \frac{E(x)}{D(x)}, \quad k = \frac{E(x)^2}{D(x) - E(x)}$$

当已知整数 k 时，则可通过对 k 个几何分布之和来得到负二项分布的随机变量

$$\xi_i = \left[\frac{\sum_{j=1}^{k} \ln u_j}{\ln q} \right] \quad \text{或} \quad \xi_i = \left[\frac{\ln\left(\prod_{j=1}^{k} u_j\right)}{\ln q} \right] \qquad (5-192)$$

12. 二项(Binomial)分布

二项分布的概率密度函数为

$$f_{\mathrm{Bi}}(x) = \binom{n}{x} p^x q^{n-x}, \quad x = 0, 1, 2, \cdots \tag{5-193}$$

其中，$\binom{n}{x} = C_n^x$。该式表示，在 n 次独立的统计试验中有 x 次成功和 $n-x$ 次失败的概率。

二项分布的均值和方差分别为

$$E(x) = np, \quad D(x) = npq \tag{5-194}$$

当给定均值和方差的时候，就可以得到 p 和 n 值

$$p = \frac{E(x) - D(x)}{E(x)}, \quad n = \frac{E(x)^2}{E(x) - D(x)}$$

产生二项式分布随机变量的方法很多，最简单的方法是利用贝努利试验的重复性和选舍抽样技术。在已知试验次数 n，成功概率为 p 的情况下，有

$$\xi_i = \begin{cases} \xi_{i-1} + 1, & u_i \leqslant p \\ \xi_{i-1}, & u_i > p \end{cases} \tag{5-195}$$

设 $x_0 = 0$，则 n 次独立试验之后，ξ_i 便服从二项分布。式中，u_i 为 $[0, 1]$ 区间均匀分布随机数。

13. 混合瑞利(Mixed – Rayleigh)分布

混合瑞利分布有概率密度函数

$$f_{\mathrm{MR}}(x) = \frac{rx}{\sigma_1^2} \exp\left(-\frac{x^2}{2\sigma_1^2}\right) + \frac{(1-r)x}{\sigma_2^2} \exp\left(-\frac{x^2}{2\sigma_2^2}\right) \tag{5-196}$$

式中：r 为常数，$r < 1$，它决定了功率分别为 σ_1^2 和 σ_2^2 的两种瑞利分布的比例。如果 $r = 1$，该式便成了标准瑞利分布。

混合瑞利分布随机数的产生方法为：

(1) 首先，产生 $[0, 1]$ 区间上的均匀分布随机数 u_i。

(2) 然后，产生 $\sigma = 1$ 的瑞利分布随机数 $z_i = \sqrt{-2 \ln u_i}$。

(3) 给定 r 值，最后得到服从混合瑞利分布的随机数序列

$$\xi_i = \begin{cases} \sigma_1 z_i, & u_i > r \\ \sigma_2 z_i, & u_i \leqslant r \end{cases} \tag{5-197}$$

显然，r 值决定了随机数序列中功率分别为 σ_1^2 和 σ_2^2 的两种瑞利分布随机数的比例。

14. 皮尔逊(Pearson)分布

皮尔逊分布有概率密度函数

$$f_{\mathrm{Pea}}(x) = k\lambda^k (\lambda + x)^{-(k+1)} \tag{5-198}$$

其积累分布函数为

$$u = F(x) = 1 - \left(\frac{\lambda}{\lambda + x}\right)^k$$

其中，k 和 λ 为皮尔逊分布参量，它与 Γ 分布的参量相同。最后，得到服从皮尔逊分布的随机变量

$$\xi_i = \lambda\left[\left(\frac{1}{u_i}\right)^{\frac{1}{k}} - 1\right] \tag{5-199}$$

式中：u_i 为 $[0, 1]$ 区间上的均匀分布随机数。

15. F 分布

F 分布有概率密度函数

$$f_F(n,m) = \frac{\Gamma\left(\frac{n+m}{2}\right)n^{\frac{n}{2}}m^{\frac{m}{2}}}{\Gamma\left(\frac{n}{2}\right)\Gamma\left(\frac{m}{2}\right)}\frac{x^{\frac{n}{2}-1}}{(m+nx)^{\frac{m+n}{2}}} = \frac{m^{\frac{m}{2}}n^{\frac{n}{2}}x^{\frac{n}{2}-1}}{(m+nx)^{\frac{n+m}{2}}B\left(\frac{n}{2}, \frac{m}{2}\right)} \tag{5-200}$$

其均值和方差分别为

$$\left. \begin{array}{l} E(m, n) = \dfrac{m}{m-2}, \quad m > 2 \\[3mm] D(m, n) = \dfrac{2m^2(m+n-2)}{n(m-2)^2(m-4)}, \quad m > 4 \end{array} \right\} \tag{5-201}$$

根据定义，F 分布是两个高斯随机变量平方和之比的概率分布，或者说，是两个 χ^2 分布的随机变量之比的分布，它们分别有参数 m 和 n。于是有 F 分布的抽样公式

$$x = \frac{\chi_m^2/m}{\chi_n^2/n} \tag{5-202}$$

m 和 n 分别为两个 χ^2 变量的自由度。在利用该分布随机变量时要注意几点：

(1) 随着自由度 m 和 n 的增加，$f_F(m, n)$ 趋于高斯分布。

(2) $f_F(n, m) = \dfrac{1}{f_F(m, n)}$。

(3) 如果随机变量 y 是 $B(m, n)$ 分布，则 $x = \dfrac{ny}{m(1-m)}$ 服从 $F(2m, 2n)$ 分布。

(4) 如果随机变量 y 是 $F(m, n)$ 分布，则 $x = \dfrac{1}{1+(m/n)y}$ 服从 $B\left(\dfrac{m}{2}, \dfrac{n}{2}\right)$ 分布。

16. chi 分布

chi 分布有概率密度函数

$$f_{chi}(x) = \frac{2\left(\dfrac{n}{2}\right)^{\frac{n}{2}}x^{n-1}\exp\left(-\dfrac{n}{2\sigma^2}x^2\right)}{\Gamma\left(\dfrac{n}{2}\right)\sigma^n} \tag{5-203}$$

式中：n 为自由度；σ^2 为高斯分布的方差。

chi 分布有均值和方差分别为

$$\left. \begin{array}{l} E(x) = \dfrac{\sqrt{2}\Gamma\left(\dfrac{n+1}{2}\right)}{\Gamma\left(\dfrac{n}{2}\right)} \\[5mm] D(x) = \sigma^2\left\{\dfrac{2\left[\Gamma\left(\dfrac{n}{2}\right)\Gamma\left(1+\dfrac{n}{2}\right) - \Gamma^2\left(\dfrac{n+1}{2}\right)\right]}{\Gamma^2\left(\dfrac{n}{2}\right)}\right\} \end{array} \right\} \tag{2-204}$$

如果用 z 表示均值为 0，方差为 σ^2 的高斯变量，则有 χ^2 分布的随机变量

$$\chi^2(n, \sigma) = \begin{cases} -2\sigma^2 \ln\Big[\prod\limits_{i=1}^{r} u_i\Big], & r = \dfrac{n}{2}, & n \text{ 为偶数} \\[4mm] -2\sigma^2 \ln\Big[\prod\limits_{i=1}^{r} u_i\Big] + z^2, & r = \dfrac{n-1}{2}, & n \text{ 为奇数} \end{cases} \qquad (5-205)$$

定理：如果随机变量 y 服从 χ^2 分布，用 $\chi^2(n, \sigma)$ 表示，则随机变量 $x = \sqrt{\dfrac{y}{n}}$ 服从具有参数 n、σ 的 chi 分布，如果用 $\mathrm{chi}(n, \sigma)$ 表示，则最后有

$$\mathrm{chi}(n, \sigma) = \sqrt{\dfrac{\chi^2(n, \sigma)}{n}} \qquad (5-206)$$

该表达式说明，chi 分布随机变量是 n 个相互独立的均值为 0，方差为 σ^2 的高斯随机变量平方和的平均，最后再开方的结果。

当 $n=1$ 时，chi 分布变为单边高斯分布式 $(5-111)$；当 $n=2$ 时，变成 $\sigma=1$ 的瑞利分布式 $(5-20)$。

17. Pareto 分布

Pareto 分布有概率密度函数

$$f_{\mathrm{Pa}}(x) = \frac{\alpha}{\beta}\Big(\frac{\beta}{\alpha}\Big)^{\alpha+1} = \frac{\alpha\beta^{\alpha}}{x^{\alpha+1}}, \quad \beta \leqslant x \leqslant \infty \qquad (5-207)$$

有分布函数

$$F_{\mathrm{Pa}}(x) = 1 - \Big(\frac{\beta}{x}\Big)^{\alpha}$$

均值和方差分别为

$$\left.\begin{array}{l} E(x) = \dfrac{\alpha\beta}{\alpha-1}, \quad \alpha > 1 \\[3mm] D(x) = \dfrac{\alpha\beta}{(\alpha-1)^2(\alpha-2)}, \quad \alpha > 2 \end{array}\right\} \qquad (5-208)$$

有随机变量表达式

$$P(\alpha, \beta) = \beta\Big[\frac{1}{1-u}\Big]^{\frac{1}{\alpha}} \qquad (5-209)$$

式中：u 为 $[0, 1]$ 区间上的均匀分布随机数。

如果令 $y=1/x$，式 $(5-207)$ 变成

$$f(y) = \alpha\beta^{\alpha} y^{\alpha-1} \qquad (5-210)$$

该式便是所谓的 Power 分布，其均值、方差和分布函数分别为

$$\left.\begin{array}{l} E(y) = \dfrac{\alpha}{\beta(\alpha+1)} \\[3mm] D(y) = \dfrac{\alpha}{\beta^2(\alpha+1)^2(\alpha+2)} \\[3mm] F(y) = (\beta y)^{\alpha} \end{array}\right\} \qquad (5-211)$$

由分布函数可直接得到随机变量抽样公式

$$P(\alpha, \beta) = \frac{1}{\beta}\big[u(0, 1)\big]^{\frac{1}{\alpha}} \qquad (5-212)$$

18. Logistic 分布

Logistic 分布有概率密度函数

$$f_{\text{Log}}(x) = \frac{\exp\left(-\dfrac{x-\alpha}{\beta}\right)}{\beta\left[1+\exp\left(-\dfrac{x-\alpha}{\beta}\right)\right]^2} \tag{5-213}$$

其中，α 和 β 分别为位置参数和形状参数。

其分布函数为

$$F_{\text{Log}}(x) = \frac{1}{1+e^{-(x-\alpha)/\beta}}$$

均值和方差分别为

$$E(x) = \alpha, \quad D(x) = \frac{\pi^2\beta^2}{3} \approx 3.289\,868\beta^2 \tag{5-214}$$

Logistic 分布随机变量表达式可通过直接抽样法得到

$$L(\alpha, \beta) = \alpha + \beta\ln\left[\frac{u}{1-u}\right] \tag{5-215}$$

式中：u 为 $[0,1]$ 区间上的均匀分布随机数。

第6章　相关雷达杂波的仿真

第5章所讨论的产生随机数的各种方法，是属于随机变量的仿真问题，它们都有一个共同的前提，即相继采样间是相互独立的。实际上，自然界中存在着大量的随机现象，采样总体中的样点间常常是相关的，有的可能在时间上相关，有的可能在空间上相关，有的相关程度大，有的相关程度小。对这些随机现象的仿真实际上会涉及两个概念，这就是所谓的随机过程的仿真和随机矢量的仿真。但对雷达中所遇到的一些随机过程的仿真，只给出指定的谱密度是不够的，还应当给出概率分布。为了叙述方便起见，这里将随机过程的仿真问题看做是随机矢量的仿真问题，即如将随机矢量看成是一个时间序列，则它将被认为是一个随机过程。本章讨论的内容只限定具有指定谱密度和指定概率密度函数的随机矢量或随机序列的仿真。

实际雷达测量表明，许多雷达杂波都是相关的，因此，在雷达杂波仿真中，不仅要考虑杂波的幅度特性，而且也要考虑其相关特性。从技术上讲，雷达杂波仿真的核心是产生满足一定条件的相关序列，具体地说，就是所产生的随机序列必须同时满足幅度分布和功率谱密度或相关函数的要求。通常，同时满足幅度分布和功率谱或相关函数的要求要比一般的随机过程的仿真更困难。

因此，这一章从雷达仿真的角度重点介绍两个方面的内容，一是相关高斯杂波（瑞利型）的产生方法，二是相关非高斯杂波的产生方法，其中包括相关对数—正态杂波、相关韦布尔杂波、相关复合 k 分布杂波和相关学生 t 分布杂波的产生方法。产生相关高斯杂波的问题，实际上是设计一个满足幅度分布和功率谱密度的高斯滤波器的问题。我们知道，一个窄带滤波器对输入信号有双高斯化特性，即是说它的输出信号幅度和功率谱通常都是接近高斯分布的，在设计高斯滤波器的时候，只要适当地控制它们的参数，是可以满足给定要求的。

6.1　相关高斯杂波的仿真

设随机矢量

$$\boldsymbol{\eta} = (\eta_1, \eta_2, \cdots, \eta_n)^{\mathrm{T}} \tag{6-1}$$

它的联合概率密度函数可表示为

$$f = (x_1, x_2, \cdots, x_n) \tag{6-2}$$

如果随机矢量 $\boldsymbol{\eta}$ 的各个分量是相互独立的，则可用于前一章产生随机变量的方法获得独立采样 $\eta_1, \eta_2, \cdots, \eta_n$。这一节仅就雷达仿真中经常用到的高斯随机矢量，即相关高斯杂波来讨论它们的产生方法。

6.1.1　三角变换法

我们知道，一个 n 维的正态分布随机矢量的概率密度函数可表示为

$$f(x_1, x_2, \cdots, x_n) = \frac{1}{(2\pi)^{n/2} \mid M \mid^{\frac{1}{2}}} \exp\left[-\frac{X^{\mathrm{T}} M^{-1} X}{2}\right] \qquad (6-3)$$

式中：$\mid M \mid$ 为 M 的行列式，M 是随机矢量 $\boldsymbol{\eta}$ 的协方差矩阵

$$M = \begin{bmatrix} M_{11} & M_{12} & \cdots & M_{1n} \\ M_{21} & M_{22} & \cdots & M_{2n} \\ \vdots & \vdots & & \vdots \\ M_{n1} & M_{n2} & \cdots & M_{nn} \end{bmatrix} \qquad (6-4)$$

相关系数

$$\lambda_{ij} = \frac{E(x_i x_j) - E(x_i) E(x_j)}{\sigma_i \sigma_j} = \frac{M_{ij}}{\sigma_i \sigma_j} \qquad (6-5)$$

其中

$$M_{ij} = E\left[(x_i - \bar{x}_i)(x_j - \bar{x}_j)\right] \qquad (6-6)$$

其中，$\bar{x}_i$、$\bar{x}_j$ 为随机变量 x_i、x_j 的均值。当 $\bar{x}_i = \bar{x}_j = E(x_i) = E(x_j) = 0$ 和 $\sigma_i = \sigma_j = \sigma = 1$ 时，有 $\lambda_{ij} = M_{ij}$。最后有

$$M = \begin{bmatrix} \lambda_{11} & \lambda_{12} & \cdots & \lambda_{1n} \\ \lambda_{21} & \lambda_{22} & \cdots & \lambda_{2n} \\ \vdots & \vdots & & \vdots \\ \lambda_{n1} & \lambda_{n2} & \cdots & \lambda_{nn} \end{bmatrix} \qquad (6-7)$$

该式说明，均值为零，方差为 1 的正态随机矢量的协方差矩阵的元素为相关系数。在 M 为对称正定矩阵时，相关正态随机矢量 $\boldsymbol{\eta}$ 可由 n 个相互独立的 $N(0,1)$ 随机变量 u 作三角变换得到

$$\boldsymbol{\eta} = Au \qquad (6-8)$$

式中：A 为下三角阵

$$A = \begin{bmatrix} a_{11} & 0 & 0 & \cdots & 0 \\ a_{21} & a_{22} & 0 & \cdots & 0 \\ a_{31} & a_{32} & a_{33} & \cdots & 0 \\ \vdots & \vdots & \vdots & & \vdots \\ a_{n1} & a_{n2} & a_{n3} & \cdots & a_{nn} \end{bmatrix} \qquad (6-9)$$

利用

$$E(u_i u_j) = \begin{cases} 1, & i = j \\ 0, & i \neq j \end{cases} \qquad (6-10)$$

可推得

$$a_{ij} = \frac{\lambda_{ij} - \sum\limits_{k=1}^{j-1} a_{ik} a_{jk}}{\sqrt{\lambda_{jj} - \sum\limits_{k=1}^{j-1} a_{jk}^2}} \qquad (6-11)$$

$$\sum_{k=1}^{0} a_{ik}a_{jk} = 0, \quad 0 < j \leqslant i \leqslant n \tag{6-12}$$

归纳以上结果,得出产生正态随机向量的具体步骤:

首先,根据给定的相关系数 λ_{ij},按式(6-11)和式(6-12)计算下三角阵 $\boldsymbol{A}$ 中的元素 a_{ij};其次,产生 n 个标准高斯 $N(0,1)$ 随机变量,构成一个随机矢量 $\boldsymbol{u}$;最后,按式 (6-8),得随机矢量 $\boldsymbol{\eta}$。

如果 λ_{ij} 是由高斯谱或柯西谱所对应的相关函数的表达式求出的,则随机矢量 $\boldsymbol{\eta}$ 便是具有高斯谱或柯西谱的正态分布随机序列,也就是说,同时满足了功率谱和幅度分布的要求。

例 6.1　对数学期望为零,协方差矩阵为

$$\boldsymbol{M} = \begin{bmatrix} \lambda_{11} & \lambda_{12} & \lambda_{13} \\ \lambda_{21} & \lambda_{22} & \lambda_{23} \\ \lambda_{31} & \lambda_{32} & \lambda_{33} \end{bmatrix}$$

的三维正态随机矢量进行仿真。

首先按式(6-11)和式(6-12)计算 a_{ij},即

$$a_{11} = \sqrt{\lambda_{11}}$$

$$a_{21} = \frac{\lambda_{21}}{a_{11}} = \frac{\lambda_{21}}{\sqrt{\lambda_{11}}}$$

$$a_{22} = \sqrt{\lambda_{22} - a_{21}^2} = \sqrt{\lambda_{22} - \frac{\lambda_{21}^2}{\lambda_{11}}}$$

$$a_{31} = \frac{\lambda_{31}}{\sqrt{\lambda_{11}}}$$

$$a_{32} = \frac{\lambda_{32} - a_{31}a_{21}}{\sqrt{\lambda_{22} - a_{21}^2}} = \frac{\lambda_{32}\lambda_{11} - \lambda_{31}\lambda_{21}}{\sqrt{\lambda_{22}\lambda_{11}^2 - \lambda_{21}^2\lambda_{11})}}$$

$$a_{33} = \sqrt{\lambda_{33} - a_{31}^2 - a_{32}^2} = \sqrt{\lambda_{33} - \frac{\lambda_{31}^2}{\lambda_{11}} - \frac{(\lambda_{32}\lambda_{11} - \lambda_{31}\lambda_{21})^2}{\lambda_{22}\lambda_{11}^2 - \lambda_{21}^2\lambda_{11}}}$$

然后,产生三个均值为零,方差为 1 的高斯分布随机数 u_1、u_2、u_3。最后按式(6-8)得到

$$\eta_1 = a_{11}u_1 = \sqrt{\lambda_{11}}\,u_1$$

$$\eta_2 = a_{21}u_1 + a_{22}u_2 = \frac{\lambda_{21}}{\sqrt{\lambda_{11}}}u_1 + u_2\sqrt{\lambda_{22} - \frac{\lambda_{21}^2}{\lambda_{11}}}$$

$$\eta_3 = a_{31}u_1 + a_{32}u_2 + a_{33}u_3$$

$$= \frac{\lambda_{31}}{\sqrt{\lambda_{11}}}u_1 + \frac{\lambda_{32}\lambda_{11} - \lambda_{31}\lambda_{21}}{\sqrt{\lambda_{22}\lambda_{11}^2 - \lambda_{21}^2\lambda_{11})}}u_2 + \sqrt{\lambda_{33} - \frac{\lambda_{31}^2}{\lambda_{11}} - \frac{(\lambda_{32}\lambda_{11} - \lambda_{31}\lambda_{21})^2}{\lambda_{22}\lambda_{11}^2 - \lambda_{21}^2\lambda_{11}}}\,u_3$$

通过这个例子不难看出这种方法的主要优缺点:

(1) 该方法比较直观,在维数较低时,适用于计算机仿真计算。

(2) 维数较高时,表达式比较复杂,运算量大,所花费的计算机时间长,特别是它包含着矩阵运算。

(3) 系数易于退化,当 η 较大时,在 a_{nn} 附近的值可能很小,几乎趋于零了。

（4）不利于硬件实现。

最后一点是雷达杂波研究者和雷达杂波仿真器设计者非常关心的问题。这就迫使人们去寻找一些更为简便的方法，以便用硬件来产生实验室所需要的雷达杂波仿真设备。

6.1.2　非递归滤波法

这种产生相关高斯杂波的思想是出于这样简单的想法：白噪声通过一个具有高斯响应的非递归滤波器，其输出谱必然是高斯的，并且输出信号具有高斯型概率密度函数。于是，在给定输入白噪声时，产生相关杂波问题便变成了一个综合或设计一个非递归窄带滤波器的问题，通常也将这种滤波器称做高斯滤波器。

1. 非递归滤波法 I

根据以上思想，会很自然地想到图 6-1 所示的网络，该网络可由如下差分方程描述

$$y_n = \frac{x_n + x_{n-1}}{2} \tag{6-13}$$

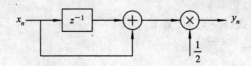

图 6-1　非递归网络 I

其传递函数

$$H(z) = \frac{1 + z^{-1}}{2} \tag{6-14}$$

频率响应

$$H(e^{j\omega T}) = \frac{1 + \cos\omega T + j\,\sin\omega T}{2} \tag{6-15}$$

幅频响应

$$|H(e^{j\omega T})| = \cos\frac{\omega T}{2} \tag{6-16}$$

显然，如果有 N 个这样的网络串联，它的频带宽度将随着 N 的增加而越来越窄。可以证明，当 $N \to \infty$ 时，经一定的变换之后，它收敛于高斯分布而不是 δ 函数。设 N 级网络串联之后的幅频响应为

$$|H_N(e^{j\omega T})| = \cos^N\frac{\omega T}{2} \tag{6-17}$$

令 $T = 2T_1/\sqrt{N}$，则

$$|H_N(e^{j\omega T_1})| = \cos^N\frac{\omega T_1}{\sqrt{N}} \tag{6-18}$$

将式（6-18）按

$$\cos x = \prod_{n=1}^{\infty}\left[1 - \frac{4x^2}{(2n-1)^2\pi^2}\right] \tag{6-19}$$

展成无穷级数

$$| H_N(e^{j\omega T_1}) | = \prod_{n=1}^{\infty} \left[1 + \frac{4\omega^2 T_1^2}{N(2n-1)^2 \pi^2} \right]^N \tag{6-20}$$

取极限

$$H(f) = \lim_{N \to \infty} | H_N(e^{j\omega T_1}) | = \lim_{N \to \infty} \prod_{n=1}^{\infty} \left[1 + \frac{4\omega^2 T_1^2}{N(2n-1)^2 \pi^2} \right]^N \tag{6-21}$$

又由于 $\lim\limits_{x \to 0}(1+kx)^{\frac{1}{x}} = e^k$，其中 $\dfrac{1}{x} = N$，则

$$H(f) = \lim_{x \to 0} \cos^{\frac{1}{x}} \frac{\omega T_1}{\sqrt{1/x}} = \lim_{x \to 0} \prod_{n=1}^{\infty} \left[1 + kx \right]^{\frac{1}{x}} \tag{6-22}$$

式中，$k = -\dfrac{4\omega^2 T_1^2}{(2n-1)^2 \pi^2}$，最后得到

$$H(f) = \prod_{n=1}^{\infty} \exp\left(-\frac{4\omega^2 T_1^2}{(2n-1)^2 \pi^2} \right) = \exp\left(-\frac{4\omega^2 T_1^2}{\pi^2} \right)\left(1 + \frac{1}{3^2} + \frac{1}{5^2} + \cdots \right)$$

$$= \exp\left(-\frac{\omega^2 T_1^2}{2} \right) \tag{6-23}$$

这便是我们所希望的高斯型响应。如果再令

$$T_1^2 = \frac{T_2^2}{16\sigma_f^2 \pi^2} \tag{6-24}$$

那么

$$H(f) = \exp\left(-\frac{f^2 T_2^2}{4\sigma_f^2} \right) \tag{6-25}$$

输出功率谱密度则可写成

$$S_0(f) = | H(f) |^2 S_i(f) = \exp\left(-\frac{f^2 T_2^2}{2\sigma_f^2} \right) \tag{6-26}$$

式中假定输入为白噪声，且有 $S_i(f) = 1$。实际上，对输入噪声的谱来说，并不要求全白，只要在低频部分有均匀的，一定宽度的谱宽，便可以满足要求了。遗憾的是，对高斯型的响应，不能找到一个与它完全对应的滤波器，因此，这种方法是一种近似方法，它的主要优缺点如下：

(1) 直观、简单、运算速度快。

(2) 如果要求精度较高，一般 $N = 20$ 便可给出比较满意的结果。

(3) 在一定范围内，可通过改变 N 值的大小来调整谱宽。

(4) 与递归滤波器相比，暂态过程短。

(5) 便于硬件实现，如果对速度的要求不高，可复用。

2. 非递归滤波法 Ⅱ

这种方法是通过将所希望的网络的频率特性展成付里叶级数的方法求滤波器加权系数的，故称这种方法为付里叶级数展开法。

众所周知，非递归滤波器可由以下差分方程来描述

$$y_n = \sum_{i=0}^{N} a_i x_{n-i}, \quad 0 \leqslant n \leqslant N \tag{6-27}$$

式中：x_{n-i} 表示滤波器的第 $n-i$ 个输入；y_n 表示滤波器的第 n 个输出；a_i 为滤波器加权系数。

滤波器的传递函数可通过 $\mathscr{L}$ 变换求出

$$H(z) = \sum_{i=0}^{N} a_i z^{-i} \qquad (6-28)$$

频率响应为

$$H(e^{j\omega T}) = \sum_{i=0}^{N} a_i e^{-i2\pi fTj} \qquad (6-29)$$

又已知，杂波归一化的高斯谱密度为

$$S(f) = \exp\left(-\frac{f^2}{2\sigma_f^2}\right) \qquad (6-30)$$

希望在输入为白噪声时，有

$$S(f) = |H(f)|^2 \qquad (6-31)$$

显然，所设计滤波器应有高斯响应

$$|H(f)| = \exp\left(-\frac{f^2}{4\sigma_f^2}\right) \qquad (6-32)$$

将其展成付里叶级数

$$|H(f)| = \frac{C_0}{2} + \sum_{n=1}^{N} C_n \cos(2\pi fnT) \qquad (6-33)$$

对式(6-29)取绝对值，根据谱的偶函数特性知，式(6-33)中的 C_n 便等于式(6-29)中的 a_i，即非递归滤波器频率响应的付里叶级数展开式的系数，就是该滤波器的加权系数。由于频率响应是给定的，于是使问题简单了。

为了求系数 C_n，改变变量，将 $H(f) \rightarrow H(t)$ 的付里叶变换写成

$$F(f) = \int_{-\infty}^{\infty} |H(t)| e^{-j2\pi ft} \, dt \qquad (6-34)$$

将式(6-32)代入，得

$$F(f) = 2\sigma_f \sqrt{\pi} e^{-4\sigma_f^2 \pi^2 f^2} \qquad (6-35)$$

当 n 有限时，付里叶级数的系数

$$C_n = T_0 F(nT_0) = 2\sigma_f T_0 \sqrt{\pi} e^{-4\sigma_f^2 \pi^2 n^2 T_0^2} \qquad (6-36)$$

式中：T_0 为采样周期。这样，在高斯谱已知的情况下，非递归滤波器的加权系数 a_i 就由 C_n 完全确定了。

该滤波器的主要特点：

(1) 首先，它具备非递归滤波器的优点，结构简单，运算速度快。

(2) 便于硬件实现，特别适用于雷达模拟器。

(3) 要得到一个较好的响应，N 值应大于 8。

(4) 这种方法对于输出序列的长度没有限制，取决于输入序列的长度。这对雷达系统的性能测试有重要意义，例如对虚警概率进行测试时，应给出足够长的序列，如虚警概率 $P_F = 10^{-6}$ 时，其长度应大于 10^8。

(5) 我们知道描述数字滤波器的差分方程是稳态情况下的差分方程，在输入序列小于它的阶数时，输出序列仍处于暂态期，它们不满足给定的统计特性。因此，在将其用于雷

达模拟器时必须控制暂态输出。

例 6.2　已知杂波功率谱密度为高斯型，且已知谱参数 $\sigma_f = 20$ Hz 及采样频率 $f_0 = 512$ Hz，要求设计一个非递归高斯滤波器，并给出各个系数的数值。

首先，假定在付里叶级数展开式中 $N = 9$，则

$$|H(f)| = \frac{C_0}{2} + \sum_{n=1}^{9} C_n \cos(2\pi n f T_0)$$

经计算，系数 $C_0 \sim C_9$ 的数值给在表 6-1 中。实际上，在表中也给出了 $C_{10} \sim C_{13}$ 的数值，可以看出，$C_{10} \sim C_{13}$ 对频率响应的贡献已经是很小了。

表 6-1　用付里叶级数展开法获得的非递归滤波器的加权系数

C_0	0.138 473	C_7	0.007 235
C_1	0.130 377	C_8	0.002 931
C_2	0.108 822	C_9	0.001 053
C_3	0.080 521	C_{10}	0.003 35
C_4	0.052 818	C_{11}	0.000 095
C_5	0.030 713	C_{12}	0.000 024
C_6	0.015 832	C_{13}	0.000 005
说	(1) $\sigma_f = 20$ Hz		
明	(2) 采样频率 $f_0 = 512$ Hz		

根据此式所计算的功率谱密度曲线与理论值的差异如图 6-2 所示。从图 6-2 可以看出，当 N 取 9 时，所得到的功率谱密度曲线 1 与理论高斯谱模型曲线 2 重合在一起了；当 N 取 3 时，功率谱密度曲线 3 要比理论高斯曲线 2 宽，并且在高端有小的起伏振荡。计算表明，对于当 $N > 8$ 时，再增加谐波次数，效果并不明显，由表 6-1 看到，这是因为系数 $C_{10} \sim C_{13}$ 的贡献太小的原因。

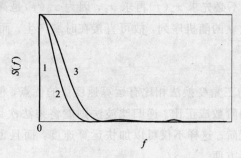

图 6-2　滤波器输出功率谱密度曲线

3. 非递归滤波法 Ⅲ

这种方法通常称作时域褶积法，它是从给定杂波的功率谱密度着手，在时域产生相关序列的。

首先，由功率谱密度 $S(f)$ 求出它的采样值 $\hat{S}_n(f)$。可以证明，离散随机过程的频谱采

样间是相互独立的，于是，便可从线性滤波理论出发，将产生相关高斯随机序列看做是一种离散滤波过程，可得到滤波器的幅频响应的离散值

$$\hat{H}_n(f) = \sqrt{\hat{S}_n(f)} \tag{6-37}$$

显然，它是个实序列。如果以 $\hat{x}_n(f)$ 表示输入高斯白噪声的频谱采样值，则滤波器的输出谱可表示为

$$\hat{y}_n(f) = \hat{x}_n(f) \cdot \hat{H}_n(f) \tag{6-38}$$

这样，就可用离散褶积表示滤波器的输出

$$y_k = x_k * h_k \tag{6-39}$$

式中：x_k、h_k 分别为 $\hat{x}_n(f)$ 和 $\hat{H}_n(f)$ 的付里叶反变换。于是便可以得到产生高斯相关序列的步骤：

(1) 对功率谱 $S(f)$ 进行采样，得 $\hat{S}_n(f)$。

(2) 由 $\hat{S}_n(f)$ 产生滤波器的频率响应序列

$$\hat{H}_n(f) = \sqrt{\hat{S}_n(f)}, \quad n = 0, 1, \cdots, N-1$$

(3) 求付里叶反变换，得滤波器的脉冲响应

$$h_k = \sum_{n=0}^{N-1} \hat{H}_n(f) e^{j2\pi kn/N}, \quad k = 0, 1, \cdots, N-1$$

(4) 在时域产生独立的高斯随机序列 x_k。

(5) 求离散褶积，得输出序列 y_k。

这种方法由于没有规定具体的功率谱密度，因此，在一定程度上，它更具有普遍性。然而，它既要作付里叶变换，又要进行离散褶积运算，所以运算时间比较长。另外，它一次只能产生 N 个采样，或者说 N 维随机矢量。对雷达信号处理情况，它仅适用于批处理的情况。但对高斯过程来说，不必先求 $\hat{x}_n(f)$ 再求 x_k，因为 $\hat{x}_n(f)$ 是高斯的，x_k 必然也是高斯型的，并且在时域是个独立的随机序列，故可直接在时域产生，而不必进行付里叶反变换。

6.1.3 递归滤波法

尽管非递归滤波法与三角变换法相比有运算速度快的优点，但所需要的乘法次数仍然是很多的，它与滤波器的阶数成正比。递归滤波法则能将乘法次数降到最低限度，一般情况下，它的阶数不超过五阶。这样不仅可以加快运算速度，而且也减少了对随机变量的需要量，给硬件仿真带来了方便。

1. 离散线性系统输出功率

由信号谱分析原理知，离散随机信号的功率谱密度是由该离散随机信号的自相关函数的双边 $\mathscr{Z}$ 变换定义的

$$\Phi(z) = \sum_{n=-\infty}^{\infty} \varphi(n) z^{-n} \equiv \mathscr{Z}\{\varphi(n)\} \tag{6-40}$$

而离散随机信号自相关函数

$$\varphi(n) = \lim_{N\to\infty} \frac{1}{2N+1} \sum_{k=-N}^{N} x(k)x(k-n) \qquad (6-41)$$

另外，自相关函数 $\varphi(n)$ 也可由信号的功率谱密度的 $\mathscr{L}$ 反变换求出，即

$$\varphi(n) = \mathscr{L}^{-1}\{\Phi(z)\} = \frac{1}{2\pi\mathrm{j}} \int_{\Gamma} \Phi(z) z^{n-1} \,\mathrm{d}z \qquad (6-42)$$

这与连续随机信号相仿，其功率谱密度与自相关函数一起构成了一个双边 $\mathscr{L}$ 变换对。当 $n=0$ 时

$$\varphi(0) = \lim_{N\to\infty} \frac{1}{2N+1} \sum_{k=-N}^{N} x^2(k) = \overline{x^2} \qquad (6-43)$$

是信号的均方值，即信号功率。如果已知信号的功率谱密度，便可由式（6-42），令 $n=0$，将它求出，即

$$\varphi(0) = \overline{x^2} = \frac{1}{2\pi\mathrm{j}} \int_{\Gamma} \Phi(z) z^{-1} \,\mathrm{d}z = \frac{1}{2\pi\mathrm{j}} \sum_{\Gamma} H(z)H(z^{-1}) z^{-1} \,\mathrm{d}z \qquad (6-44)$$

与此相似，如果把一具有功率谱密度 $\Phi_{\mathrm{in}}(z)$ 的平稳信号 $x(k)$ 加到一个线性系统的输入端，若系统的传递函数为 $H(z)$，则输出信号的功率谱密度

$$\Phi_0(z) = |H(z)|^2 \Phi_{\mathrm{in}}(z) \qquad (6-45)$$

系统的输出功率则为

$$\overline{y^2} = \frac{1}{2\pi\mathrm{j}} \int_{\Gamma} \Phi_0(z) z^{-1} \,\mathrm{d}z \qquad (6-46)$$

值得注意的是，这里是直接对离散随机信号进行讨论的，故分别用 $\Phi(z)$ 和 $\varphi(n)$ 表示功率谱密度和自相关函数，以示与连续情况的区别。

2. 递归滤波法 Ⅰ

这里所要讨论的问题是用数学方法由独立的高斯随机变量产生具有指定相关函数或功率谱的平稳高斯过程的统计总体的有限抽样。这种方法的基本思想是通过计算能将白噪声变成具有指定相关函数 $\varphi(n)$ 的线性数字滤波器的传递函数 $H(z)$，然后利用被表示成递归关系的 $H(z)$，由独立的正态随机序列 u_n 和辅助序列 v_n 计算滤波器的输出序列 y_n，它便是所期望的具有指定相关函数的正态随机变量。

为了产生平稳的随机输出，滤波器必须工作在稳定状态，但滤波器的递归特性及其系统结构决定了它的暂态过程。因此，在利用递归滤波法产生相关高斯序列时，必须对滤波器进行初始化，即使滤波器在某一个初始条件下开始工作，该条件能使波滤器的暂态过程消失。这里是通过 k 个辅助随机变量代替 $n<0$ 的输入随机变量来实现的。这种方法的最大优点是简单，在实际问题中，k 值不超过 3。y_n 的其余值（$n\geqslant k$）可递归计算。

具体步骤如下（假定已知系统输出端功率谱密度或相关函数）：

（1）确定数字滤波器的传递函数 $H(z)$。如果给定滤波器输出端的功率谱，则可通过

$$\Phi(z) = H(z)H(z^{-1}) \qquad (6-47)$$

求出 $H(z)$。当然，也可给定相关函数 $\varphi(n)$，但它必须存在 $\mathscr{L}$ 变换。由于 $H(z)$ 所描述的数字滤波器是稳定的，它的所有极点都在单位圆内，而 $H(z^{-1})$ 的所有极点都处于单位圆之外，因此可通过对 $\Phi(z)$ 进行因式分解并加入适当的极点和零点求出 $H(z)$。

（2）确定脉冲响应 $h(n)$。由数字滤波理论知，脉冲响应 $h(n)$ 与传递函数 $H(z)$ 构成了

一个 $\mathscr{L}$ 变换对。在已知 $H(z)$ 时，可通过 $\mathscr{L}$ 反变换求出 $h(n)$，即

$$h(n) = \frac{1}{2\pi \mathrm{j}} \int_\Gamma H(z) z^{n-1} \, \mathrm{d}z \qquad (6-48)$$

当然，也可以用长除法或泰勒级数展开法求出 $h(n)$。实际上，只要求出 $k-1$ 个值就够用了，这里 k 是滤波器阶数。

（3）确定输出序列 y_n。通常，数字滤波器的输出可表示成输入信号与脉冲响应的褶积

$$y_n = \sum_{m=0}^{\infty} h_m x_{n-m} \qquad (6-49)$$

式中：x_{n-m} 为第 $n-m$ 时刻滤波器的输入信号；h_m 为滤波器的脉冲响应。

由于递归滤波器的脉冲响应是无限的，没有初始化的滤波器存在较长的暂态过程。因此，在实际应用的过程中必须考虑初始化问题。

在 $n=0$ 时，式(6-49)可写成

$$y_0 = \sum_{m=0}^{\infty} h_m x_{-m} = h_0 x_0 + \xi_0 \qquad (6-50)$$

其中，ξ_0 表示时刻 0 及以前的所有输入与脉冲响应的褶积，即

$$\xi_0 = \sum_{m=1}^{\infty} h_m x_{-m} \qquad (6-51)$$

在 $n \leqslant k-1$ 的情况下，通常取

$$y_n = \sum_{m=0}^{n} h_m x_{n-m} + \xi_n \qquad (6-52)$$

其中

$$\xi_n = \sum_{m=n+1}^{\infty} h_m x_{n-m} \qquad (6-53)$$

如果 x_n 的相关函数是已知的，ξ_n 的相关矩阵就确定了，利用该矩阵便可获得 ξ_n，并且它具有所希望的统计特性，可被用来确定滤波器的初始状态。

首先，假定 x_n 是统计独立的，故协方差矩阵中的元素 λ_{00} 可表示成

$$\lambda_{00} = \mathrm{Var}\xi_0 = E\Big[\sum_{m=1}^{\infty} h_m x_{-m} \Big]^2$$

$$= E\Big[\sum_{m=0}^{\infty} h_m x_{-m} - h_0 x_0 \Big]^2$$

$$= \sum_{m=0}^{\infty} h_m^2 - h_0^2 = \varphi(0) - h_0^2 \qquad (6-54)$$

式中：$\varphi(0)$ 是在 $n=0$ 时滤波器输出的自相关函数，即输出均方值。h_0 为 $n=0$ 时刻滤波器的脉冲响应。当然，也可以从 ξ_n 求出相关函数的更一般的表达式

$$\lambda_{ij} = \mathrm{cov}(\xi_i, \xi_j) = E\Big[\sum_{m=1}^{\infty} \sum_{n=1}^{\infty} h_{m+i} h_{n+j} x_{-m} x_{-n} \Big] = \sum_{m=1}^{\infty} h_{m+i} h_{m+j} \qquad (6-55)$$

令 $m+i=k$，在 $m=1$ 时，$k=i+1$，则

$$\lambda_{ij} = \sum_{k=i+1}^{\infty} h_k h_{k+j-i} = \sum_{k=i+1}^{\infty} h_k h_{k+j-i} + \sum_{k=0}^{i} h_k h_{k+j-i} - \sum_{k=0}^{i} h_k h_{k+j-i}$$

$$= \sum_{k=0}^{\infty} h_k h_{k+j-i} - \sum_{k=0}^{i} h_k h_{k+j-i} = \varphi(j-i) - \sum_{m=0}^{i} h_m h_{m+j-i} \qquad (6-56)$$

于是，便确定了 ξ_n 的协方差矩阵。显然，式(6-56)中 $i=j=0$ 时，便可得到式(6-54)。

在协方差矩阵确定之后，ξ_n 的采样值便可通过 k 个辅助的独立高斯变量 v_i 作线性变换得到。为方便起见，这里以 i 代替 n，则

$$\xi_i = \sum_{j=0}^{i} a_{ij} v_j \tag{6-57}$$

只要将其展开，就会看到它与作三角变换是一致的，a_{ij} 便是三角矩阵中的元素。它可按式(6-11)得到

$$\left.\begin{array}{ll} a_{00} = \sqrt{\lambda_{00}}, & a_{11} = \sqrt{\lambda_{11} - a_{10}^2} \\[2mm] a_{10} = \dfrac{\lambda_{10}}{a_{00}}, & a_{21} = \dfrac{\lambda_{21} - a_{10} a_{20}}{a_{11}} \\[2mm] a_{20} = \dfrac{\lambda_{20}}{a_{00}}, & a_{22} = \sqrt{\lambda_{22} - a_{20}^2 - a_{21}^2} \end{array}\right\} \tag{6-58}$$

这里只给出了 $k \leqslant 3$ 的 a_{ij} 值。值得注意的是，这里三角阵 $\boldsymbol{A}$ 中的第一个元素下标是 00。

在具备以上条件之后，便可确定 $n \geqslant k$ 的情况下的输出序列 y_n 了。已知滤波器的传递函数可写作

$$H(z) = \frac{Y(z)}{U(z)} = \frac{a_0 + a_1 z^{-1} + \cdots + a_k z^{-k}}{1 + b_1 z^{-1} + \cdots + b_k z^{-k}} \tag{6-59}$$

其差分方程

$$y_n = -b_1 y_{n-1} - \cdots - b_k y_{n-k} + a_0 u_n + \cdots + a_k u_{n-k} \tag{6-60}$$

这便是在初始条件确定之后的递推公式。

例 6.3 已知雷达杂波有以下相关特性：相关函数为 $\varphi(\tau) = e^{-a|\tau|}$，相应的采样函数为 $\varphi(n)$，求产生该杂波的递推表示式。

显然，该杂波是具有柯西谱的随机过程，它的谱密度可通过查表或分别通过对 $n \geqslant 0$ 和 $n < 0$ 的各部分的各自的 $\mathcal{L}$ 变换之和来得到，令 $A = e^{-aT}$，则

$$\Phi(z) = \frac{1}{1 - A z^{-1}} + \frac{1}{1 - A z} - 1 = \frac{\sqrt{1 - A^2}}{1 - A z^{-1}} \frac{\sqrt{1 - A^2}}{1 - A z}$$

这可由 $\varphi(n)$ 的双边 $\mathcal{L}$ 变换

$$\Phi(z) = \sum_{n=-\infty}^{0} \varphi(n) z^{-n} + \sum_{n=0}^{\infty} \varphi(n) z^{-n} - \varphi(0)$$

得到证明。故有

$$H(z) = \frac{\sqrt{1 - A^2}}{1 - A z^{-1}}$$

并且可以得到脉冲响应

$$h_n = \sqrt{1 - A^2} A^n$$

和

$$h_0 = \sqrt{1 - A^2}$$

由式(6-54)和式(6-58)，得

$$a_{00} = \sqrt{\varphi(0) - h_0^2} = A$$

由式(6-57)，得

$$\xi_0 = a_{00}v_0 = Av_0$$

由式(6-50)，得

$$y_0 = h_0 x_0 + \xi_0 = \sqrt{1-A^2}\, u_0 + Av_0$$

式中：u_0 为零均值，单位方差的独立高斯随机序列；v_0 为零均值，单位方差的独立高斯随机变量的辅助抽样集合。

最后便可得到输出序列的一般表达式

$$y_n = \sqrt{1-A^2}\, u_n + Ay_{n-1}$$

这样，在已知 y_0 的情况下，便可迭代运算了。由这个例子可以看到，对于一个一阶的系统，只需要一个初始值。下面我们看一个二阶系统。

例 6.4　已知

$$\Phi(z) = \frac{64z^2}{8z^4 + 54z^3 + 101z^2 + 54z + 8}$$

经分解，得传递函数

$$H(z) = \frac{1}{\left(z+\dfrac{1}{2}\right)\left(z+\dfrac{1}{4}\right)} = \frac{1}{1 + 0.75z^{-1} + 0.125z^{-2}}$$

用长除法得

$$h_0 = 1, \quad h_1 = -0.75$$

并求得

$$\varphi(0) = \frac{64}{35}, \quad \varphi(1) = -\frac{128}{105}$$

于是，由式(6-55)和式(6-58)有

$$\lambda_{00} = \frac{29}{35}, \quad \lambda_{10} = -\frac{197}{420}, \quad \lambda_{11} = \frac{143}{560}$$

$$a_{00} = 0.91, \quad a_{10} = -0.515, \quad a_{11} = 0.023$$

对一个二阶系统必须求出两个初始值 y_0 和 y_1，即

$$y_0 = u_0 + 0.91v_0$$
$$y_1 = h_0 u_1 + h_1 u_0 + \xi_1$$
$$= u_1 - 0.75u_0 - 0.515v_0 + 0.023v_1$$

最后得到通用差分方程

$$y_n = u_n - 0.75y_{n-1} - 0.125y_{n-2}$$

以此类推，对于 k 阶系统，需要 k 个初始值。

从以上两个例子可以看到这种方法的优点，但它也有局限性，就是相关函数无 $\mathscr{L}$ 变换时，就不能应用此种方法。尽管如此，这种方法仍有可以借鉴的地方，如初始化问题，是很有实际意义的。对任何递归滤波器，都必须考虑这一问题。

3. 递归滤波法 Ⅱ

下面来讨论根据全极型谱产生相关正态杂波的方法，最终也可将其归结为设计一个线性滤波器的问题，只是它的频率响应与前者不同。

　　这种方法的出发点在于，首先找到一个能够满足全极型谱要求的模拟滤波器，然后利用某些方法将其变为相对应的数字滤波器。根据杂波谱特性知，按全极型谱设计数字滤波器时，必须满足

$$| H(j\omega_c) |^2 = \frac{1}{2} | H(0) |^2 \tag{6-61}$$

即频率 $\omega = \omega_c$ 时，其响应下降 3 dB。在模拟滤波器的设计中，传递函数通常可表示成

$$H(s) = \frac{Y(s)}{X(s)} \tag{6-62}$$

式中：$Y(s)$、$X(s)$ 分别表示系统输入信号和输出信号的拉普拉斯变换，它们均是具有实系数的复变量多项式。在输入白噪声的情况下，系统输出谱密度应当满足关系式

$$| H(j\omega) |^2 = \frac{1}{1 + \left(\dfrac{\omega}{\omega_c}\right)^n} \tag{6-63}$$

并且应使极点的数目大于零点的数目，以便使滤波器高频端的响应近似为零，但极点的数目也不要比零点的数目大得太多，否则将使滤波器的响应随着频率的增加下降得过快。一般情况下，不要使极点的数目比零点的数目多两个以上。尽管为了得到一个较好的脉冲响应对滤波器存在这些限制，但仍有多种类型的滤波器可供选择，其中之一便是经常用到的二阶系统，它有传递函数

$$H(s) = \frac{\omega_p}{(s - \omega_p e^{j\theta})(s - \omega_p e^{-j\theta})} \tag{6-64}$$

它的两个极点分别在 $s = \omega_p e^{\pm j\theta}$ 处。显然要使这个滤波器稳定，必须满足 $\omega_p > 0$，并且这两个极点必须在 s 平面的左半平面，即 $90° < \theta < 270°$。

　　根据式(6-63)和式(6-64)，得到

$$\omega_c = \omega_p \sqrt{-\cos(2\theta) + \sqrt{1 + \cos^2(2\theta)}} \tag{6-65}$$

或

$$\omega_p = \omega_c \sqrt{\cos(2\theta) + \sqrt{1 + \cos^2(2\theta)}} \tag{6-66}$$

这样，便可根据脉冲响应不变法，直接得到该滤波器的数字等效网络的传递函数

$$H(z) = \frac{\beta z^{-1}}{1 - \alpha_1 z^{-1} + \alpha_2 z^{-2}} \tag{6-67}$$

式中：β 为滤波器的增益常数，通过它可调节滤波器输出信号的大小；α_1、α_2 为滤波器的加权系数。

　　可以证明，加权系数 α_1 和 α_2 分别为

$$\alpha_1 = 2e^{\omega_p T \cos\theta} \cos(\omega_p T \sin\theta) \tag{6-68}$$

$$\alpha_2 = e^{2\omega_p T \cos\theta} \tag{6-69}$$

式中：T 为采样周期。该滤波器的直流增益和功率增益分别为

$$C = \frac{1}{1 - \alpha_1 + \alpha_2} \tag{6-70}$$

$$G^2 = \sum_{k=0}^{\infty} h_k^2 = \frac{1}{2\pi j} \int_\Gamma H(z) H(z^{-1}) z^{-1} \, dz \tag{6-71}$$

于是，便可以写出描述该滤波器的差分方程

$$y_n = \beta\left(x_{n-1} - \frac{\alpha_1}{\beta}y_{n-1} + \frac{\alpha_2}{\beta}y_{n-2}\right) \tag{6-72}$$

滤波器结构示于图6-3。于是，在给定输入信号时，就可在计算机上进行迭代运算了。当然，必须给定能使滤波器初始化的初始值。

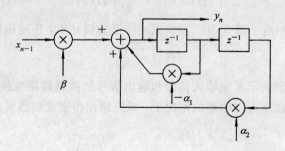

图6-3　由脉冲响应不变法得到的数字网络

根据数字滤波原理，模拟滤波器所对应的数字网络并不是惟一的，除了脉冲响应不变法之外，还可以利用双线性变换来设计数字滤波器。为了与前边的脉冲响应不变法有所区别，这里将二阶网络的传递函数写成

$$H(s) = \frac{\omega_g^2}{(s - \omega_g e^{j\theta})(s - \omega_g e^{-j\theta})}$$

根据双线性变换原理，令

$$\omega_g = \frac{2}{T}\tan\left(\frac{\omega_p T}{2}\right)$$

则可得到数字滤波器的传递函数

$$H(z) = \frac{\beta(1 - 2z^{-1} + z^{-2})}{1 - \alpha_1' z^{-1} + \alpha_2' z^{-2}}$$

其中

$$\alpha_1' = \frac{8 - 2\omega_g^2 T^2}{4 - 4\omega_g T \cos\theta + \omega_g^2 T^2}$$

$$\alpha_2' = \frac{4 + 4\omega_g T \cos\theta + \omega_g^2 T^2}{4 - 4T\omega_g \cos\theta + \omega_g^2 T^2}$$

通常，选择β，使$H(1)=1$。计算表明，在$\theta=152° \sim 160°$之间，利用双线性变换法都能给出比较好的近似。其差分方程为

$$\begin{cases} y_n = \beta(\omega_n - 2\omega_{n-1} + \omega_{n-2}) \\ \omega_n = x_n - \alpha_1' \omega_{n-1} + \alpha_2' \omega_{n-2} \end{cases}$$

其结构见图6-4。

为方便起见，这里引入了中间变量ω_n，当然也可以写成一个方程。如果把用两种方法所获得的线性滤波器的频率特性进行比较，就会发现两种方法都能给出较好的近似，但在高频端，与双线性变换法相比，用脉冲响应不变法所得到的响应与模型拟合得更好，这主要是由于双线性变换法在变换过程中引入了零点的缘故。

另一种可供选择的滤波器为一阶网络，其传递函数可表示为

$$H(s) = \frac{\omega_p}{s + \omega_p} \tag{6-73}$$

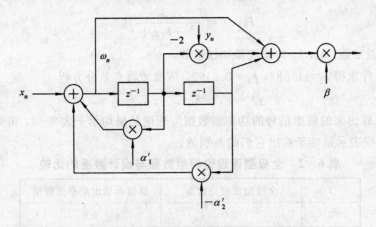

图 6 - 4　用双线性变换得到的数字网络

它在 $s = -\omega_p$ 处有一个极点。根据全极型谱的特点，解得 $\omega_p = \omega_c$。仍然可以用脉冲响应不变法和双线性变换法得到其对应的数字网络的传递函数。

用脉冲响应不变法得到的传递函数

$$H(z) = \frac{\beta}{1 - \alpha z^{-1}} \tag{6-74}$$

其中，$\alpha = e^{-\omega_p T}$，β 为增益常数。显然，它与例 6.3 有相同的结果。

用双线性变换法得到的传递函数

$$H(z) = \frac{\beta(1 + z^{-1})}{1 - \alpha' z^{-1}} \tag{6-75}$$

其中

$$\alpha' = \frac{2 - \omega_g T}{2 + \omega_g T} \tag{6-76}$$

　　根据传递函数可以写出用于计算机仿真的差分方程。如果要求输出序列很长，对一阶系统，可用其输出的均值作为滤波器的初始条件进行迭代运算，因为对于一阶系统只要求一个初始值。

　　在利用式(6-63)设计线性滤波器时，可以直接利用巴特沃思滤波器，因为它是一个全极型滤波器。在式(6-63)中，如果 $n = 2, 4 \cdots$，即为偶数时，全极型谱模型与巴特沃思滤波器的原型完全一致，这样，便又增加了一种设计该种线性滤波器的方法。

　　众所周知，巴特沃思滤波器是由增益函数的平方描述的

$$|H(\mathrm{j}\omega)|^2 = \frac{1}{1 + \left(\dfrac{\omega}{\omega_c}\right)^{2m}} \tag{6-77}$$

当 $m = 2$ 时，即是全极型谱 $n = 4$ 的情况；当 $m = 1$ 时，即是柯西谱的情况。

　　例 6.5　已知采样频率 $f_0 = \dfrac{1}{T} = 500$ Hz，$\sigma_f = 20$ Hz，试设计一个具有巴特沃思特性的数字滤波器。

　　经计算，巴特沃思滤波器有传递函数

$$H(z) = \frac{k}{z^2 - k_1 z + k_2}$$

式中: k 为增益常数; k_1、k_2 为滤波器加权系数。

按已知条件求得 $k_1 = 1.527$, $k_2 = 0.6192$。该滤波器有差分方程

$$y_n = x_n + k_1 y_{n-1} - k_2 y_{n-2}$$

由该滤波器计算出来的输出信号的功率谱数据与理论结果均示于表 6-2, 可见两者相当一致, 如果用曲线表示是难于看出它们的差别的。

表 6-2　全极型谱理论模型数据与设计数据的比较

f	全极型谱理论数据	滤波器输出功率谱数据
0	1.0	1.0
10	0.9510	0.9412
20	0.5000	0.5000
30	0.1645	0.1649
40	0.059 87	0.058 82
50	0.026 50	0.024 96

6.2　产生相关随机变量的一般方法

在雷达和其他电子信息系统仿真中所用到的相关随机序列既可以在时域产生, 也可以在频域产生。在某些情况下, 在频域产生可能更方便, 因为它不受或很少受许多数学问题能否求解的限制。只要已知功率谱密度, 便可以得到相关随机序列, 这是因为在对相关过程的研究中, 有时只对功率谱密度有要求, 而不管它具体服从什么分布。实际上, 如果把一个 N 维的随机矢量看成是一个随机时间序列的话, 这便是最普通的根据给定功率谱进行随机过程的仿真问题。在某种意义上说, 它更具有一般性。众所周知, 有限离散时间信号的功率谱密度和相关函数可由离散付里叶变换定义

$$\hat{S}_n = \frac{1}{N} \sum_{m=0}^{N-1} R_m e^{-j2\pi mn/N}, \quad m = 0, 1, \cdots, N-1 \tag{6-78}$$

$$R_m = \sum_{n=0}^{N-1} \hat{S}_n e^{j2\pi mn/N}, \quad n = 0, 1, \cdots, N-1 \tag{6-79}$$

式中: $\hat{S}_n$、R_m 分别表示信号的功率谱密度和相关函数。功率谱密度 $\hat{S}_n$ 也可用离散随机信号的频谱来表示

$$\hat{S}_n = \overline{|\hat{x}_n|^2} \tag{6-80}$$

式中: $\hat{x}_n$ 是离散随机信号的频谱。如果以 x_k 表示离散随机信号, 则两者也是由离散付里叶变换联系起来的

$$\hat{x}_n = \frac{1}{N} \sum_{k=0}^{N-1} x_k e^{-j2\pi kn/N}, \quad n = 0, 1, \cdots, N-1 \tag{6-81}$$

$$x_k = \sum_{n=0}^{N-1} \hat{x}_n e^{j2\pi kn/N}, \quad k = 0, 1, \cdots, N-1 \qquad (6-82)$$

前面已经指出，离散随机信号的频谱采样间是相互独立的，即

$$\overline{\hat{x}_m \hat{x}_n^*} = \begin{cases} \dfrac{1}{N}\sum_{n=0}^{N-1} R_n e^{-j2\pi mn/N}, & m = n \\ 0, & \text{其他} \end{cases} \qquad (6-83)$$

式中：R_n 表示离散随机过程的自相关函数，$*$ 表示复共轭。这一事实，则允许人们将 $\sqrt{\hat{S}_n}$ 加上一个 $[0, 2\pi]$ 区间上均匀分布的随机相位因子，为产生相关随机序列提供了方便。因为在由信号的频谱求功率谱时，由于取模的原因，去掉了一个任意的相位因子，故在由功率谱恢复信号谱时，必须将其重新加上，这样才能反映实际情况。于是，便可由以上分析，产生相关随机序列。

（1）对功率谱进行采样，得序列 $\{\hat{S}_n\}$。

（2）产生独立的 $[0, 2\pi]$ 区间均匀分布的随机相位矢量序列 $\{\xi_n\}$，其总体平均功率等于 1，即 $\overline{|\xi_n|^2} = 1$。

（3）然后，给每个随机相位矢量乘以比例系数，得

$$\hat{x}_n = \xi_n \sqrt{\hat{S}_n}$$

（4）最后取逆离散付里叶变换，得相关随机序列

$$x_k = \frac{1}{N}\sum_{n=0}^{N-1} \hat{x}_n e^{j2\pi kn/N}, \quad k = 0, 1, \cdots, N-1$$

这种方法的一个很重要的特点是，不受信号幅度分布的限制，其每隔 N 次采样重复一次。由于是由付里叶变换产生的，故有较高的旁瓣电平。

这里需要指出的是，分析中没有说明样点数 N 如何选择的问题。由于所考虑的是在时域和频域中都是周期性的重复过程，因此其自相关函数也必定是每隔 N 次采样重复一次。为了保证重复分量不产生混叠，必须满足 $N \geqslant 2N_c$，N_c 是相关时间 T_c 内的采样点数，同时要保证序列的最大长度 N_e 小于 N 与 N_c 之差，即 $N \geqslant N_c + N_e$，因此，N 的选择原则可写作 $N \geqslant 2\max(N_c, N_e)$，在某些情况下，采用该式可能更方便。

6.3　非高斯相关杂波的仿真

前边介绍的都是产生相关高斯随机变量的方法，这主要是因为自然界中存在的大量现象都具有相关高斯特性。实际上，自然界中除了相关高斯变量之外，还存在着另一类相关随机变量，这里我们统称其为非高斯相关随机变量，如相关指数变量、相关瑞利变量、相关莱斯变量、相关对数—正态变量、相关韦布尔变量和相关 k 变量等。多年来，在雷达、声纳等电磁环境的研究中，如扩展杂波模型，都是以相关高斯分布为基础的，然而随着雷达的距离和方位分辨率的提高，地面、海洋回波的大幅度的反射信号相对地增多了，以致使它们的分布规律呈大"尾巴"特性。根据测量结果，进行数据处理及曲线拟合表明，它们有着相关对数—正态分布、相关韦布尔分布和相关复合 k 分布特性。因此，对非高斯相关随

机变量的研究，对雷达的研究和设计人员来说更具有吸引力，并且韦布尔分布又是一个覆盖很宽的分布族。韦布尔分布包括了瑞利分布和指数分布规律。

产生非高斯分布相关序列的基本要求是，所产生的非高斯随机序列必须同时满足幅度分布和相关特性的要求。当前，在众多的方法中最具代表性的方法有两种：

（1）无记忆非线性变换法，简称为 ZMNL 法。

（2）球不变随机过程法，简称为 SIRP 法，或球不变随机矢量法，简称为 SIRV 法。

无记忆非线性变换法原理如图 6-5 所示。

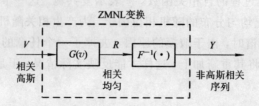

图 6-5　ZMNL 原理图

设随机序列 V 的概率密度函数和分布函数分别为 $g(v)$ 和 $G(v)$；随机序列 Y 的概率密度函数和分布函数分别为 $f(y)$ 和 $F(y)$。经 ZMNL 变换后应有

$$F(y) = G(v) \tag{6-84}$$

这里 $G(v)$ 为高斯分布的分布函数，$F(y)$ 为所希望的非高斯分布的分布函数，于是有

$$Y = F^{-1}[G(v)] \tag{6-85}$$

这便是 ZMNL 变换的基本思想。由于求高斯分布的分布函数时，无显式解，故通常采用近似表达式。最后就可以构成一个完整的由白高斯序列产生所希望的非高斯相关序列的方法，如图 6-6 所示。

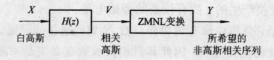

图 6-6　产生非高斯相关序列的 ZMNL 变换法基本原理

由 ZMNL 变换法产生非高斯相关随机序列的步骤如下：

（1）首先根据设计要求，给定系统输出端所希望的非高斯相关序列的分布参数和相关函数。

（2）然后，用某种数学方法求出 ZMNL 变换输入端的相关函数。

（3）再根据所求出的 ZMNL 变换输入端的相关函数，设计前级的线性滤波器 $H(z)$。

（4）产生一个归一化的高斯白噪声序列 X 作为输入，在线性滤波器的输出端得到一个相关高斯序列 V，最后在系统的输出端便会得到一个所希望的满足给定相关函数的所希望的非高斯相关序列。

这种方法的主要优点是概念清楚，缺点是在寻求 ZMNL 变换的输入序列与输出序列相关函数间非线性关系时比较复杂，并且只能采用近似的方法，然而在实际应用中如果事先脱机算出输入序列与输出序列相关函数的数值，制成表格用起来也是方便的。

利用球不变随机过程法产生非高斯相关序列的基本原理如图 6-7 所示。

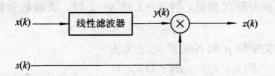

图 6 - 7 外部(Exogenous)调制模型

在这种模型中，将系统输出 $z(k)$ 看做是两个过程的乘积 $s(k)y(k)$，其中 $y(k)$ 是零均值的复高斯序列。$s(k)$ 是实的，非负的，平稳序列，并且与 $y(k)$ 之间是相互独立的。可以说，输出序列 $z(k)$ 是通过序列 $s(k)$ 对复高斯序列调制实现的，因此称其为外部(Exogenous)调制模型。这种模型可以覆盖一类随机过程，SIRP 就是其中的特殊的一类。该类模型一个显著的特点就是能实现概率密度函数和相关函数的独立控制，这对很宽一类的杂波进行仿真是非常重要的。如图 6 - 7 所示，其输出

$$z(k) = y(k)s(k) \tag{6-86}$$

该式意味着零均值的相关复高斯随机过程 $y(k)$ 被非负的平稳随机过程 $s(k)$ 调制。若 $y(k)$ 和 $s(k)$ 互相独立，则 $z(k)$ 的相关函数为

$$r_z(n, m) = r_s(m)r_y(n, m) \tag{6-87}$$

其中，$r_z(n, m)$、$r_y(n, m)$、$r_s(m)$ 分别为 $z(k)$、$y(k)$ 和 $s(k)$ 的自相关函数。只要 $s(k)$ 的相关长度相对 $y(k)$ 足够长，就可认为 $r_s(m)\approx1$。也就是说只要 $s(k)$ 的相关长度远远大于 $y(k)$ 的相关长度，外调制过程 $z(k)$ 的相关特性就取决于 $y(k)$ 的相关特性。

6.3.1 非相干相关韦布尔杂波的仿真

近年来，对韦布尔分布的兴趣越来越大，其中一个很重要的原因是，它不仅可以描述海面杂波，对地杂波也有着非常好的拟合度，特别是在小概率范围，拟合得更好。正是这些扩展杂波的相关反射，使以固定频率工作的雷达检测器的虚警概率大大增加了。所以人们希望能在计算机上产生相关杂波，以便对检测器，杂波对消器以及其他反杂波设备及雷达系统进行仿真研究。

对在计算机上产生非相干相关韦布尔随机变量，主要有两个要求，即具有所希望的相关矩阵或功率谱和具有给定的分布参量。

下面主要介绍两种产生相关韦布尔随机变量的方法。

1. 非线性变换法 I

假设，有一组相关杂波采样 $z_i(i=1, 2, \cdots, N)$，我们将其作矢量处理

$$z = (z_1, z_2, \cdots, z_N)^{\mathrm{T}} \tag{6-88}$$

式中：T 表示矢量转置。这样，随机矢量 z 就可以完全由它的多维概率密度函数来描述，实际上这个函数不是难以求出，而是相当复杂且不适合实际应用。有时接受一个不太完善，但易于计算的描述更合适。这样，我们就把韦布尔矢量 z 用一维概率密度函数 $p(z_i)$，$i=1, 2, \cdots, N$ 和相关矩阵 p 来表示，相关矩阵 p 包含了随机矢量 z 之间的相关信息。

已知，韦布尔分布随机矢量 z 的各个分量 z_i 有两个参量，其概率密度函数为

$$p(z_i) = \left(\frac{z_i}{q}\right)^{p-1} \left(\frac{p}{q}\right) \exp\left[-\left(\frac{z_i}{q}\right)^p\right], \quad z_i \geqslant 0, \ p > 0, \ q > 0, \ i = 1, 2, \cdots, N$$

$$\tag{6-89}$$

式中：q 为标度参量；p 为形状参量，当 $p=1$ 和 $p=2$ 时，该函数分别变成指数分布和瑞利分布。

随机变量 z_i 的相关矩阵 $\boldsymbol{\rho}$ 的各元素 ρ_{ij} 定义为

$$\rho_{ij} = \frac{E(z_i, z_j) - E(z_i)E(z_j)}{\sqrt{D(z_i)D(z_j)}}, \quad i, j = 1, 2, \cdots, N \tag{6-90}$$

式中：$E(z_i)$ 和 $D(z_i)$ 分别为 z_i 的统计平均值和方差。

这里，我们进一步假设，韦布尔矢量的所有分量 z_i 都有相同的分布，且都有相同的参量 p 和 q。根据直接抽样定理，我们可以导出韦布尔分布随机矢量的每个分量 z_i 为

$$z_i = q(\sqrt{-\ln u_i})^{\frac{2}{p}}, \quad i = 1, 2, \cdots, N \tag{6-91}$$

u_i 为 $[0, 1]$ 区间上的相关均匀分布随机变量。可以证明，两个均值为零和方差为 σ^2 的高斯随机变量之和 $x_i^2 + y_i^2$ 也服从指数分布，于是

$$z_i = q(x_i^2 + y_i^2)^{\frac{1}{p}}, \quad i = 1, 2, \cdots, N \tag{6-92}$$

其均值和方差分别为

$$\left.\begin{array}{l} E(z_i) = (2\sigma^2)^{\frac{1}{p}} \Gamma\left(1 + \frac{1}{p}\right) \\[2mm] D(z_i) = (2\sigma^2)^{\frac{2}{p}} \left[\Gamma\left(1 + \frac{2}{p}\right) - \Gamma^2\left(1 + \frac{1}{p}\right)\right] \end{array}\right\} \tag{6-93}$$

式中：$\Gamma(\cdot)$ 是 Γ 函数。可以证明，韦布尔分布的标度参量 q 与高斯分布的方差 σ^2 有如下关系：

$$q = (2\sigma^2)^{\frac{1}{p}} \quad \text{或} \quad \sigma = \sqrt{\frac{q^p}{2}} \tag{6-94}$$

如果令 $q=1$，仍不失一般性。现将式（6-92）写成

$$H_i = \sqrt{x_i^2 + y_i^2} \tag{6-95}$$

$$z_i = H_i^{\frac{2}{p}} \tag{6-96}$$

显然，H_i 为瑞利随机变量，而

$$E(z_i, z_j) = \int_0^\infty \int_0^\infty H_i^{\frac{2}{p}} H_j^{\frac{2}{p}} p(H_i, H_j) \, \mathrm{d}H_i \mathrm{d}H_j \tag{6-97}$$

式中：$p(H_i, H_j)$ 为二维瑞利概率密度函数

$$f(H_i, H_j) = \frac{H_i H_j}{\sigma^4(1 - \lambda_{ij})} \exp\left[-\frac{H_i^2 + H_j^2}{2\sigma^2(1 - \lambda_{ij}^2)}\right] I_0\left[\frac{\lambda_{ij} H_i H_j}{\sigma^2(1 - \lambda_{ij}^2)}\right] \tag{6-98}$$

式中：$I_0(\cdot)$ 为第一类零阶修正的贝塞尔函数；λ_{ij} 为正态随机矢量的相关系数。

通过把 $f(H_i, H_j)$ 展成正交 Laguerre 多项式，并对它进行积分，得

$$\begin{aligned} E(H_i, H_j) &= (2\sigma^2)^{\frac{2}{p}} \Gamma^2\left(1 + \frac{1}{p}\right) \left\{1 + \frac{\lambda_{ij}^2}{p^2} + \sum_{m=2}^\infty \left[\left((p-1)(2p-1)\cdots \frac{(m-1)p-1}{m! p^m}\right)\lambda_{ij}^2\right]^2\right\} \\[2mm] &= (2\sigma^2)^{\frac{2}{p}} \Gamma^2\left(1 + \frac{1}{p}\right) {}_2F_1\left(-\frac{1}{p}, -\frac{1}{p}; 1; \lambda_{ij}^2\right) \end{aligned} \tag{6-99}$$

式中：${}_2F_1(\cdot)$ 是高斯超越几何函数。将 $E(z_i)$，$D(z_i)$ 和 $E(z_i, z_j)$ 代入式（6-90），得

$$\rho_{ij} = \frac{\Gamma^2\left(1 + \frac{1}{p}\right)}{\Gamma\left(1 + \frac{2}{p}\right) - \Gamma^2\left(1 + \frac{1}{p}\right)} \left[{}_2F_1\left(-\frac{1}{p}; -\frac{1}{p}; 1; \lambda_{ij}^2\right) - 1\right] \tag{6-100}$$

当 $p=2$ 时，即瑞利分布的情况，这时

$$\rho_{ij} = \frac{\pi}{4-\pi}\left[\,_2F_1\left(-\frac{1}{2};\,-\frac{1}{2};\,1;\,\lambda_{ij}^2\right)-1\right] \tag{6-101}$$

与此相似，当 $p=1$ 时，即指数分布的情况，这时

$$\rho_{ij} = \lambda_{ij}^2 \tag{6-102}$$

归纳以上各步，产生具有相关矩阵 $\boldsymbol{\rho}$ 和规定参量 p、q 的非相干韦布尔随机矢量 z 的步骤如下：

(1) 给定韦布尔分布的相关系数 ρ_{ij} 和分布参量 p、q。

(2) 利用式(6-100)，计算所需要的相关正态随机序列 x_1、x_2 的相关矩阵 λ_{ij}。

(3) 根据 p、q，利用式(6-94)计算所需要的正态随机序列 x_1、x_2 的方差 σ^2。

(4) 根据所计算的 λ_{ij} 设计一对窄带线性滤波器。

(5) 产生一对均值为零，方差为 1 的白高斯序列 x_{01}、x_{02}，作为一对归一线性滤波器的输入，在其输出端乘以 σ 之后，便会产生具有规定参量 σ^2 和 λ 的相关正态随机矢量 y_1、y_2。

(6) 按照图 6-8 流程进行计算，在输出端便会得到一个具有规定参量 p、q 和 $\boldsymbol{\rho}$ 的随机矢量 z，它即是具有给定参量的服从韦布尔分布的相关随机序列。

最后需要说明的是，尽管滤波器的输入为均值为零，方差为 1 的白高斯序列，但这只能使滤波器的输出均值为零，方差还取决于滤波器的功率增益，因此这里引入了一个归一化的线性滤波器，即使其方差也为一。

产生非相干相关韦布尔分布序列的原理流程见图 6-8。

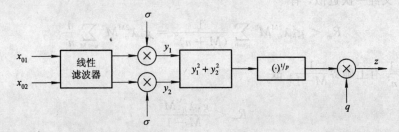

图 6-8　产生非相干相关韦布尔分布序列的原理图

由式(6-100)知，根据 ρ_{ij} 和 p，计算 λ_{ij} 的中心问题，是按给定的精度，对 $_2F_1(\,\cdot\,)$ 求近似值的问题。由式(6-97)可求得

$$E(z_i,\,z_j) = (2\sigma^2)^{\frac{2}{p}}\Gamma^2\left(1+\frac{1}{p}\right)\left[1+\frac{\lambda_{ij}^2}{p^2}+\sum_{m=2}^{\infty}g_m^2\lambda_{ij}^{2m}\right] \tag{6-103}$$

因此，计算 $\boldsymbol{\rho}$ 的各分量 ρ_{ij} 的中心问题，就是如何计算无穷级数 $\displaystyle\sum_{m=2}^{\infty}g_m^2\lambda_{ij}^{2m}$ 的问题。式中 g_m 定义如下：

$$g_m \equiv \frac{1}{m!\,p^m}\prod_{l=1}^{m-1}(lp-1) \tag{6-104}$$

众所周知，计算无穷级数时，必须截尾，只要满足精度就可以了。我们假设

$$\sum_{m=2}^{\infty}g_m^2\lambda_{ij}^{2m} = '\sum_{m=2}^{M-1}g_m^2\lambda_{ij}^{2m}+\sum_{m=M}^{\infty}g_m^2\lambda_{ij}^{2m} \tag{6-105}$$

即在 $m=M-1$ 处截断，余项为

$$R_m = \sum_{m=M}^{\infty} g_m^2 \lambda_{ij}^{2m} \tag{6-106}$$

显然，为了保证计算精度，必须使 R_m 充分小。如果能找到 R_m 的上确界 R_M，便可依此估计计算误差了，或者说，根据给定误差选择该级数的项数了。令 $m=M+n$，将 R_m 写成

$$R_M = \sum_{m=M}^{\infty} g_m^2 \lambda_{ij}^{2m} = \sum_{n=0}^{\infty} g_{M+n}^2 \lambda_{ij}^{2(M+n)} \tag{6-107}$$

对于所给定的 M 值，依式（6-104）有

$$g_{M+n} = \frac{1}{(M+n)! \, p^{M+n}} \prod_{l=1}^{M+n-1} (lp-1) \tag{6-108}$$

$$g_M = \frac{1}{M! \, p^M} \prod_{l=1}^{M-1} (lp-1) \tag{6-109}$$

经一次近似，有

$$\frac{g_{M+n}}{g_M} < \frac{M}{M+n} \tag{6-110}$$

对于给定的 M 值，利用上式

$$R_m = \sum_{n=0}^{\infty} g_{M+n}^2 \lambda_{ij}^{2(M+n)}$$

$$R_m < \sum_{n=0}^{\infty} g_M^2 \left(\frac{M}{M+n}\right)^2 \lambda_{ij}^{2M} \lambda_{ij}^{2n} = g_M^2 \lambda_{ij}^{2M} M^2 \sum_{n=0}^{\infty} \frac{\lambda_{ij}^{2n}}{(M+n)^2} \tag{6-111}$$

因 $|\lambda_{ij}| \leqslant 1$，又经一次近似，有

$$R_m < g_M^2 \lambda_{ij}^{2M} M^2 \sum_{n=0}^{\infty} \frac{1}{(M+n)^2} = g_M^2 \lambda_{ij}^{2M} M^2 \sum_{n=M}^{\infty} \frac{1}{n^2} \tag{6-112}$$

又由于 $\sum_{n=M}^{\infty} \dfrac{1}{n^2}$ 有上确界 $\dfrac{1}{M-1}$，故

$$R_m < \frac{g_M^2 \lambda_{ij}^{2M} M^2}{M-1} \tag{6-113}$$

值得注意的是，无穷和 $\sum_{n=M}^{\infty} \dfrac{1}{n^2}$ 可以写出精确表达式，这样计算结果更接近于实际值。因

$$1 + \frac{1}{2^2} + \frac{1}{3^2} + \cdots = \frac{\pi^2}{6}$$

故有

$$\sum_{n=M}^{\infty} \frac{1}{n^2} = \frac{\pi^2}{6} - \sum_{n=1}^{M-1} \frac{1}{n^2}$$

由于 M 值一般都很小，故式（6-113）又可写成

$$R_m = g_M^2 \lambda_{ij}^{2M} M^2 \left(\frac{\pi^2}{6} - \sum_{n=1}^{M-1} \frac{1}{n^2}\right) \tag{6-114}$$

显然，M 越小，式（6-113）估计的误差越大，如 $M=2$，按式（6-113）计算 $\sum_{n=M}^{\infty} \dfrac{1}{n^2}$ 为 1，而按式（6-114）计算只为 0.645，这就有可能在给定误差的条件下，选择少的项数。于是，

便可以根据给定的 M、p 值，求解 λ_{ij} 了。为了应用方便，下面给出一个计算例子。

例 6.6 已知 $M=3$，$p=2$，求 λ_{ij}，且估计截尾误差。

依式(6-104)，首先计算 g_3，有

$$g_3 = \frac{1}{3!\,p^3} \prod_{l=1}^{2} (lp-1) = \frac{1}{16}$$

如果 M 值较大，可用下面递推公式计算。令

$$g_2 = \frac{p-1}{2p^2}$$

有

$$\frac{g_m}{g_{M-1}} = \frac{(m-1)p-1}{mp}$$

于是按式(6-103)，超越几何函数 $_2F_1(\,\cdot\,)$ 便可写成

$$_2F_1\left(-\frac{1}{2},\,-\frac{1}{2};\,1;\,\lambda_{ij}^2\right) \cong 1 + \frac{\lambda_{ij}^2}{4} + \frac{\lambda_{ij}^4}{64}$$

如果令

$$A = \frac{\Gamma^2\left(1+\frac{1}{p}\right)}{\Gamma\left(1+\frac{2}{p}\right) - \Gamma^2\left(1+\frac{1}{p}\right)}$$

则有

$$\rho_{ij} = A\left(1 + \frac{\lambda_{ij}^2}{4} + \frac{\lambda_{ij}^4}{64} - 1\right)$$

最后得到

$$\lambda_{ij}^4 + 16\lambda_{ij}^2 - \frac{64\rho_{ij}}{A} = 0$$

这在计算机上求解该方程是非常容易的，这里就不对其求解了。在上述条件下，有截尾误差

$$R_m = g_M^2 \lambda_{ij}^{2m} \cdot M^2 \left(\frac{\pi^2}{6} - \sum_{n=1}^{M-1} \frac{1}{n^2}\right) \approx 0.01$$

这对各种信号的仿真就足够了。从这里也可以看到 λ_{ij} 越小，上述无穷级数收敛越快，这就意味着在给定截尾误差的情况下，可选择小的项数。

2. 非线性变换法 Ⅱ

这种方法也是人们经常采用的方法。利用这种方法产生相关韦布尔变量的原理示于图 6-9。

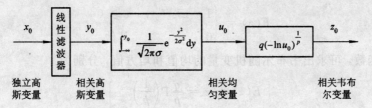

图 6-9　产生相关韦布尔变量的原理

由图 6-9 可以看出，整个变换过程包括两类变换：由 x_0 到 y_0，属于线性变换；由 y_0 到 z_0，属于非线性变换。前者是通过把独立的高斯变量经过一个线性滤波器变换成相关高斯变量实现的。

前边，我们已经指出，如果随机变量 ξ 有概率密度函数 $f(x)$，那么随机变量

$$\lambda = \int_{-\infty}^{\xi} f(x)\,\mathrm{d}x \tag{6-115}$$

在 $[0,1]$ 区间上服从均匀分布，显然对高斯分布来说

$$u_i = \int_{-\infty}^{y_i} \frac{1}{\sqrt{2\pi}\sigma} \mathrm{e}^{-\frac{y^2}{2\sigma^2}}\,\mathrm{d}y \tag{6-116}$$

也服从均匀分布。当然，要证明相关过程 u_i 是均匀的也是容易的。因为

$$\frac{\mathrm{d}u_i}{\mathrm{d}y_i} = \frac{\mathrm{e}^{-\frac{y_i^2}{2\sigma^2}}}{\sqrt{2\pi}\sigma} \tag{6-117}$$

且 $f(u)\,\mathrm{d}u = f(y)\,\mathrm{d}y$，$u_i$ 和 y_i 的变换是单值的，故 u_i 的概率密度函数必然为

$$f(u) = \begin{cases} 1, & 0 \leqslant u \leqslant 1 \\ 0, & \text{其他} \end{cases} \tag{6-118}$$

于是，相关高斯变量便被变成了相关均匀变量。

最后，通过非线性变换

$$z_i = q[-\ln u_i]^{\frac{1}{p}} \tag{6-119}$$

把相关均匀变量变成相关韦布尔变量。为了说明过程 z_i 是韦布尔的，首先将上式反演，得到

$$u_i = \mathrm{e}^{-\left(\frac{z_i}{q}\right)^p} \tag{6-120}$$

由此，人们得到雅可比行列式

$$\left| \frac{\mathrm{d}u_i}{\mathrm{d}z_i} \right| = \left(\frac{p}{q}\right)\left(\frac{z_i}{q}\right)^{p-1} \mathrm{e}^{-\left(\frac{z_i}{q}\right)^p} \tag{6-121}$$

因 $f(z)\,\mathrm{d}z = f(u)\,\mathrm{d}u$，故 z_i 有概率密度函数

$$f(z) = \begin{cases} \left(\frac{p}{q}\right)\left(\frac{z}{q}\right)^{p-1} \mathrm{e}^{-(z/q)^p}, & z \geqslant 0 \\ 0, & \text{其他} \end{cases} \tag{6-122}$$

对其积分，得积累分布函数

$$F(z) = \begin{cases} 1 - \mathrm{e}^{-(z/q)^p}, & z \geqslant 0 \\ 0, & \text{其他} \end{cases} \tag{6-123}$$

由概率密度函数，可求出韦布尔随机变量的均值和均方值，分别为

$$\left. \begin{aligned} E(z) &= \bar{z} = \frac{q}{p}\Gamma\left(\frac{1}{p}\right) \\ E(z^2) &= \overline{z^2} = \frac{2q^2}{p}\Gamma\left(\frac{2}{p}\right) \end{aligned} \right\} \tag{6-124}$$

式中：$\Gamma(\cdot)$ 为 Γ 函数。应当指出的是，上述过程实际上就是直接抽样的逆过程。有的公式对后面的讨论将是有用的，故这里写出了它的证明过程。

为了完善韦布尔过程的描述，让我们考虑它的自相关函数。定义

$$E\{z_t z_{t+\tau}\} = E\{z_i z_j\} \tag{6-125}$$

为随机变量 z 的自相关函数

$$E\{z_i z_j\} = \int_0^\infty \int_0^\infty [z_i f(z_i)][z_j f(z_j)] \cdot \frac{\exp\left\{-\left[\dfrac{\rho^2(y_i^2 + y_j^2) - 2\lambda y_i y_j}{2\sigma^2(1-\lambda^2)}\right]\right\}}{\sqrt{1-\lambda^2}} \, \mathrm{d}z_i \mathrm{d}z_j \tag{6-126}$$

式中：λ 是高斯变量 y_i 和 y_j 之间的相关系数，$f(\cdot)$ 由式(6-122)给出。根据式(6-119)和式(6-120)，可以看出，式(6-126)中的 y_i 和 z_j 是由中间变量 u_i 联系起来的，它们之间有如下关系：

$$u_i = \mathrm{e}^{-\left(\frac{z_i}{q}\right)^p} = \int_{-\infty}^{y_i} \frac{1}{\sqrt{2\pi}\sigma} \mathrm{e}^{-\frac{y^2}{2\sigma^2}} \, \mathrm{d}y \tag{6-127}$$

依式(6-126)，可计算得到韦布尔过程的自相关函数，如图 6-10 所示。图中 $\overline{z_t^2}$ 和 $\overline{z_t}^2$ 由式(6-124)给出。它们取决于韦布尔分布参量 p 和 q 的数值。

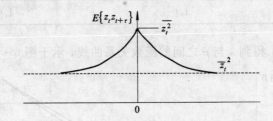

图 6-10　典型的韦布尔自相关函数

于是不难得出韦布尔过程的归一化相关系数

$$\rho(\tau) = \frac{E\{z_t z_{t+\tau}\} - E\{z_t\}^2}{E\{z_t^2\} - E\{z_t\}^2} \tag{6-128}$$

将其绘于图 6-11。

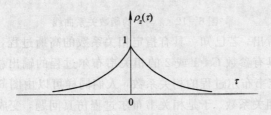

图 6-11　归一化的韦布尔变量自相关系数

只要将式(6-126)和式(6-124)代入式(6-128)，将会发现高斯变量 y_i 和 y_j 之间的相关系数 λ 与韦布尔变量 z_i 和 z_j 之间的相关系数 ρ 之间的关系，只取决于参量 $C = \dfrac{1}{p}$，这里 $q=1$。计算结果示于表 6-3。计算中取参量 $C=1$、2 两个值。

表 6-3　高斯相关系数 λ 与韦布尔相关系数 ρ 间的关系表

λ 值	ρ 值($C=1$)	ρ 值($C=2$)
0.0	0.0	0.0
0.1	0.0834	0.0489
0.2	0.1703	0.1063
0.3	0.2609	0.1732
0.4	0.3552	0.2506
0.5	0.4532	0.3397
0.6	0.5549	0.4414
0.7	0.6605	0.5571
0.8	0.7699	0.6880
0.9	0.8831	0.8355
0.95	0.9413	0.9158
0.99	0.9885	0.9835
1.0	1.0	1.0

由表 6-3 的数据，得到 λ 与 ρ 之间的函数关系曲线，示于图 6-12。

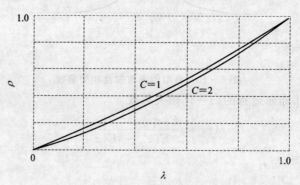

图 6-12　λ 与 ρ 的函数关系曲线

由图 6-12 可以看出，若已知一具有指定相关系数的高斯过程，人们就可以很容易地由图 6-12 曲线查出具有参数 $C=1$ 或 2 的相关韦布尔过程的输出相关系数。在实际仿真过程中，通常都是给定韦布尔过程的相关系数，人们同样可以由图 6-12 曲线找出所希望的相应于高斯过程的相关系数。于是相关韦布尔过程仿真问题，变成了在图 6-12 所示变换的基础上，设计一个线性滤波器的问题，该滤波器不仅能给出所希望的高斯过程，同时也能给出该过程所希望的相关系数。

在计算式(6-128)时，如果使 $q=1, 2, \cdots, N$，那么便会得到一组曲线，使用起来也是非常方便的。

例 6.7　根据相关函数法，产生相关斯威林 I 型过程。

已知，斯威林 I 型起伏目标模型有概率密度函数

$$f(x) = \frac{1}{\overline{x}} e^{-x/\overline{x}}, \quad x \geqslant 0 \tag{6-129}$$

式中：随机变量 x 是输入信噪比，而 $\overline{x}$ 是整个目标起伏范围内的平均信噪比。根据直接抽样法，有随机变量 x 的表达式

$$x = -\overline{x} \ln u \tag{6-130}$$

其中，u 是 $[0, 1]$ 区间的均匀分布随机变量。由式（6-119）知，式（6-130）实际上就是式（6-119）在 $p=1$，$q=\overline{x}$ 的特殊情况，这就是说随机变量 x 也是一个韦布尔变量。这样，只要按上述方法，计算出 $p=1$，$q=\overline{x}$ 的相关函数曲线，便可以把问题归结于设计一个线性滤波器问题。

例 6.8　仍然根据相关函数法，产生相关斯威林 III 型过程。

已知斯威林 III 型起伏目标模型有概率密度函数

$$f(x) = \begin{cases} \dfrac{4x}{\overline{x}^2} e^{-2x/\overline{x}}, & x \geqslant 0 \\ 0, & \text{其他} \end{cases} \tag{6-131}$$

式中：x 与 $\overline{x}$ 的意义同斯威林 I 型。由第 3 章知，随机变量 x 有抽样表达式

$$x = -\frac{\overline{x}}{2} \ln u - \frac{\overline{x}}{2} \ln v \tag{6-132}$$

u、v 是相互独立的均匀变量。由该式可以看到，若要获得相关的斯威林 III 型变量，只要产生两个 $p=1$、$q=\dfrac{\overline{x}}{2}$ 的相关韦布尔变量即可。

6.3.2　非相干相关对数—正态杂波的仿真

前边已经指出，过去一直是以瑞利分布描述海杂波的，对地杂波也是如此。但随着雷达分辨率的提高，瑞利模型已经不能满足实际需要。对高分辨率雷达测量数据的研究表明，它的"尾巴"更大，甚至超过韦布尔分布。曲线拟合结果证明，用对数—正态概率密度函数对地杂波进行描述更合适。下面介绍一种对相关对数—正态杂波进行仿真的方法。

在实际问题中，要给出随机矢量的 N 维概率密度函数是比较困难的，但其分量的密度函数和多分量之间的相关系数往往是已知的，或能方便地测出。如果是正态矢量，众所周知，它的 N 维概率密度函数是惟一确定的，对某些分布尽管没有这种严格的对应关系，但它可以从不同的联合密度中抽取随机矢量，使其具有给定的密度函数 $f(z_i)$ 和协方差 ρ_{ij}。

已知，对数—正态随机矢量 Z 的分量 z_i 的概率密度函数为

$$f(z_i) = \frac{1}{\sqrt{2\pi}\sigma_i z_i} e^{\frac{\ln z_i^2}{2\sigma_i^2}} \tag{6-133}$$

可以将 z_i 表示成

$$z_i = e^{\sigma_i y_i} \tag{6-134}$$

式中：y_i 为正态分布随机变量；σ_i^2 为给定的方差。

z_i 的均值、方差分别为

$$\left.\begin{array}{l} E(z_i) = \exp\left(\dfrac{\sigma_i^2}{2}\right) \\[2mm] D(z_i) = \exp(\sigma_i^2)\left[\exp(\sigma_i^2) - 1\right] \end{array}\right\} \tag{6-135}$$

二阶矩

$$E(z_i\,z_j) = \exp\left(\frac{\sigma_i^2 + \sigma_j^2}{2} - \lambda_{ij}\right) \tag{6-136}$$

式中：λ_{ij} 为相关高斯变量的相关系数。

相关对数—正态变量的相关系数

$$\rho(z_i z_j) = \frac{\mathrm{cov}(z_i z_j)}{\sigma_{z_i}\sigma_{z_j}} = \frac{E(z_i z_j) - E(z_i)E(z_j)}{\sqrt{D(z_i)D(z_j)}} \tag{6-137}$$

将 $E(z_i)$、$D(z_i)$ 及 $E(z_i z_j)$ 代入式(6-137)，有

$$\rho_{ij} = \frac{\mathrm{e}^{\frac{\sigma_i^2 + \sigma_j^2}{2} + \lambda_{ij}} - \mathrm{e}^{\frac{\sigma_i^2}{2}}\mathrm{e}^{\frac{\sigma_j^2}{2}}}{\mathrm{e}^{\sigma_i^2 + \sigma_j^2}(\mathrm{e}^{\sigma_i^2} - 1)(\mathrm{e}^{\sigma_j^2} - 1)}$$

经化简

$$\rho_{ij} = \frac{\mathrm{e}^{\lambda_{ij}} - 1}{\sqrt{(\mathrm{e}^{\sigma_i^2} - 1)(\mathrm{e}^{\sigma_j^2} - 1)}} \tag{6-138}$$

于是有

$$\lambda_{ij} = \ln\left[\sqrt{(\mathrm{e}^{\sigma_i^2} - 1)(\mathrm{e}^{\sigma_j^2} - 1)}\,\rho_{ij} + 1\right] \tag{6-139}$$

即是正态随机矢量 Y 的协方差矩阵 M 的元素。这样根据以上分析，综合出相关对数—正态随机变量的仿真步骤：

(1) 根据给定的对数—正态分布的随机序列的相关系数 ρ_{ij} 和 σ_i，由式(6-139)计算相关正态随机序列的相关系数 λ_{ij}。

(2) 根据 λ_{ij} 设计一个线性滤波器。

(3) 产生一个均值为零、方差为 1 的白高斯序列作为滤波器的输入，在其输出端产生一个均值为零，满足 λ_{ij} 的相关正态随机序列。

(4) 由于线性滤波器输出信号 x 方差不为 1，故需要对 x 进行归一化处理，然后使其满足给定的均值 $\bar{x}$ 和方差 σ_{in}^2。

(5) 最后完成非线性变换，得到具有给定参量的非相干相关对数—正态随机序列。

产生非相干相关对数—正态分布随机序列的流程图见图 6-13。

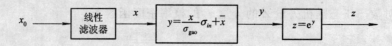

图 6-13　产生非相干相关对数—正态序列的流程图

对数—正态杂波仿真波形、所估计的概率密度函数和功率谱密度结果如图 6-14 所示。

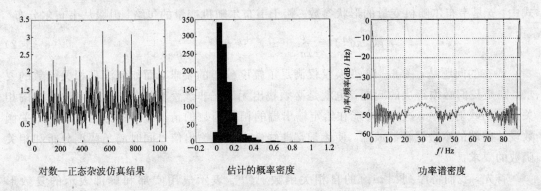

| 对数—正态杂波仿真结果 | 估计的概率密度 | 功率谱密度 |

图 6-14　对数—正态杂波仿真结果

6.3.3　相干相关韦布尔杂波的仿真

相干相关韦布尔随机变量可以由相干相关高斯随机变量通过非线性变换得到，如图 6-15 所示。

图 6-15　相干相关韦布尔随机变量和高斯随机变量的关系

假设相干相关韦布尔随机变量和相干相关高斯随机变量分别表示为 $w=u+jv$，$g=x+jy$，相干相关韦布尔随机变量的生成模型如图 6-16 所示。

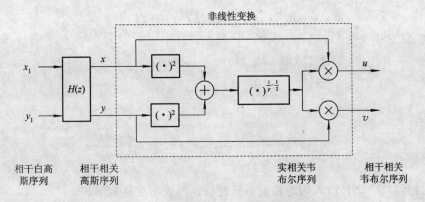

图 6-16　相干相关韦布尔随机变量生成模型

其输出可表示为

$$\left. \begin{array}{l} u = x(x^2+y^2)^{\frac{1}{p}-\frac{1}{2}} \\ v = y(x^2+y^2)^{\frac{1}{p}-\frac{1}{2}} \end{array} \right\} \tag{6-140}$$

显然，该式的输入/输出呈无记忆非线性关系。式中相干相关高斯随机变量 x 和 y 的均值为零，方差为 σ^2。u 和 v 有联合概率密度函数

$$f(u, v) = \frac{1}{2} \frac{p}{2\pi\sigma^2} (u^2+v^2)^{\frac{p}{2}-1} \exp\left[-\frac{1}{2\sigma^2}(u^2+v^2)^{\frac{p}{2}}\right] \tag{6-141}$$

式中：p 是韦布尔随机变量的形状参数。相干韦布尔随机变量的包络 $|w|$ 服从韦布尔分布

$$f(|w|)^\sim = \frac{p}{2\sigma^2} |w|^{p-1} \exp\left[-\frac{|w|^2}{2\sigma^2}\right] \qquad (6-142)$$

现在的问题是，图 6-16 变换仅仅满足了幅度分布的要求，而如何满足相关函数的要求，则是我们必须解决的问题，也就是必须找出无记忆非线性变换的输入端和输出端的相关函数的映射关系，这样，才能在给定输出端的相关函数的情况下，根据输入端的相关函数设计前端的窄带线性滤波器，使无记忆非线性变换的输出信号同时满足幅度分布和相关函数的要求。

首先，我们将序列 $\{|w|\}$ 的自相关函数 ACF_w 表示成用实部和虚部表示的复数形式，即

$$\begin{aligned} R_w(k) &= E\{[u(m)+\mathrm{j}v(m)][u(m+k)-\mathrm{j}v(m+k)]\} \\ &= R_{uu}(k)+R_{vv}(k)+\mathrm{j}[R_{vu}(k)-R_{uv}(k)] \end{aligned} \qquad (6-143)$$

式中：$R_{uu}(k)$、$R_{vv}(k)$、$R_{uv}(k)$ 和 $R_{vu}(k)$ 是实序列，分别为

$$R_{uu}(k) = E[u(m)u(m+k)]$$
$$R_{vv}(k) = E[v(m)v(m+k)]$$
$$R_{uv}(k) = E[u(m)v(m+k)]$$
$$R_{vu}(k) = E[v(m)u(m+k)]$$

如果 w 是广义平稳窄带过程，得到

$$\left.\begin{aligned} R_{uu}(k) &= R_{vv}(k) \\ R_{uv}(k) &= -R_{vu}(k) \end{aligned}\right\} \qquad (6-144)$$

于是有

$$R_w(k) = 2[R_{uu}(k)-\mathrm{j}R_{uv}(k)] \qquad (6-145)$$

归一化的 ACF 定义为

$$r_w(k) = \frac{R_w(k)}{R_w(0)} = \frac{R_{uu}(k)}{\frac{1}{2}R_w(0)} - \mathrm{j}\frac{R_{uv}(k)}{\frac{1}{2}R_w(0)} = r_{uu}(k) - \mathrm{j}r_{uv}(k) \qquad (6-146)$$

其中

$$r_{uu}(k) = \frac{R_{uu}(k)}{\frac{1}{2}R_w(0)}, \quad r_{uv}(k) = \frac{R_{uv}(k)}{\frac{1}{2}R_w(0)}$$

与此相似，ZMNL 输入端的相关高斯过程也可表示成复数形式

$$g = x + \mathrm{j}y \qquad (6-147)$$

其归一化的自相关函数

$$r_g(k) = r_{xx}(k) - \mathrm{j}r_{xy}(k) \qquad (6-148)$$

式中：$r_{xx}(k)$、$r_{xy}(k)$ 分别为自相关函数 $r_g(k)$ 的实部和虚部。

可以证明，$R_{uu}(k)$、$R_{uv}(k)$ 与 $r_{xx}(k)$、$r_{xy}(k)$ 有如下关系

$$R_{uu}(k) = 2^{\frac{2}{p}-1}\sigma^{\frac{4}{p}}r_{xx}(k)[1-r_{xx}^2(k)-r_{xy}^2(k)]^{\frac{2}{p}+1}\Gamma^2\left(\frac{1}{p}+\frac{3}{2}\right)$$

$$\times{}_2F_1\left(\frac{1}{p}+\frac{3}{2}, \frac{1}{p}+\frac{3}{2}; 2; r_{xx}^2(k)+r_{xy}^2(k)\right) \qquad (6-149)$$

$$R_{uv}(k) = 2^{\frac{2}{p}-1} \sigma^{\frac{4}{p}} r_{xy}(k) [1 - r_{xx}^2(k) - r_{xy}^2(k)]^{\frac{2}{p}+1} \Gamma^2\left(\frac{1}{p} + \frac{3}{2}\right)$$

$$\times {}_2F_1\left(\frac{1}{p} + \frac{3}{2}, \frac{1}{p} + \frac{3}{2}; 2; r_{xx}^2(k) + r_{xy}^2(k)\right) \tag{6-150}$$

$r_{uu}(k)$、$r_{uv}(k)$ 与 $r_{xx}(k)$、$r_{xy}(k)$ 有如下关系

$$r_{uu}(k) = \frac{p r_{xx}(k)}{2\Gamma\left(\frac{2}{p}\right)} [1 - r_{xx}^2(k) - r_{xy}^2(k)]^{\frac{2}{p}+1} \Gamma^2\left(\frac{1}{p} + \frac{3}{2}\right)$$

$$\times {}_2F_1\left(\frac{1}{p} + \frac{3}{2}, \frac{1}{p} + \frac{3}{2}; 2; r_{xx}^2(k) + r_{xy}^2(k)\right) \tag{6-151}$$

$$r_{uv}(k) = \frac{p r_{xy}(k)}{2\Gamma\left(\frac{2}{p}\right)} [1 - r_{xx}^2(k) - r_{xy}^2(k)]^{\frac{2}{p}+1} \Gamma^2\left(\frac{1}{p} + \frac{3}{2}\right)$$

$$\times {}_2F_1\left(\frac{1}{p} + \frac{3}{2}, \frac{1}{p} + \frac{3}{2}; 2; r_{xx}^2(k) + r_{xy}^2(k)\right) \tag{6-152}$$

上述一组方程只有满足以下条件才是正确的，即

$$r_{xx}^2(k) + r_{xy}^2(k) \leqslant 1 \tag{6-153}$$

我们知道，当 $p=2$ 时，韦布尔过程就变成了高斯过程，其包络服从瑞利分布，这时有

$$r_{uu}(k) = r_{xx}(k)$$

$$r_{uv}(k) = r_{xy}(k)$$

　　需要指出的是，在已知 $R_{uu}(k)$，$R_{uv}(k)$ 求解 $r_{xx}(k)$，$r_{xy}(k)$ 时，必须解一个二维方程。我们注意到，ZMNL 系统在对输入端的相关高斯过程进行变换时，尽管改变了相关函数，但对输入端的相关函数的虚部和实部比却没有改变，即

$$u(k) = \frac{R_{uv}(k)}{R_{uu}(k)} = \frac{r_{uv}(k)}{r_{uu}(k)} = \frac{r_{xy}(k)}{r_{xx}(k)} \tag{6-154}$$

于是有

$$r_{xy}(k) = u(k) r_{xx}(k) \tag{6-155}$$

利用这一关系，就可将解两个非线性方程变成解一个非线性方程。我们得到

$$r_{uu}(k) = \frac{p r_{xx}(k)}{2\Gamma\left(\frac{2}{p}\right)} [1 - (1 + u^2(k)) r_{xx}^2(k)]^{\frac{2}{p}+1} \Gamma^2\left(\frac{1}{p} + \frac{3}{2}\right)$$

$$\times {}_2F_1\left(\frac{1}{p} + \frac{3}{2}, \frac{1}{p} + \frac{3}{2}; 2; (1 + u^2(k)) r_{xx}^2(k)\right) \tag{6-156}$$

在解出 $r_{xx}(k)$ 之后，再根据式(6-155)解出 $r_{xy}(k)$。需要指出，在解 $r_{xx}(k)$ 时可以借鉴本章中产生非相干韦布尔过程时解该类非线性方程的方法，最后使问题得到了简化。

　　这样，我们就可以给出对相干相关韦布尔过程进行仿真的步骤：

　　(1) 首先，给出需要进行仿真的韦布尔过程的分布参量 p 和相关函数的实部和虚部 $R_{uu}(k)$ 和 $R_{uv}(k)$。

　　(2) 然后，利用式(6-154)，计算出相关函数的虚部和实部比 $u(k)$。

　　(3) 根据式(6-156)，利用本章中产生非相干韦布尔过程时解该类非线性方程的方法，解出 $r_{xx}(k)$。

　　(4) 再根据式(6-155)，解得 $r_{xy}(k)$。

(5) 最后根据 $r_{xx}(k)$、$r_{xy}(k)$，设计一对高斯滤波器。

一种设计窄带线性滤波器 $H(z)$ 的方法如下：

设窄带线性滤波器输出序列的功率谱为 $G(k)(k=0,1,\cdots,N-1)$，则相对应的相关函数为

$$\rho(n) = \frac{1}{N}\sum_k \sqrt{G(k)}e^{j2\pi nk}, \quad n=0,1,\cdots,N-1 \qquad (6-157)$$

则 $\rho(n)$ 就构成了 $H(z)$ 的 FIR 滤波器的加权系数，$\{\rho(n), n=1,2,\cdots,N-1\}$。由于滤波器的频率响应可表示为

$$|H(f)| = \left|\sum_m \rho(m)e^{-j2\pi fm}\right| = \sqrt{G(f)} \qquad (6-158)$$

并且，由于线性变换不改变随机序列的分布特性，故图 6-16 中的序列 $\{x\}$，$\{y\}$ 为具有给定相关函数和服从高斯分布的相关随机序列。

最后在窄带高斯滤波器的输入端输入高斯白噪声的时候，在系统的输出端就会得到满足韦布尔分布和给定相关函数的相干相关韦布尔随机过程。

这里需要指出，F. Scannapieco 在他的论文中以数字的形式给出了部分相干相关韦布尔分布的相关系数 ρ 和非线性变换前的相干相关高斯分布的相关系数 λ 之间的关系

$$\rho = k_a\lambda + (1-k_a) \qquad (6-159)$$

其中，k_a 为由韦布尔分布的形状参数 p 决定的常数，见表 6-4。

表 6-4　韦布尔分布参数 p 与 k_a 的关系

p	k_a
0.6	1.758
0.8	1.406
1.2	1.112

在仿真时，只要所给定的韦布尔分布的形状参数 p 与此值接近，利用表 6-4 的关系会给仿真带来很多方便，并且可以提高工作效率。

图 6-17 给出了一组韦布尔分布杂波的仿真结果。

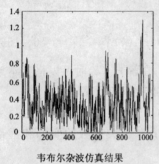
韦布尔杂波仿真结果

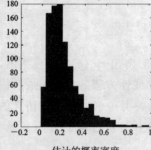
估计的概率密度

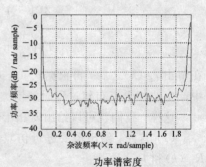
功率谱密度

图 6-17　韦布尔杂波仿真结果

6.3.4　球不变杂波的仿真

能够用球不变过程描述的杂波，我们称之为球不变杂波。在第 4 章中已经指出，一个 SIRP 可完全由特征概率密度函数 $f_S(s)$、均值和相关函数来描述。因此，我们要产生的随机序列必须满足任意给定的 $f_S(s)$、均值和相关函数，这样所得到的序列便是所要求的 SIRP。

1. 产生 SIRV 的方法

通常，产生 SIRV 有两种方法。

第一种方法是在特征概率密度函数 $f_S(s)$ 已知的情况下，对 SIRV 进行仿真。其仿真步骤如下：

（1）产生一个具有零均值、单位协方差矩阵的白高斯随机矢量 Z。

（2）产生随机变量 v，其概率密度函数为 $f_V(v)$，v 的均方值为 a^2。

（3）利用 a 对随机变量 v 进行归一化，得到随机变量 $s = v/a$。

（4）计算乘积 $X = Zs$，得到一个被调制的，具有零均值和单位协方差矩阵的白高斯 SIRV。

（5）最后，完成线性变换 $Y = AX + b$，得到一个具有所希望均值矢量和协方差矩阵的 SIRV Y。

在特征概率密度函数 $f_S(s)$ 已知的情况下，具体仿真方案如图 6-18 所示。

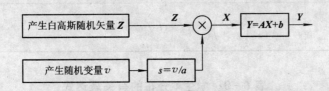

图 6-18　产生具有已知特征 PDF 的 SIRV 的方案

表 6-5、6-6、6-7 和表 6-8 分别给出了作为 SIRV 的拉普拉斯分布、柯西分布、k 分布和学生 t 分布的边缘概率密度函数、特征概率密度函数和 $h_{2N}(p)$ 的有关表达式，供仿真时参考。

表 6-5　拉普拉斯分布的有关表达式

边缘 PDF	$\dfrac{b}{2}\exp(b\lvert x_k\rvert)$	
$f_V(v)$	$b^2 v \exp\left(-\dfrac{b^2 v^2}{2}\right)$	$a^2 = E(V^2) = \dfrac{2}{b^2}$
$f_S(s)$	$ab^2 s \exp\left(-\dfrac{a^2 b^2 s^2}{2}\right)$	$as = v$ $E(s^2) = 1$
$h_{2N}(p)$	$b^{2N}(b\sqrt{p})^{1-N}K_{N-1}(b\sqrt{p})$	

表 6 - 6　柯西分布的有关表达式

边缘 PDF	$\dfrac{b}{\pi(b^2+x_k^2)}$	
$f_V(v)$	$b^2 v^{-3}\exp\left(-\dfrac{b^2}{2v^2}\right)$	$a^2=E(V^2)=\infty$
$f_S(s)$	$a^{-2}b^2 s^{-3}\exp\left(-\dfrac{b^2}{2a^2s^2}\right)$	$as=v$ $E(s^2)=1$
$h_{2N}(p)$	$\dfrac{2^N b\Gamma\left(\dfrac{1}{2}+N\right)}{\sqrt{\pi}(b^2+p)^{N+\frac{1}{2}}}$	

表 6 - 7　k 分布的有关表达式

边缘 PDF	$\dfrac{2b}{\Gamma(\alpha)}\left(\dfrac{bx}{2}\right)^{\alpha}K_{\alpha-1}(bx)$	
$f_V(v)$	$\dfrac{2b}{\Gamma(\alpha)2^\alpha}(bv)^{2\alpha-1}\exp\left(-\dfrac{b^2v^2}{2}\right)$	$a^2=E(V^2)=\dfrac{2\alpha}{b^2}$
$f_S(s)$	$\dfrac{2ab}{\Gamma(\alpha)2^\alpha}(bas)^{2\alpha-1}\exp\left(-\dfrac{b^2a^2s^2}{2}\right)$	$as=v$ $E(s^2)=1$
$h_{2N}(p)$	$\dfrac{b^{2N}}{\Gamma(\alpha)}\left(\dfrac{b\sqrt{p}}{2^{\alpha-1}}\right)^{\alpha-N}K_{N-\alpha}(b\sqrt{p})$	

表 6 - 8　学生 t 分布的有关表达式

边缘 PDF	$\dfrac{\Gamma\left(v+\dfrac{1}{2}\right)}{b\sqrt{\pi}\Gamma(v)}\left(1+\dfrac{x_k^2}{b^2}\right)^{-v-\frac{1}{2}}$	
$f_V(v)$	$\dfrac{2b}{\Gamma(v)2^v}b^{2v-1}v^{-(2v+1)}\exp\left(-\dfrac{b^2}{2v^2}\right)$	$a^2=E(V^2)=\dfrac{b^2}{2(v-1)}$
$f_S(s)$	$\dfrac{2ab}{\Gamma(v)2^v}b^{2v-1}(as)^{-(2v+1)}\exp\left(-\dfrac{b^2}{2a^2s^2}\right)$	$as=v$ $E(s^2)=1$
$h_{2N}(p)$	$\dfrac{b^{2N}}{\Gamma(\alpha)}\left(\dfrac{b\sqrt{p}}{2^{\alpha-1}}\right)^{\alpha-N}K_{N-\alpha}(b\sqrt{p})$	

　　第二种方法是在特征概率密度函数 $f_S(s)$ 未知的情况下，对 SIRV 进行仿真。表 6 - 9 列出了符合这种情况的边缘 PDF 类型及其对应的 $h_{2N}(p)$。

表 6 - 9　有关分布的 $h_{2N}(p)$

边缘 PDF	$h_{2N}(p)$
chi	$(-2)^{N-1}A\displaystyle\sum_{k=1}^{N}G_k p^{v-k}\exp(-Bp)$ $G_k=\dbinom{N-1}{k-1}(-1)^{k-1}B^{k-1}\dfrac{\Gamma(v)}{\Gamma(v-k+1)}$ $A=\dfrac{2}{\Gamma(v)}(b\sigma)^{2v}$ $B=b^2\sigma^2$ $v\leqslant 1$
Weibull	$\displaystyle\sum_{k=1}^{N}C_k p^{\frac{kb}{2}-N}\exp(-Ap^{\frac{b}{2}})$ $A=a\sigma^b$ $C_k=\displaystyle\sum_{m=1}^{k}(-1)^{m+N}2^N\dfrac{A^k}{k!}\dbinom{k}{m}\dfrac{\Gamma\left(1+\dfrac{mb}{2}\right)}{\Gamma\left(1+\dfrac{mb}{2}-N\right)}$ $b\leqslant 2$
Gen. Rayleigh	$\displaystyle\sum_{k=1}^{N-1}D_k p^{\frac{ka}{2}-N+1}\exp(-Bp^{\frac{a}{2}})$ $A=\dfrac{\sigma^2\alpha}{\beta^2\Gamma\left(\dfrac{2}{\alpha}\right)}$ $B=\beta^{-\alpha}\sigma^\alpha$ $D_k=\displaystyle\sum_{m=1}^{k}(-1)^{m+N-1}2^{N-1}\cdot\dfrac{B^k}{k!}\dbinom{k}{m}\dfrac{\Gamma\left(1+\dfrac{m\alpha}{2}\right)}{\Gamma\left(2+\dfrac{m\alpha}{2}-N\right)}$ $\alpha\leqslant 2$
Gen. Gamma	$\displaystyle\sum_{k=0}^{N-1}F_k p^{\frac{c\alpha}{2}-N}\exp(-Bp^{\frac{\alpha}{2}})$ $F_k=(-2)^{N-1}A\dbinom{N-1}{k}\dfrac{\Gamma\left(\dfrac{\alpha}{2}\right)}{\Gamma\left(\dfrac{\alpha}{2}-N+k+1\right)}\displaystyle\sum_{m=1}^{k}\sum_{l=1}^{m}(-1)^{m+l-1}\cdot\dfrac{B^m}{m!}\dfrac{\Gamma\left(1+\dfrac{lc}{2}\right)}{\Gamma\left(\dfrac{lc}{2}-k+1\right)}p^{\frac{mc}{2}}$ $c\alpha\leqslant 2$
Rician	$\dfrac{\sigma^{2N}}{(1-\rho^2)^{N-\frac{1}{2}}}\displaystyle\sum_{k=0}^{N-1}\dbinom{N-1}{k}(-1)^k\left(\dfrac{\rho}{2}\right)^k\xi_k\exp(-A)$ $\xi_k=\displaystyle\sum_{m=0}^{k}\dbinom{k}{m}I_{k-2m}(\rho A)$ $A=\dfrac{p\sigma^2}{2(1-\rho^2)}$

在特征概率密度函数 $f_S(s)$ 未知的情况下，根据坐标变换定理，表 6-9 列举了各种 SIRV 的仿真步骤：

(1) 产生一个具有零均值、单位协方差矩阵的白高斯矢量 $\boldsymbol{Z}$。

(2) 计算矢量 $\boldsymbol{Z}$ 的模或矢径 $\boldsymbol{R}_G = \|\boldsymbol{Z}\| = \sqrt{\boldsymbol{Z}^T \boldsymbol{Z}}$。

(3) 产生白 SIRV 的模或矢径 $\boldsymbol{R} = \|\boldsymbol{X}\| = \sqrt{\boldsymbol{X}^T \boldsymbol{X}}$。

(4) 计算白 SIRV $\boldsymbol{X}$，$\boldsymbol{X} = \dfrac{\boldsymbol{Z}}{\boldsymbol{R}_G} \boldsymbol{R}$。

(5) 最后，完成线性变换 $\boldsymbol{Y} = \boldsymbol{A}\boldsymbol{X} + \boldsymbol{b}$，得到一个具有所希望均值和协方差矩阵的 SIRV $\boldsymbol{Y}$。其中，$\boldsymbol{A}$ 是由所希望的相关特性决定的，$\boldsymbol{b}$ 是其均值矢量。它们分别为

$$\boldsymbol{A} = \boldsymbol{E}\boldsymbol{D}^{\frac{1}{2}}$$

$$\boldsymbol{b} = \boldsymbol{u}_y$$

式中：$\boldsymbol{E}$ 为协方差矩阵的归一化本征矢量矩阵；$\boldsymbol{D}$ 为协方差矩阵的本征值对角线矩阵；$\boldsymbol{u}_y$ 为所希望的非零均值矢量。

具体仿真方案见图 6-19。该方案适用于 chi 分布、韦布尔分布、广义瑞利分布、莱斯分布和广义 Γ 分布。

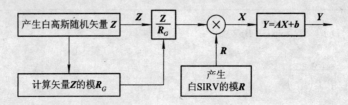

图 6-19　产生具有未知特征 PDF 的 SIRV 的方案

2. 几个球不变雷达杂波的仿真举例

下面根据 SIRV 产生原理，较详细地讨论几个典型例子。

(1) 复合 k 分布雷达杂波的仿真。前边已经指出，产生相关非高斯杂波的方法主要有两种，即对相关高斯序列进行无记忆非线性变换方法和利用球不变随机过程方法。

在实际应用中，无记忆非线性变换方法有时并不总是有效的，其原因是：

· 在无记忆非线性变换的输出端给定一个非高斯序列的协方差矩阵的时候，利用无记忆非线性变换方法在其输入端并不总能够确定一个与其相对应的高斯序列的非负定的协方差矩阵。

· 当且仅当非线性变换特性是多项式形式的时候，如果在非线性变换的输入端的高斯序列是带限的，那么在其输出端的序列也是带限的，此外对任何高斯过程，无记忆非线性变换都会使输入信号的频谱展宽。

· 无记忆非线性变换不能独立地控制边缘概率密度函数和相关函数。根据第 4 章我们知道，复合 k 分布的包络 $a(t)$ 可以看做是两个随机变量之积

$$a(t) = y \cdot r(t) = y \mid v(t) \mid \tag{6-160}$$

其中，$r(t)$ 服从瑞利分布，是两个高斯分量的模 $|v(t)|$。$r(t)$ 是一个快变分量被一个慢变分量 y 调制。y 服从 chi 分布，它是一个相关性较强的慢变分量，因此是一个窄带信号。

包络 $a(k)$ 有边缘概率密度函数

$$f_A(a, k) = \int_0^\infty \frac{a}{y^2 \sigma^2(k)} \exp\left(-\frac{a^2}{2y^2 \sigma^2(k)}\right) f(y) \, \mathrm{d}y \tag{6-161}$$

其中，$\sigma^2(k)$ 是杂波正交分量的方差。

假设其方差为单位方差，仍不失一般性。这样，幅度分布由调制过程 $y(k)$ 的边缘概率密度函数 $f(k)$ 惟一地确定。因为 $y(k)$ 和 $v(k)$ 是相互独立的，系统输出 $z(k)$ 的复自相关函数由下式给出：

$$ACF_z(n, m) = ACF_y(m)ACF_v(n, m) \tag{6-162}$$

式中：$ACF_y(m)$ 为序列 $y(k)$ 的自相关函数；$ACF_v(n, m)$ 为序列 $v(k)$ 的复自相关函数。因为对任何的 m，$ACF_y(m) \approx 1$，因此输出 $z(k)$ 的相关特性与高斯序列接近。

输出 z 有协方差矩阵 M 为

$$M = \begin{bmatrix} M_{cc} & M_{cs} \\ M_{sc} & M_{ss} \end{bmatrix} \tag{6-163}$$

式中：M_{cc}，M_{ss} 分别为同相和正交分量的协方差矩阵；M_{cs}，M_{sc} 分别为同相和正交分量的互协方差矩阵。

当 $z(k)$ 是广义平稳的 SIRP 时，需要满足以下条件：

· 正交分量的均值必须为零。

· 一对正交分量包络间必须相互独立，相位在 $[0, 2\pi]$ 区间均匀分布，这就使一对正交分量同分布，其联合概率密度函数是圆对称的，保证了在每个采样瞬间一对正交分量间的正交性。

· 复过程 $z(t) = z_c(t) + jz_s(t)$ 的正交分量的自相关函数和互相关函数必须满足以下条件

$$\left. \begin{array}{l} ACF_{cc}(\tau) = ACF_{ss}(\tau) \\ ACF_{cs}(\tau) = -ACF_{sc}(\tau) \end{array} \right\} \tag{6-164}$$

其中，$ACF_{aa}(\tau) = E[x_a(t)x_a(t-\tau)]$，$ACF_{ab}[x_a(y)x_b(t-\tau)]$，同时，$z$ 的相关矩阵的非负定的特性也必须被满足。这样，复合 k 分布海杂波就可被看做是一个合理的球不变随机过程。于是就有产生复合 k 分布雷达海杂波的方案，如图 6-20 所示。

图 6-20 复合 k 分布序列的产生原理

对该方案可用以下仿真步骤：

· 产生一个 $2N$ 维零均值白高斯随机矢量 W，$2N$ 为同相和正交分量同步采样之和。

· 进行线性变换，得到 $2N$ 维 SIRV V，它具有所希望的协方差矩阵 M，V 即是满足给定协方差矩阵 M 的 $2N$ 维相关高斯矢量

$$V = GW$$

其中，

$$G = ED^{\frac{1}{2}} \tag{6-165}$$

式中：E 为协方差矩阵 M 的归一化本征矢量矩阵；D 为协方差矩阵 M 的本征值的对角线矩阵。

　　· 产生 N 维瑞利分布包络矢量 U 和矢量 $V=[V_c, V_s]^T$ 的正交分量的均匀分布相位 F

$$U = \sqrt{V_c^2 + V_s^2}$$
$$F = \arctan\left(\frac{V_s}{V_c}\right) \qquad (6-166)$$

　　· 产生广义 chi 分布随机变量 y。

　　① 首先产生 χ^2 分布随机变量

$$\chi^2(n, \sigma) = \begin{cases} -2\sigma^2 \ln\left[\prod_{i=1}^{r} u_i(0, 1)\right], & r = \dfrac{n}{2}(n\ \text{为偶数}) \\[4mm] -2\sigma^2 \ln\left[\prod_{i=1}^{r} u_i(0, 1)\right] + [N(0, \sigma^2)]^2, & r = \dfrac{n-1}{2}(n\ \text{为奇数}) \end{cases}$$

式中：$N(0, \sigma^2)$ 是均值为 0，方差为 σ^2 的高斯分布随机变量；$u(0, 1)$ 是 $[0, 1]$ 区间的均匀分布随机变量。

　　② 然后，得到 chi 分布随机变量

$$y = \text{chi}(\beta, \sigma) = \sqrt{\frac{\chi^2(\beta, \sigma)}{\beta}} \qquad (6-167)$$

　　· 产生由 $A=yU$ 给出的乘积，得到具有所希望相关特性的复合 k 分布海杂波幅度分布的 N 维矢量。

　　最后，N 维复矢量 Z 由下式和它的正交分量确定

$$Z = A \exp(jF)$$
$$Z_c = \text{Re}[Z], \ Z_s = \text{Im}[Z] \qquad (6-168)$$

其中，Z_c、Z_s 为一对正交分量，它们均服从广义拉普拉斯分布。

　　根据仿真过程知，如果正交分量的平均功率 σ^2 等于 1，为了得到具有平均功率 $\sigma^2 > 1$ 的正交分量，需要进行变换

$$Z_\sigma = \sqrt{\frac{v}{2c^2}} Z$$

式中：v 和 c 分别为复合 k 分布的形状参量和标度参量，仿真流程图如图 6-21 所示。

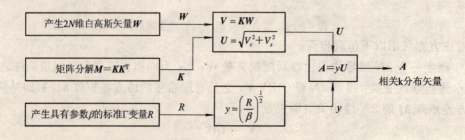

图 6-21　产生相关复合 k 分布随机序列流程图

用 SIRP 方法对复合 k 分布杂波进行了仿真，仿真结果示于图 6-22。图中由左至右分别为复合 k 分布杂波仿真结果、估计的概率密度函数和杂波功率谱密度。

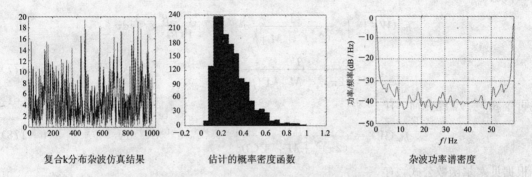

复合k分布杂波仿真结果　　　　　估计的概率密度函数　　　　　　杂波功率谱密度

图 6-22　复合 k 分布随机序列的仿真结果

（2）相关多变量 k 分布随机矢量的仿真。这一节我们直接从多变量的角度来介绍多维 k 分布随机矢量的仿真方法。这种方法也是以球不变过程为基础的。假设，随机矢量 $\boldsymbol{X}$ 服从均值为零、协方差矩阵为 $\boldsymbol{M}$ 的多变量高斯分布，其联合概率密度函数为

$$f_X(\boldsymbol{X}) = \frac{1}{(2\pi)^N |\boldsymbol{M}|^{\frac{1}{2}}} \exp(-\boldsymbol{X}^{\mathrm{T}} \boldsymbol{M}^{-1} \boldsymbol{X}) \tag{6-169}$$

其中，矢量 $\boldsymbol{X}$ 有 $2N$ 个采样，其中有 N 个同向采样和 N 个正交采样。考虑矢量 $\boldsymbol{W} = v\boldsymbol{X}$，这里 v 是一个非负的、与 $\boldsymbol{X}$ 相互独立的随机变量。令 $p = \boldsymbol{W}^{\mathrm{T}} \boldsymbol{M}^{-1} \boldsymbol{W}$，在已知 v 的情况下，有 $\boldsymbol{W}$ 的条件概率密度函数

$$f_W(\boldsymbol{W} \mid v) = \frac{1}{(2\pi)^N |\boldsymbol{M}|^{\frac{1}{2}}} v^{2N} \exp\left(-\frac{p}{2v^2}\right) \tag{6-170}$$

$\boldsymbol{W}$ 的无条件概率密度函数为

$$f_W(\boldsymbol{W}) = \int_0^\infty f_W(\boldsymbol{W} \mid v) f_v(v) \, \mathrm{d}v \tag{6-171}$$

式中：$f_v(v)$ 是随机变量 v 的概率密度函数。由于 X 和 v 是统计独立的，于是有

$$E(\boldsymbol{W}) = E(v\boldsymbol{X}) = E(\boldsymbol{X})E(v) = 0 \tag{6-172}$$

$$E(\boldsymbol{W}\boldsymbol{W}^{\mathrm{T}}) = E(\boldsymbol{X}\boldsymbol{X}^{\mathrm{T}})E(v^2) = E(v^2)\boldsymbol{M} \tag{6-173}$$

显然，矢量 $\boldsymbol{W}$ 的协方差矩阵可以通过 $E(v^2)$ 来调节。

现在，令 $f_v(v)$ 服从广义 chi 分布

$$f_v(v) = \frac{2v^{2\beta-1}\alpha^\beta}{\Gamma(\beta)} \mathrm{e}^{-\alpha v^2} \quad v \geqslant 0 \tag{6-174}$$

于是有

$$E(v^2) = \int_0^\infty 2v^2 \frac{v^{2\beta-1}\alpha^\beta}{\Gamma(\beta)} \mathrm{e}^{-\alpha v^2} \, \mathrm{d}v = \int_0^\infty 2 \frac{v^{2\beta+1}\alpha^\beta}{\Gamma(\beta)} \mathrm{e}^{-\alpha v^2} \, \mathrm{d}v$$

再令 $\alpha v^2 = x$，得到

$$E(v^2) = \int_0^\infty \frac{x^\beta \mathrm{e}^{-x}}{\alpha \Gamma(\beta)} \, \mathrm{d}x = \frac{\Gamma(\beta+1)}{\alpha \Gamma(\beta)} = \frac{\beta}{\alpha} \tag{6-175}$$

如果选择 $\alpha = \beta$，则广义 chi 分布变成

$$f_v(v) = \frac{2v^{2\beta-1}\beta^\beta}{\Gamma(\beta)}e^{-\beta v^2}, \quad \beta > 1 \tag{6-176}$$

又得到

$$f_W(\boldsymbol{W}) = \int_0^\infty \frac{1}{(2\pi)^N |\boldsymbol{M}|^{\frac{1}{2}}} v^{-2N} e^{-\frac{p}{2v^2}} \frac{2v^{2\beta-1}\beta^\beta}{\Gamma(\beta)} e^{-\beta v^2} \, \mathrm{d}v$$

$$= \frac{\beta^N}{(2\pi)^N |\boldsymbol{M}|^{\frac{1}{2}}\Gamma(\beta)} \int_0^\infty 2v^{-2N+2\beta-1} e^{-\beta v^2 - \frac{p}{2v^2}} \, \mathrm{d}v \tag{6-177}$$

再令 $\beta v^2 = y$，经化简，有

$$f_W(\boldsymbol{W}) = \frac{\beta^N}{(2\pi)^N |\boldsymbol{M}|^{\frac{1}{2}}\Gamma(\beta)} \int_0^\infty y^{-N+\beta-1} e^{-\left(y+\frac{\beta p}{2y}\right)} \, \mathrm{d}y \tag{6-178}$$

根据贝塞尔函数公式，有

$$K_\beta(z) = \frac{1}{2}\left(\frac{z}{2}\right)^\beta \int_0^\infty y^{-\beta-1} e^{-\left(y+\frac{z^2}{4y}\right)} \, \mathrm{d}y \tag{6-179}$$

$K_\beta(z)$ 为 β 阶第二类修正的贝塞尔函数。最后得到

$$f_W(\boldsymbol{W}) = \frac{2\beta^N}{(2\pi)^N |\boldsymbol{M}|^{\frac{1}{2}}\Gamma(\beta)} \left(\frac{2}{(2\beta p)^{1/2}}\right)^{N-\beta} K_{N-\beta}\left[(2\beta p)^{1/2}\right]$$

$$= \frac{2^{-\frac{N+\beta}{2}+1}\beta^{\frac{N+\beta}{2}}}{\pi^N |\boldsymbol{M}|^{\frac{1}{2}}\Gamma(\beta) p^{\frac{N-\beta}{2}}} K_{N-\beta}\left[(2\beta p)^{1/2}\right] \tag{6-180}$$

式(6-180)便是具有参数 N 和 β 的多维 k 分布表达式。N 是复采样数，β 是形状参数，它决定了多维概率密度函数的"尾巴"特性。

于是，得到多变量 k 分布随机矢量的仿真步骤：

· 首先，产生一个具有协方差矩阵 $\boldsymbol{M}$ 的 $2N$ 维的白高斯随机矢量 $\boldsymbol{X}'$。

· 对协方差矩阵 $\boldsymbol{M}$ 进行 Cholesky 分解，得到 $\boldsymbol{M} = \boldsymbol{K}\boldsymbol{K}^\mathrm{T}$，这里 $\boldsymbol{K}$ 是下三角矩阵。

· 计算相关高斯多维随机矢量 $\boldsymbol{X} = \boldsymbol{K}\boldsymbol{X}'$。

· 产生标准 Γ 变量 y。

· 计算广义 chi 分布随机变量 $v = \left(\dfrac{y}{\beta}\right)^{\frac{1}{2}}$。

· 最后，得到具有所希望相关特性的多维 k 分布的随机矢量 $\boldsymbol{D} = v\boldsymbol{X}$。

产生多维 k 分布随机矢量的原理图如图 6-23 所示。

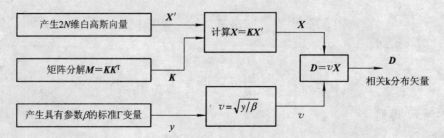

图 6-23　产生多维相关 k 分布随机矢量原理图

（3）相关多变量学生 t 分布随机矢量的产生。这里将要介绍的产生相关多变量学生 t 分布随机矢量的方法，与上一节产生相关多变量 k 分布随机矢量方法的思路是相同的，也是从多变量高斯分布入手的。

假设，随机矢量 X 服从均值为零、协方差矩阵为 M 的多变量高斯分布，其联合概率密度函数如式（6-169）所示，式中，矢量 X 有 $2N$ 个采样，其中有 N 个同向采样和 N 个正交采样。

假定，矢量 $W = X/v$，这里 v 是一个非负的、与 X 相互独立的随机变量。仍然令 $p = W^{\mathrm{T}} M^{-1} W$，在已知 v 的情况下，有 W 的条件概率密度函数

$$f_W(W \mid v) = \frac{1}{(2\pi)^N |M|^{\frac{1}{2}}} v^{2N} \exp\left(-\frac{v^2 p}{2}\right) \tag{6-181}$$

W 的无条件概率密度函数为

$$f_W(W) = \int_0^\infty f_W(W \mid v) f_v(v)\,\mathrm{d}v \tag{6-182}$$

式中：$f_v(v)$ 是随机变量 v 的概率密度函数。由于 X 和 v 是统计独立的，由于有

$$E(W) = E\left(\frac{X}{v}\right) = E(X)E(v^{-1}) = 0 \tag{6-183}$$

$$E(WW^{\mathrm{T}}) = E(XX^{\mathrm{T}})E(v^{-2}) = E(v^{-2})M \tag{6-184}$$

由式（6-184）可以看出，矢量 W 的协方差矩阵可以通过 $E(v^{-2})$ 来调节。

现在，令 $f_v(v)$ 服从 chi 分布

$$f_v(v) = \frac{2v^{2\beta-1}\alpha^\beta}{\Gamma(\beta)}\mathrm{e}^{-\alpha v^2}, \quad v \geqslant 0 \tag{6-185}$$

根据式（6-187），可以求出

$$E(v^{-2}) = \int_0^\infty 2v^{-2}\frac{v^{2\beta-1}\alpha^\beta}{\Gamma(\beta)}\mathrm{e}^{-\alpha v^2}\,\mathrm{d}v = \int_0^\infty 2\frac{v^{2\beta-3}\alpha^\beta}{\Gamma(\beta)}\mathrm{e}^{-\alpha v^2}\,\mathrm{d}v$$

再令 $\alpha v^2 = x$，得到

$$E(v^{-2}) = \alpha \int_0^\infty v^{-2}\frac{x^{\beta-2}\mathrm{e}^{-x}}{\Gamma(\beta)}\,\mathrm{d}x = \alpha\frac{\Gamma(\beta-1)}{\Gamma(\beta)} = \frac{\alpha}{\beta-1} \tag{6-186}$$

如果选择 $\alpha = \beta - 1$，广义 chi 分布变成

$$f_v(v) = \frac{2v^{2\beta-1}(\beta-1)^\beta}{\Gamma(\beta)}\mathrm{e}^{-(\beta-1)v^2}, \quad \beta > 1 \tag{6-187}$$

又得到

$$f_W(w) = \int_0^\infty \frac{1}{(2\pi)^N |M|^{\frac{1}{2}}} v^{2n}\mathrm{e}^{-v^2 p/2}\frac{2v^{2\beta-1}(\beta-1)^\beta}{\Gamma(\beta)}\mathrm{e}^{-(\beta-1)v^2}$$

$$= \frac{(\beta-1)^\beta}{(2\pi)^N |M|^{\frac{1}{2}}\Gamma(\beta)}\int_0^\infty 2v^{2N+2\beta-1}\mathrm{e}^{-v^2\left(\beta-1+\frac{p}{2}\right)}\,\mathrm{d}v \tag{6-188}$$

再令 $\left(\beta-1+\dfrac{p}{2}\right)v^2 = y$，最后具有参数 N 和 β 的 $2N$ 维多变量学生 t 分布表达式为

$$f_W(w) = \frac{(\beta-1)^\beta}{(2\pi)^N |M|^{\frac{1}{2}}\Gamma(\beta)}\int_0^\infty \frac{y^{N+\beta-1}}{\left(\beta-1+\dfrac{p}{2}\right)^{N+\beta}}\mathrm{e}^{-y}\,\mathrm{d}v$$

$$= \frac{(\beta-1)^\beta\Gamma(N+\beta)}{(2\pi)^N |M|^{\frac{1}{2}}\Gamma(\beta)\left(\beta-1+\dfrac{p}{2}\right)^{N+\beta}} \tag{6-189}$$

其中，N 是复采样数，β 是分布参数，它决定了该密度函数的"尾巴"特性，β 值越小，该分布的"尾巴"越大。于是，得到该随机矢量的仿真步骤：

- 首先，产生一个具有协方差矩阵 M 的 $2N$ 维的白高斯随机矢量 X'。
- 对协方差矩阵 M 进行 Cholesk y 分解，得到 $M = KK^{\mathrm{T}}$，这里 K 是下三角矩阵。
- 得到多维相关随机矢量 $X = KX'$。
- 产生标准 Γ 变量 y。
- 计算广义 chi 分布随机变量 $v = \sqrt{\dfrac{y}{\beta - 1}}$。
- 最后，得到具有所希望相关特性的多维学生 t 分布的随机矢量 $D = X / v$。

产生多变量学生 t 分布随机矢量的原理图如图 6 - 24 所示。

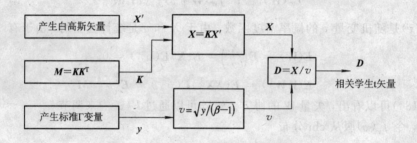

图 6 - 24　产生多维相关学生 t 分布矢量原理图

第 7 章　雷达系统模型

　　建立雷达系统模型是雷达仿真工作中一个非常重要的环节，不管是系统验证还是系统设计，都必须给出一个完整的雷达系统模型(包括天线、发射机、接收机、信号处理机、检测器、恒虚警处理器和数据处理器等)，并且能用数学表达式进行描述，然后将其变成一个"软雷达"。当然，最好是能利用某种平台，事先建立各个单元的仿真模块，构建一个雷达模块库，仿真时按照系统结构将它们从模块库中调出来，用线连接起来，便构成了一个所需要的"软雷达"。一个典型的搜索雷达原理方框图如图 7 - 1 所示。

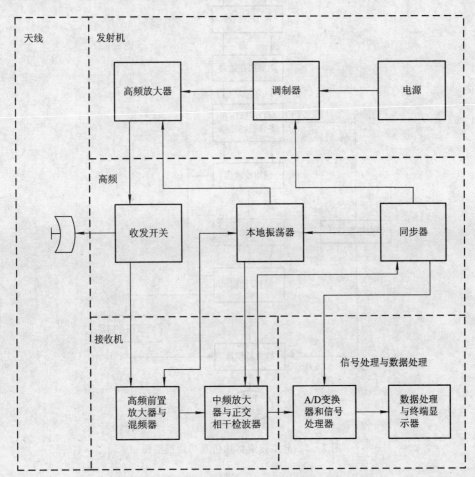

图 7 - 1　典型现代雷达系统方框图

　　图 7 - 2 是根据图 7 - 1 构建的搜索雷达简化的仿真功能模型图。其中省略了数据处理部分和某些线性处理部分。

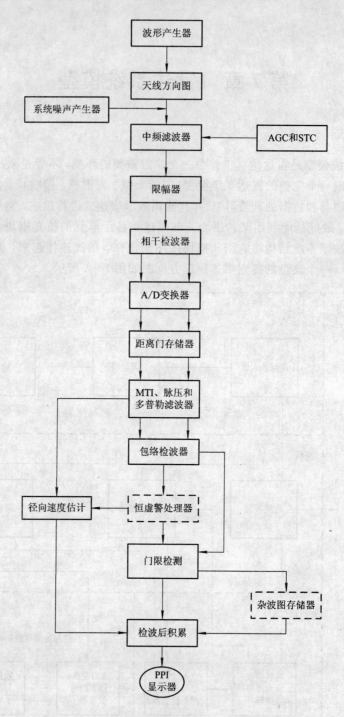

图 7-2 典型搜索雷达仿真功能模型图

7.1 雷 达 波 形

7.1.1 相参脉冲串波形

相参脉冲串可表示为

$$s(t) = Au(t) \cos\omega_0 t \tag{7-1}$$

式中：ω_0 为载波角频率；$u(t)$ 为调制函数；A 为信号幅度。

调制函数为矩形脉冲串

$$\left. \begin{aligned} u(t) &= \text{rect}\left(\frac{t}{\tau}\right) + \text{rect}\left(\frac{t-T_r}{\tau}\right) + \cdots + \text{rect}\left(\frac{t-(N-1)T_r}{\tau}\right) \\ \text{rect}\left(\frac{t}{\tau}\right) &= \begin{cases} 1, & |t| \leqslant \dfrac{\tau}{2} \\ 0, & |t| > \dfrac{\tau}{2} \end{cases} \end{aligned} \right\} \tag{7-2}$$

式中：T_r 为脉冲重复周期；τ 为脉冲宽度；N 为脉冲串中的脉冲个数。

实际上，式(7-1)便是普通脉冲雷达发射的信号，它是用相参矩形脉冲串调制载波信号得到的。

7.1.2 线性调频波形

线性调频信号也称"Chirp"信号，它是脉冲压缩雷达经常采用的信号之一，它可表示为

$$s(t) = Au(t) \sin\left[2\pi\left(f_0 t + \frac{1}{2}kt^2\right)\right], \quad |t| \leqslant \frac{T}{2} \tag{7-3}$$

式中：k 为调制斜率或频率变化率，$k = B/T$（B 为信号带宽或称扫频宽度）；f_0 为初始相位对应的初始频率；T 为脉冲宽度。

调制函数

$$u(t) = \text{rect}\left(\frac{t}{T}\right) + \text{rect}\left(\frac{t-T_r}{T}\right) + \cdots + \text{rect}\left(\frac{t-(N-1)T_r}{T}\right)$$

$$\text{rect}\left(\frac{t}{T}\right) = \begin{cases} 1, & |t| \leqslant \dfrac{T}{2} \\ 0, & |t| > \dfrac{T}{2} \end{cases}$$

这里脉冲宽度用 T 表示，一般它是一个宽脉冲。

当然，线性调频波形也可以用复数形式表示为

$$s(t) = A\,\text{rect}\left(\frac{t}{T}\right)e^{j2\pi\left(f_0 t + \frac{kt^2}{2}\right)} \tag{7-4}$$

线性调频波形的复包络

$$\widetilde{P}(t) = \exp\left(-j\frac{1}{2}ut^2\right), \quad |t| \leqslant \frac{T}{2} \tag{7-5}$$

式中：$u = 2\pi\dfrac{B}{T}$ 是以弧度/秒^2 表示的扫频宽度。

由于信号的瞬时频率 $f(t) = f_0 + kt$，故该信号被称做线性调频信号。

7.1.3 步进频率波形

步进频率波形是步进频率雷达所采用的波形，可表示为

$$s_1(t) = A_1 \cos[2\pi(f_0 + n\Delta f)t], \quad n = 0, 1, \cdots, N-1 \qquad (7-6)$$

式中：A_1 为信号幅度；f_0 为载波频率；N 为雷达发射的脉冲个数。

如果 $s_1(t)$ 表示雷达发射信号，则迟延 $2R/c$ 时间之后的目标回波信号就可表示为

$$s_2(t) = A_2 \cos\left[2\pi(f_0 + n\Delta f)\left(t - \frac{2R}{c}\right)\right], \quad n = 0, 1, 2, \cdots, N-1 \qquad (7-7)$$

式中：A_2 为回波信号幅度；R 为目标距离；c 为光速（$c = 3.8 \times 10^8$ m/s），Δf 为步进频率。

如果将其与相干信号相乘，则有

$$
\begin{aligned}
s_1(t)s_2(t) &= A_1 A_2 \cos[2\pi(f_0 + n\Delta f)t] \cos\left[2\pi(f_0 + n\Delta f)\left(t - \frac{2R}{c}\right)\right] \\
&= \frac{A_1 A_2}{2}\left\{\cos\left[2\pi(f_0 + n\Delta f)t - 2\pi(f_0 + n\Delta f)\left(t - \frac{2R}{c}\right)\right]\right. \\
&\quad \left. + \cos\left[2\pi(f_0 + n\Delta f)\frac{2R}{c}\right]\right\}
\end{aligned}
\qquad (7-8)
$$

式中：第一项为高频项，经低通滤波器可将其滤掉。相干检波器的输出则可表示为

$$
\begin{aligned}
s(t) &= \frac{A_1 A_2}{2}\cos\left[2\pi(f_0 + n\Delta f)\frac{2R}{c}\right] \\
&\equiv A \cos\left[2\pi(f_0 + n\Delta f)\frac{2R}{c}\right], \quad n = 0, 1, \cdots, N-1
\end{aligned}
\qquad (7-9)
$$

表示成复数形式

$$s(t) = A e^{j\varphi_n} \qquad (7-10)$$

式中：$\varphi_n = 2\pi(f_0 + n\Delta f)\dfrac{2R}{c}$，$A = \dfrac{A_1 A_2}{2}$。

7.1.4 相位编码波形

相位编码波形包括二相码、四相码等，当前用得最多的相位编码波形是二相编码波形，简称二相码波形，有表达式

$$
s(t) = \begin{cases}
\dfrac{A}{\sqrt{P}}\sum_{k=0}^{P-1} a_k v(t - kT)e^{j2\pi f_0}, & 0 < T < PT \\
0, & \text{其他}
\end{cases}
\qquad (7-11)
$$

式中：P 为码长；T 为子脉冲宽度；A 为信号幅度；f_0 为载波频率；a_k 为二进制编码序列的第 k 个子码的取值，其值为 1 或 -1，有时也将其取为 0 或 1。信号的复包络函数

$$u(t) = v(t) * \frac{A}{\sqrt{P}}\sum_{k=0}^{P-1} a_k \delta(t - kT) = u_1(t) * u_2(t) \qquad (7-12)$$

其中

$$u_1(t) = v(t) = \begin{cases} \dfrac{1}{\sqrt{T}}, & 0 < t < T \\ 0, & \text{其他} \end{cases}$$

$$u_2(t) = \frac{A}{\sqrt{P}} \sum_{k=0}^{P-1} a_k \delta(t - kT)$$

对于多相码，下面给出四种序列长度为 N 的波形表达式：

(1) Frank 序列：$f(km+n+1) = e^{j2\pi k(n/m)}$，$0 \leqslant j$，$n < m$，$N = m^2$　　　　　(7 - 13)

(2) chu 序列：$c(k+1) = \begin{cases} \alpha^{k^2/2} + qk, & N \text{ 为偶数} \\ \alpha^{k(k+1)/2} + qk, & N \text{ 为奇数} \end{cases}$，$q \in$ 整数　　　(7 - 14)

(3) P3 和 P4 码：$P3(k+1) = \alpha^{k^2/2}$，$0 \leqslant k \leqslant N$　　　　　　　　　　(7 - 15)

$$P4(k+1) = \alpha^{(k^2 - kN)/2}, \ 0 \leqslant k \leqslant N \tag{7 - 16}$$

(4) Golumb 序列：$g(k+1) = \alpha^{k(k+1)/2}$，$0 \leqslant k \leqslant N$　　　　　　(7 - 17)

以上各式中，码元 $\alpha = e^{j2\pi/N}$。

7.1.5　m 序列码波形

m 序列码是由线性反馈移位寄存器产生的一种周期最长的二相码，在雷达、通信、信息对抗等系统中均有广泛的应用。m 序列码可表示为

$$b_k = \sum_{i=1}^{N} c_i b_{k-1} \qquad (\text{模 2 加}) \tag{7 - 18}$$

式中：b_k 为移位寄存器状态；c_i 为权值，取值为 1 或 0，取值为 1 表示该级有反馈，取值为 0 表示该级无反馈；N 为移位寄存器位数。

如果需要 1、−1 的 m 序列码，取变换

$$a_k = 2b_k - 1$$

m 序列码的最大码长

$$P = 2^N - 1$$

众所周知，m 序列也称最大长度序列（MLS），它是由线性移位寄存器产生的，其原理图如图 7 - 3 所示。其中，L 为移位寄存器的长度。不同的反馈位置和数量将产生不同的序列。移位寄存器的级数 L、序列长度 N、最大长度序列的数目和反馈级数位置均列于表 7 - 1。

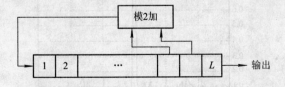

图 7 - 3　由线性移位寄存器产生 m 序列的原理图

表 7 - 1　移位寄存器的级数 L、序列长度 N、最大长度序列的数目和反馈级数位置关系

移位寄存器的级数 L	序列长度 N	最大长度序列的数目	反馈级数位置
2	3	1	[1，2]
3	7	2	[2，3]
4	15	2	[3，4]
5	31	6	[3，5]，[2，3，4，5]，[1，3，4，5]
6	63	6	[5，6]，[1，4，5，6]，[2，3，5，6]
7	127	18	[6，7]，[4，7]，[4，5，6，7] [2，5，6，7]，[2，4，6，7]，[1，4，6，7] [3，4，5，7]，[2，3，4，5，6，7] [1，2，4，5，6，7]
8	255	16	[1，6，7，8]，[3，5，7，8]，[2，3，7，8] [4，5，6，8]，[3，5，6，8]，[2，5，6，8] [2，4，5，6，7，8]，[1，2，5，6，7，8]
9	511	48	[5，9]，[2，7，8，9]，[5，6，8，9] [4，5，8，9]，[1，5，8，9]，[2，4，8，9] [4，6，7，9]，[2，5，7，9]，[3，5，7，9] [3，5，6，7，8，9]，[1，5，6，7，8，9] [3，4，6，7，8，9]，[2，4，6，7，8，9] [2，3，6，7，8，9]，[1，3，6，7，8，9] [1，2，6，7，8，9]，[3，4，6，7，8，9] [2，4，5，7，8，9]，[1，4，5，6，8，9] [2，3，5，6，8，9]，[1，3，5，6，8，9] [3，4，5，6，7，9]，[2，4，5，6，7，9] [1，3，4，5，6，7，8，9]

　　m 序列码的主要优点是它的自相关特性好，这里给出了一个 31 位码的自相关曲线，如图 7 - 4 所示。

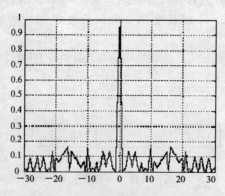

图 7 - 4　31 位 m 序列码自相关特性

在雷达中应用时，不管哪种波形我们都希望它有较低的旁瓣电平。表 7-2 给出了部分序列的峰值旁瓣电平(PSL)、峰值互相关电平(PCCL)和积累旁瓣电平 ISL 的数据，可供系统仿真选码时参考。

表 7-2　m 序列码及其性能

码长	码的数量	PSL/dB	ISL/dB	PCCL/dB
31	2	−17.8	−6.1	−10.7
31	3	−15.8	−9.8	−4.3
63	2	−16.9	−3.5	−10.0
63	3	−16.9	−4.5	−10.0
63	4	−16.9	−4.5	−10.0
127	2	−22.1	−5.0	−14.8
127	3	−21.2	−4.1	−14.8
127	4	−21.2	−5.6	−9.2
127	5	−21.2	−4.7	−6.2
255	2	−23.0	−4.5	−16.8
255	3	−23.0	−4.8	−14.9
255	4	−23.0	−4.7	−13.3
255	5	−23.0	−4.5	−8.5

表 7-2 中，峰值旁瓣电平等于最大旁瓣功率和峰值响应平方的比值，峰值互相关电平等于最大互相关功率与峰值响应平方的比值，积累旁瓣电平等于旁瓣总功率与峰值响应平方的比值。

这里需要指出的是，m 序列码与 M 序列码是不同的，M 序列码是由非线性移位寄存器产生的最长序列码，如果需要可参考有关资料。

7.1.6　巴克码波形

巴克码是一种典型的二相码，由于它的特殊性这里单独列了一小节对其讲述。巴克码有较好的性能，在脉冲压缩雷达系统中有较多的应用，缺点是它对多普勒频率比较敏感，并且种类较少，现在已知的全部巴克码列于表 7-3 中。

表 7 - 3   已知全部巴克码表

码　长	码　　元
1	[1]
2	[1, 1], [1, −1], [−1, 1], [−1, −1]
3	[1, 1, −1], [1, −1, −1], [−1, 1, 1], [−1, −1, 1]
4	[1, 1, 1, −1], [1, 1, −1, 1], [1, −1, 1, 1], [1, −1, −1, −1], [−1, 1, −1, −1], [−1, −1, 1, −1], [−1, −1, −1, 1]
5	[1, 1, 1, −1, 1], [1, −1, 1, 1, 1], [−1, 1, −1, −1, −1], [−1, −1, −1, 1, −1]
7	[1, 1, 1, −1, −1, 1, −1], [1, −1, 1, 1, −1, −1, −1] [−1, 1, −1, −1, 1, 1, 1], [−1, −1, −1, 1, 1, −1, 1]
11	[1, 1, 1, −1, −1, −1, 1, −1, −1, 1, −1] [1, −1, 1, 1, −1, 1, 1, 1, −1, −1, −1] [−1, 1, −1, −1, 1, −1, −1, −1, 1, 1, 1] [−1, −1, −1, 1, 1, 1, −1, 1, 1, −1, 1]
13	[−1, −1, −1, −1, −1, 1, 1, −1, −1, 1, −1, 1, −1] [1, 1, 1, 1, 1, −1, −1, 1, 1, −1, 1, −1, 1]

部分巴克码的性能列于表 7 - 4。其中，PSL(dB) 和 ISL(dB) 的定义与 m 序列码相同。

表 7 - 4   巴克码及其主要性能

码长	码　　元	PSL/dB	ISL/dB
1	[1]		
2	[1, −1], [1, 1]	−6.0	−3.0
3	[1, 1, −1]	−9.5	−6.5
4	[1, 1, −1, 1], [1, 1, 1, −1]	−12.0	−6.0
5	[1, 1, 1, −1, 1]	−14.0	−8.0
7	[1, 1, 1, −1, −1, 1, −1]	−16.9	−9.1
11	[1, 1, 1, −1, −1, −1, 1, −1, −1, 1, −1]	−20.8	−10.8
13	[1, 1, 1, 1, 1, −1, −1, 1, 1, −1, 1, −1, 1]	−22.3	−11.5

7.1.7　线性 FMCW 波形

众所周知，连续波(CW)雷达只能测速，而线性调频连续波(LFMCW)雷达则克服了连续波雷达的局限性。LFMCW 的发射波形在扫频段可表示为

$$s(t) = A \cos\left[2\pi\left(f_0 t + \frac{ut^2}{2}\right) + \varphi_0\right] \tag{7 - 19}$$

式中：A 为发射信号的幅度；f_0 为发射信号的初始频率；u 为扫频斜率，$u = B/T$(T 为发

射信号的有效时宽，B 为发射信号的有效带宽）；φ_0 为随机初始相位。

需要注意的是，目标的最大迟延时间要小于 T，否则将出现距离模糊，当然也会有办法对其解模糊。

7.2 方 向 图 函 数

7.2.1 高斯方向图函数

天线方向图函数为

$$F(\theta,\ \varphi) = \exp\left\{-\left[\left(\frac{\theta-\theta_0}{\theta_{3\,\mathrm{dB}}}\right)^2 + \left(\frac{\varphi-\varphi_0}{\varphi_{3\,\mathrm{dB}}}\right)^2\right]\right\} + F_s \qquad (7-20)$$

式中：θ_0 为天线主波束指向的方位角；φ_0 为天线主波束指向的俯仰角；$\theta_{3\,\mathrm{dB}}$ 为天线主波束水平方向的 3 dB 波束宽度；$\varphi_{3\,\mathrm{dB}}$ 为天线主波束垂直方向的 3 dB 波束宽度；F_s 为天线平均旁瓣电平。

7.2.2 单向余弦方向图函数

单向余弦方向图函数为

$$F(\theta,\ \varphi) = \cos\left(\frac{\pi(\theta-\theta_0)}{2\theta_{3\,\mathrm{dB}}}\right)\cos\left(\frac{\pi(\varphi-\varphi_0)}{2\varphi_{3\,\mathrm{dB}}}\right) \qquad (7-21)$$

参数定义同高斯方向图函数。

7.2.3 双向余弦方向图函数

双向余弦方向图函数为

$$F(\theta,\ \varphi) = \cos\left(\frac{2\pi(\theta-\theta_0)}{3\theta_{3\,\mathrm{dB}}}\right)\cos\left(\frac{2\pi(\varphi-\varphi_0)}{3\varphi_{3\,\mathrm{dB}}}\right) \qquad (7-22)$$

参数定义同高斯方向图函数。

7.2.4 单向辛克形方向图函数

单向辛克形方向图函数为

$$F(\theta,\ \varphi) = \frac{\sin\left(2\pi\dfrac{\theta-\theta_0}{\theta_{3\,\mathrm{dB}}}\right)\sin\left(2\pi\dfrac{\varphi-\varphi_0}{\varphi_{3\,\mathrm{dB}}}\right)}{\left(2\pi\dfrac{\theta-\theta_0}{\theta_{3\,\mathrm{dB}}}\right)\left(2\pi\dfrac{\varphi-\varphi_0}{\varphi_{3\,\mathrm{dB}}}\right)} \qquad (7-23)$$

参数定义同高斯方向图函数。

7.2.5 双向辛克形方向图函数

双向辛克形方向图函数为

$$F(\theta,\ \varphi) = \frac{\sin^2\left(2\pi\dfrac{\theta-\theta_0}{\theta_{3\,\mathrm{dB}}}\right)\sin^2\left(2\pi\dfrac{\varphi-\varphi_0}{\varphi_{3\,\mathrm{dB}}}\right)}{\left(2\pi\dfrac{\theta-\theta_0}{\theta_{3\,\mathrm{dB}}}\right)^2\left(2\pi\dfrac{\varphi-\varphi_0}{\varphi_{3\,\mathrm{dB}}}\right)^2} \qquad (7-24)$$

参数定义同高斯方向图函数。仿真时如果需要加入第一旁瓣,可按相同的方式加入,只要给定幅度、宽度即可。需注意的是它在主瓣两侧均存在旁瓣。

7.2.6 相控阵天线方向图函数

相控阵天线方向图函数为

$$F(\theta, \varphi) = \sum_{m=0}^{M-1} \sum_{n=0}^{N-1} I_{mn} \exp[jkmd_y(\sin\theta\cos\varphi - \sin\theta_0\cos\varphi_0)]$$
$$\exp[jknd_x(\sin\theta\sin\varphi - \sin\theta_0\sin\varphi_0)] \tag{7-25}$$

式中:M 为天线行阵元数;N 为天线列阵元数;I_{mn} 为第(m, n)阵元的激励;θ_0 为天线主波束指向的方位角;φ_0 为天线主波束指向的俯仰角;d_x 为天线列阵元之间的距离;d_y 为天线行阵元之间的距离;k 为波数,$k = 2\pi/\lambda(\lambda$ 为波长)。

7.3 调制器与频率变换器

7.3.1 振幅调制

振幅调制的功能是对输入的正/余弦信号进行幅度调制。其窄带信号可以表示为

$$v(t) = x(t)\cos\omega_c t - y(t)\sin\omega_c t \tag{7-26}$$

写成极坐标的形式为

$$v(t) = r(t)\cos[\omega_c t + \theta(t)]$$
$$r(t) = \sqrt{x^2(t) + y^2(t)}$$
$$\theta(t) = \arctan\left[\frac{y(t)}{x(t)}\right]$$

如果令 $y(t) = 0$,则 $r(t) = x(t)$,幅度调制信号可表示为

$$v_0(t) = x(t)\cos\omega_c t \tag{7-27}$$

以上各式中:$r(t)$ 为时变调制函数;$\theta(t)$ 为任意的固定相位;ω_c 为载波信号频率。

7.3.2 相位调制

相位调制的功能是对输入载波信号产生一个相移。已知输入窄带信号为

$$\left.\begin{aligned}
v_i(t) &= r(t)\cos[\omega_c t + \theta_0(t)] = x(t)\cos\omega_c t - y(t)\sin\omega_c t \\
x(t) &= r(t)\cos\theta_0(t) \\
y(t) &= r(t)\sin\theta_0(t)
\end{aligned}\right\} \tag{7-28}$$

式中:$r(t)$ 为载波信号包络;$\theta_0(t)$ 为载波信号的初始相位。

输出信号

$$\left.\begin{aligned}
v_0(t) &= r(t)\cos[\omega_c t + \theta_0(t) + \varphi(t)] = x_1(t)\cos\omega_c t - y_1(t)\sin\omega_c t \\
x_1(t) &= x(t)\cos\varphi(t) - y(t)\sin\varphi(t) \\
y_1(t) &= -x(t)\sin\varphi(t) + y(t)\cos\varphi(t)
\end{aligned}\right\} \tag{7-29}$$

式中:$\varphi(t)$ 是所移的相位。

将算法表示成流程图的形式,如图 7-5 所示。

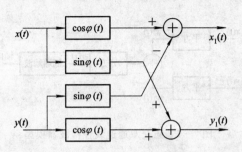

图 7 - 5 载波的相移方法

7.3.3 变载波中心频率的窄带滤波器

变载波中心频率的窄带滤波器的功能是将载波频率从 ω_c 变到 ω_0。输入信号

$$v_i(t) = x(t) \cos\omega_c t - y(t) \sin\omega_c t \qquad (7-30)$$

输出信号

$$v_o(t) = x_1(t) \cos\omega_0 t - y_1(t) \sin\omega_0 t \qquad (7-31)$$

其中

$$x_1(t) = x(t) \cos(\omega_0 - \omega_c)t + y(t) \sin(\omega_0 - \omega_c)t$$

$$y_1(t) = - x(t) \sin(\omega_0 - \omega_c)t + y(t) \cos(\omega_0 - \omega_c)t$$

将算法表示成流程图的形式,见图 7 - 6。

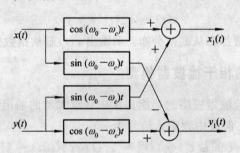

图 7 - 6 变载频的方法

7.4 检波器模型

7.4.1 正交双通道线性检波器

正交双通道线性检波器的功能是提取正交双通道中频信号的包络。结构图如图 7 - 7 所示。

算法:

$$r(t) = \sqrt{x^2(t) + y^2(t)} \qquad (7-32)$$

如果输入的两个正交分量都服从高斯分布,则输出 $r(t)$ 服从瑞利分布。

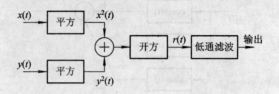

图 7-7　正交双通道线性检波器模型

7.4.2　正交双通道平方律检波器

正交双通道平方律检波器的功能是提取正交双通道中频信号的包络。其结构图如图 7-8 所示。

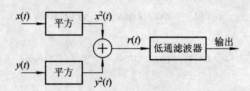

图 7-8　正交双通道平方律检波器模型

算法：

$$r(t) = x^2(t) + y^2(t) \tag{7-33}$$

如果输入的两个正交分量都服从高斯分布，则输出 $r(t)$ 服从指数分布。

7.4.3　单通道输出的相干检波器模型

单通道输出的相干检波器模型的功能是从中频放大器的输出信号中提取出回波信号与基准信号之间的相位差。假设中频输入信号为

$$v_1(t) = r_1(t)\cos[\omega_0 t + \theta_d(t)] = x_1(t)\cos(\omega_0 t) - y_1(t)\sin(\omega_0 t) \tag{7-34}$$

其中，

$$x_1(t) = r_1(t)\cos[\theta_d(t)]$$
$$y_1(t) = r_1(t)\sin[\theta_d(t)]$$

式中：$\theta_d(t)$ 为只与多普勒频率有关的相位；$r_1(t)$ 为中频信号的幅度，是时间的函数；f_0 为中频频率，$\omega_0 = 2\pi f_0$。

参考信号为

$$v_2(t) = r_2(t)\cos[\omega_0 t + \theta_2(t)] = x_2(t)\cos(\omega_0 t) - y_2(t)\sin(\omega_0 t) \tag{7-35}$$

其中，

$$x_2(t) = r_2(t)\cos[\theta_2(t)]$$
$$y_2(t) = r_2(t)\sin[\theta_2(t)]$$

式中：$\theta_2(t)$ 为参考信号的初始相位，也可以令它为零；$r_2(t)$ 为参考信号的幅度，是时间的函数。

输出信号为

$$v_0(t) = 2kr_1(t)\,\sin[\theta_2(t) - \theta_d(t)]$$
$$= 2kr_1(t)[\sin\theta_2(t)\,\cos\theta_d(t) - \cos\theta_2(t)\,\sin\theta_d(t)]$$
$$= \frac{y_2(t)x_1(t) - x_2(t)y_1(t)}{r_1(t)r_2(t)} \qquad (7-36)$$

式中：k 是增益系数。其结构图如图 7-9 所示。其中，包络检波器与图 7-6 所示的检波器相同。

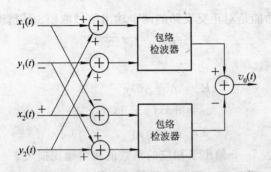

图 7-9　单通道输出的相干检波器模型

7.4.4　双通道输出的相干检波器模型

双通道输出的相干检波器模型的功能是提取同相分量和正交分量与参考信号的相位差。其结构图如图 7-10 所示。

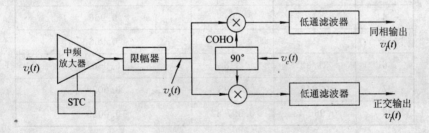

图 7-10　双通道输出的相干检波器模型

中频放大器输出的回波信号经限幅器以后，可表示为

$$v_s(t) = r_1(t)\,\cos[\omega_0 t + \theta(t)] \qquad (7-37)$$

式中：$\omega_0 = 2\pi f_0$，f_0 是中频频率；$\theta = 2\pi f_d$，f_d 是由运动目标径向速度产生的多普勒频率。

相干本振信号为

$$v_c(t) = r_2(t)\,\cos(\omega_0 t)$$

相干检波器输出的同相和正交分量分别为

$$v_I(t) = v_s\,\cos[\theta(t)]$$
$$v_Q(t) = v_s\,\sin[\theta(t)]$$

从该式可以看出，相干检波器的输出只与由多普勒频率产生的相位 $\theta(t)$ 有关。将输出信号表示为复信号形式，有

$$v_0 = v_I(t) + \mathrm{j}v_Q(t) \qquad (7-38)$$

其幅度

$$v_s = \sqrt{v_I^2 + v_Q^2}$$

其相位

$$\theta = 2\pi f_d = \arctan\frac{v_Q}{v_I}$$

7.4.5 取模模型算法

取模模型算法的功能是对正交支路的两个输出信号取模。其精确的理论算法为

$$R = \sqrt{x_i^2 + x_q^2} \tag{7-39}$$

几种近似取模算法如下：

$$\left.\begin{array}{l} R = a_1 x + b_1 y \\ x = \max(\mid x_i \mid , \mid x_q \mid) \\ y = \min(\mid x_i \mid , \mid x_q \mid) \end{array}\right\} \tag{7-40}$$

其中，a_1、b_1为系数，表7-5给出了相应的系数值和信噪比损失。

表7-5 取模近似算法系数 a_1、b_1 的数值

N_o	a_1	b_1	SNR 损失/dB
1	1	1/2	0.0939
2	1	3/8	0.07
3	1	1/4	0.197
4	1	0	0.966
5	1	1	0.966
6	31/32	3/8	0.0662
7	0.948	0.393	0.0029
8	0.960 43	0.397 82	0.0029

表中的第一种方法便是过去许多 MTI 系统中经常采用的方法，即

$$R = \max(\mid x_i \mid , \mid x_q \mid) + \frac{1}{2} \min(\mid x_i \mid , \mid x_q \mid) \tag{7-41}$$

这里需要说明的是，在当前器件速度较高的情况下，也不妨采用较复杂的算法以减小信噪比损失。

7.5 窗 函 数 模 型

窗函数中的参数定义：a_1为最高的旁瓣峰值，以分贝(dB)表示；a_2为频率 $f=64$ 时的旁瓣电平，以分贝(dB)表示；b为主瓣降到第一旁瓣的频率，b值越小，主瓣越窄；d为旁瓣包络的渐近下降斜率，以分贝(dB)表示。

窗函数的功能是对数据进行加权，以减小旁瓣电平。需要注意的是，伴随着旁瓣电平

的减小，主瓣有所展宽。

下面对每个窗函数均给出了时域和频域表达式及其参数的数值。

7.5.1　矩形窗(Box-Car)

$$w(t) = \left\{ \begin{array}{ll} 1, & |t| \leqslant \dfrac{1}{2} \\ 0, & \text{其他} \end{array} \right\}$$
$$w(f) = \dfrac{\sin(\pi f)}{\pi f}$$
(7 - 42)

主瓣降到第一旁瓣的频率 $b = 0.81$，最高的旁瓣峰值 $a_1 = -13$ dB，频率 $f = 64$ 时的旁瓣电平 $a_2 = -46$ dB，旁瓣包络的渐近下降斜率 $d = 6$ dB/oct，其中 oct 表示倍频程。

7.5.2　Parzen - 2 窗

$$w(t) = \left\{ \begin{array}{ll} 1 - 4t^2, & |t| \leqslant \dfrac{1}{2} \\ 0, & \text{其他} \end{array} \right\}$$
$$w(f) = \dfrac{2}{(\pi f)^2} \left[\dfrac{\sin(\pi f)}{\pi f} - \cos(\pi f) \right]$$
(7 - 43)

主瓣降到第一旁瓣的频率 $b = 1.28$，最高的旁瓣峰值 $a_1 = -21$ dB，频率 $f = 64$ 时的旁瓣电平 $a_2 = -83$ dB，旁瓣包络的渐近下降斜率 $d = 12$ dB/oct。

7.5.3　Cosine - lip 窗

$$w(t) = \left\{ \begin{array}{ll} \cos(\pi t), & |t| \leqslant \dfrac{1}{2} \\ 0, & \text{其他} \end{array} \right\}$$
$$w(f) = \dfrac{2 \cos(\pi f)}{\pi (1 - 4f^2)}$$
(7 - 44)

主瓣降到第一旁瓣的频率 $b = 1.35$，最高的旁瓣峰值 $a_1 = -23$ dB，频率 $f = 64$ 时的旁瓣电平 $a_2 = -84$ dB，旁瓣包络的渐近下降斜率 $d = 12$ dB/oct。

7.5.4　$\sin x / x$ 窗

$$w(t) = \left\{ \begin{array}{ll} \dfrac{\sin(2\pi t)}{2\pi t}, & |t| \leqslant \dfrac{1}{2} \\ 0, & \text{其他} \end{array} \right\}$$
$$w(f) = \dfrac{\sin(f + \pi) - \sin(f - \pi)}{2\pi}$$
(7 - 45)

主瓣降到第一旁瓣的频率 $b = 1.50$，最高的旁瓣峰值 $a_1 = -26$ dB，频率 $f = 64$ 时的旁瓣电平 $a_2 = -88$ dB，旁瓣包络的渐近下降斜率 $d = 12$ dB/oct。

7.5.5 Bartlett(十)窗

$$w(t) = \begin{cases} 1-2\,|\,t\,|, & |\,t\,| \leqslant \dfrac{1}{2} \\ 0, & \text{其他} \end{cases}$$

$$w(f) = \frac{1}{2}\left[\frac{\sin(\pi f/2)}{\pi f/2}\right]^2$$

(7-46)

主瓣降到第一旁瓣的频率 $b=1.63$，最高的旁瓣峰值 $a_1 = -26$ dB，频率 $f=64$ 时的旁瓣电平 $a_2 = -80$ dB，旁瓣包络的渐近下降斜率 $d=12$ dB/oct。

7.5.6 Hann(Raised-Cosine)窗

$$w(t) = \begin{cases} \dfrac{1}{2} + \dfrac{1}{2}\cos(2\pi t), & |\,t\,| \leqslant \dfrac{1}{2} \\ 0, & \text{其他} \end{cases}$$

$$w(f) = \frac{\sin(\pi f)}{2\pi f(1-f^2)}$$

(7-47)

主瓣降到第一旁瓣的频率 $b=1.87$，最高的旁瓣峰值 $a_1 = -32$ dB，频率 $f=64$ 时的旁瓣电平 $a_2 = -118$ dB，旁瓣包络的渐近下降斜率 $d=18$ dB/oct。

7.5.7 Hamming 窗

$$w(t) = \begin{cases} 0.54 + 0.46\cos(2\pi t), & |\,t\,| \leqslant \dfrac{1}{2} \\ 0, & \text{其他} \end{cases}$$

$$w(f) = \frac{(1.08 - 0.16f^2)\,\sin(\pi f)}{2\pi f(1-f^2)}$$

(7-48)

主瓣降到第一旁瓣的频率 $b=1.91$，最高的旁瓣峰值 $a_1 = -43$ dB，频率 $f=64$ 时的旁瓣电平 $a_2 = -63$ dB，旁瓣包络的渐近下降斜率 $d=6$ dB/oct。

7.5.8 Papoulis(十)窗

$$w(t) = \begin{cases} \dfrac{1}{\pi}\,|\sin(2\pi t)\,| + (1-2\,|\,t\,|)\cos(2\pi t), & |\,t\,| \leqslant \dfrac{1}{2} \\ 0, & \text{其他} \end{cases}$$

$$w(f) = \frac{2 + 2\cos(\pi f)}{\pi^2(1-f^2)^2}$$

(7-49)

主瓣降到第一旁瓣的频率 $b=2.70$，最高的旁瓣峰值 $a_1 = -46$ dB，频率 $f=64$ 时的旁瓣电平 $a_2 = -145$ dB，旁瓣包络的渐近下降斜率 $d=24$ dB/oct。

7.5.9　Blackman 窗

$$w(t) = \begin{cases} 0.42 + 0.50\cos(2\pi t) + 0.08\cos(4\pi t), & |t| \leqslant \dfrac{1}{2} \\ 0, & \text{其他} \end{cases} \tag{7-50}$$

$$w(f) = \frac{(0.18f^2 - 1.68)\sin(\pi f)}{\pi f(1-f^2)(f^2-4)}$$

主瓣降到第一旁瓣的频率 $b=2.82$，最高的旁瓣峰值 $a_1 = -58$ dB，频率 $f=64$ 时的旁瓣电平 $a_2 = -126$ dB，旁瓣包络的渐近下降斜率 $d=18$ dB/oct。

7.5.10　Parzen - 1(＋)窗

$$w(t) = \begin{cases} 1 - 24|t|^2(1-2|t|), & |t| < \dfrac{1}{4} \\ 2(1-2|t|)^3, & \dfrac{1}{4} \leqslant |t| \leqslant \dfrac{1}{2} \\ 0, & \text{其他} \end{cases} \tag{7-51}$$

$$w(f) = \frac{3}{8}\left[\frac{\sin(\pi f/4)}{\pi f/4}\right]^4$$

主瓣降到第一旁瓣的频率 $b=3.25$，最高的旁瓣峰值 $a_1 = -53$ dB，频率 $f=64$ 时的旁瓣电平 $a_2 = -136$ dB，旁瓣包络的渐近下降斜率 $d=24$ dB/oct。

7.5.11　Tukey 窗

$$w(t) = \begin{cases} 1, & |t| < \beta \\ \dfrac{1}{2} + \dfrac{1}{2}\cos\left(\dfrac{2\pi(|t|-\beta)}{1-2\beta}\right), & \beta \leqslant |t| \leqslant \dfrac{1}{2} \\ 0, & \text{其他} \end{cases} \tag{7-52}$$

$$w(f) = \frac{\sin\left(\dfrac{\pi f(1+2\beta)}{2}\right)\cos\left(\dfrac{\pi f(1-2\beta)}{2}\right)}{\pi f[1-(1-2\beta)^2 f^2]}, \quad 0 \leqslant \beta \leqslant \frac{1}{2}$$

主瓣降到第一旁瓣的频率为 b，最高的旁瓣峰值为 a_1，频率 $f=64$ 时的旁瓣电平 a_2 是 β 的函数；旁瓣包络的渐近下降斜率 $d=18$ dB/oct。

7.5.12　Kaiser 窗

$$w(t) = \begin{cases} \dfrac{I_0\left[\beta\sqrt{1-(2t)^2}\right]}{I_0(\beta)}, & |t| \leqslant \dfrac{1}{2} \\ 0, & \text{其他} \end{cases} \tag{7-53}$$

$$w(f) = \frac{\sin(\sqrt{\pi^2 f^2 - \beta^2})}{I_0(\beta)\sqrt{\pi^2 f^2 - \beta^2}}, \quad 0 \leqslant \beta \leqslant 10$$

主瓣降到第一旁瓣的频率为 b，最高的旁瓣峰值为 a_1，频率 $f=64$ 时的旁瓣电平 a_2 是 β 的函数；旁瓣包络的渐近下降斜率 $d=6$ dB/oct。

$$b = \frac{1}{\pi} \sqrt{6.5207 + \beta^2}, \quad a_1 = 20 \lg \frac{0.217\ 234\beta}{\sinh(\beta)} \ (\text{dB})$$

7.5.13　修正的 Kaiser 窗

$$w(t) = \begin{cases} \dfrac{I_0\left[\beta\sqrt{1-(2t)^2}\right]-1}{I_0(\beta)-1}, & |t| \leqslant \dfrac{1}{2} \\[2mm] 0, & \text{其他} \end{cases}$$

$$w(f) = \dfrac{\dfrac{\sin\sqrt{\pi^2 f^2 - \beta^2}}{\sqrt{\pi^2 f^2 - \beta^2}} - \dfrac{\sin(\pi f)}{\pi f}}{I_0(\beta)-1}, \quad 0 \leqslant \beta \leqslant 10 \qquad (7-54)$$

主瓣降到第一旁瓣的频率为 b，最高的旁瓣峰值为 a_1，频率 $f=64$ 时的旁瓣电平 a_2 是 β 的函数；旁瓣包络的渐近下降斜率 $d=12$ dB/oct。

7.5.14　3 - Coef 窗

$$w(t) = \begin{cases} \dfrac{1-4\beta}{2} + \dfrac{1}{2}\cos(2\pi t) + 2\beta\cos(4\pi t), & |t| \leqslant \dfrac{1}{2} \\[2mm] 0, & \text{其他} \end{cases}$$

$$w(f) = \dfrac{\left[(1-16\beta)f^2 - (4-16\beta)\right]\sin(\pi f)}{2\pi f(1-f^2)(f^2-4)}, \quad 0 \leqslant \beta \leqslant 0.045 \qquad (7-55)$$

主瓣降到第一旁瓣的频率为 b，最高的旁瓣峰值为 a_1，频率 $f=64$ 时的旁瓣电平 a_2 是 β 的函数；旁瓣包络的渐近下降斜率 $d=18$ dB/oct。

7.5.15　Dolph - Chebyshev 窗

N 阶道尔夫-切比雪夫多项式

$$T_N(x) = \begin{cases} (-1)^N \cosh[N \operatorname{arccosh}(-x)], & x \leqslant -1 \\ \cos[N \arccos(x)], & |x| \leqslant 1 \\ \cosh[N \operatorname{arccosh}(x)], & x \geqslant 1 \end{cases} \qquad (7-56)$$

$$D(f) = \varepsilon T_N(A\cos(\pi f/N)) \qquad (7-57)$$

其中，

$$\varepsilon = 10^{a_1/20}, \text{ 或 } 20 \lg\varepsilon = a_1$$

$$A = \cosh\left(\frac{1}{N}\operatorname{arccosh}\left(\frac{1}{\varepsilon}\right)\right)$$

$$b = \frac{N}{\pi}\arccos\left(\frac{1}{A}\right)$$

$$d = 0$$

切比雪夫窗的主要特点：参数 b 小，就意味着主瓣窄，分辨率高；参数 $d=0$，意味着所有的副瓣均相等，其值为 a_1。由于切比雪夫窗具备以上特点，因此在许多领域都得到了广泛应用。

图 7-11 给出了根据部分窗函数计算的曲线。

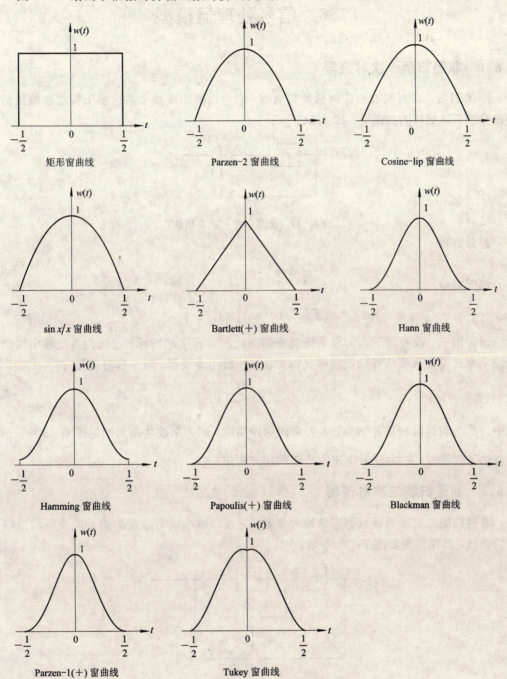

图 7-11　部分窗函数曲线

7.6 信号处理器模型

7.6.1 非递归型一次对消器

非递归型一次对消器也称两脉冲对消器。它可以消除或减小雷达相干检波器输出信号中的杂波。其结构图如图 7 - 12 所示。

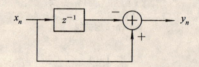

图 7 - 12 非递归型一次对消器

差分方程

$$y_n = x_n - x_{n-1} \tag{7-58}$$

幅频响应

$$| F(\mathrm{e}^{\mathrm{j}\omega T}) | = 2 \left| \sin\left(\frac{\omega T}{2}\right) \right|$$

改善因子：改善因子是衡量系统功率信杂比改善程度的指标，定义为系统输出端信号杂波功率比与输入端信号杂波功率比的比值，一般用 I 表示。对一次对消器有

$$I_1 = 2 \left(\frac{f_r}{2\pi\sigma_c}\right)^2 \tag{7-59}$$

式中：f_r 为雷达脉冲重复频率；T 为采样脉冲周期；σ_c 为杂波功率谱的标准差，$\sigma_c = \dfrac{2\sigma_v}{\lambda}$（$\lambda$ 为雷达工作波长，σ_v 为反射体速度分布的均方根值）。

7.6.2 非递归型二次对消器

非递归型二次对消器也称三脉冲对消器。它可以减小或消除雷达相干检波器输出信号中的杂波，其结构图如图 7 - 13 所示。

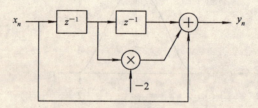

图 7 - 13 非递归型二次对消器

差分方程

$$y_n = x_n - 2x_{n-1} + x_{n-2} \tag{7-60}$$

幅频响应

$$| F(\mathrm{e}^{\mathrm{j}\omega T}) | = 2 \left| 4 \sin^2\left(\frac{\omega T}{2}\right) \right|$$

改善因子

$$I_2 = 2\left(\frac{f_r}{2\pi\sigma_c}\right)^4 \qquad (7-61)$$

其中的参数与一次对消器的相同。

7.6.3　非递归型三次对消器

非递归型三次对消器也称四脉冲对消器。它可以消除或减小雷达相干检波器输出信号中的杂波，其结构图如图 7-14 所示。

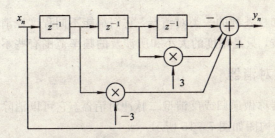

图 7-14　非递归型三次对消器

差分方程

$$y_n = x_n - 3x_{n-1} + 3x_{n-2} - x_{n-3} \qquad (7-62)$$

幅频响应

$$|F(e^{j\omega T})| = \frac{4}{3}\sin^4\left(\frac{\omega T}{2}\right)$$

改善因子

$$I_3 = 2\left(\frac{f_r}{2\pi\sigma_c}\right)^6 \qquad (7-63)$$

7.6.4　非递归型 N 次对消器

从以上三种对消器的加权系数我们可以看出，它们实际上是二项式系数加权对消器，加权系数为 $(a-b)^N$ 展开式的系数，见表 7-6。

表 7-6　二 项 式 系 数

N	$(a-b)^N$	展开式系数
1	$a-b$	1，1
2	$a^2 - 2ab + b^2$	1，-2，1
3	$a^3 - 3ab + 3ab - b^3$	1，-3，3，-1

这里只给出了最大 N 值为 3 的情况，但有了规律就不难找出不同 N 值时的加权系数了。由此，我们得到差分方程的一般表示式

$$\left.\begin{array}{l} y_n = \displaystyle\sum_{i=0}^{N} c_i x_{n-i} \\[2mm] c_i = (-1)^i C_N^i \end{array}\right\} \qquad (7-64)$$

实际上，对不同 N 值时的改善因子也是有规律可循的。根据二项式的规律，不难找出不同 N 值时的传递函数的表达式

$$\text{一次对消器，其传递函数} \qquad H(z) = \frac{z-1}{z}$$

$$\text{二次对消器，其传递函数} \qquad H(z) = \frac{(z-1)^2}{z^2}$$

$$\vdots$$

$$N \text{次对消器，其传递函数} \qquad H(z) = \frac{(z-1)^N}{z^N}$$

以二项式系数为加权系数的一类对消器，它们都能不同程度地消除或减小雷达相干检波器输出信号中的杂波，只是幅度的大小和所涉及的频率范围有些不同而已。

7.6.5　递归型一次对消器

递归型一次对消器称做递归或反馈型二脉冲对消器。它可以消除或减小雷达相干检波器输出中的杂波，其结构图如图 7-15 所示。

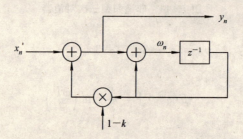

图 7-15　递归型一次对消器原理图

差分方程

$$\left. \begin{array}{l} y_n = x_n - (1-k)\omega_{n-1} \\ \omega_n = y_n + \omega_{n-1} \end{array} \right\} \qquad (7-65)$$

或

$$y_n = x_n - x_{n-1} + ky_{n-1}$$

从差分方程可以看出，当 $k=0$ 时，即是无反馈一次对消器的情况，只要适当选择 k 值，就会得到优于无反馈一次、二次对消器的性能。

幅频响应

$$\mid F(e^{j\omega T}) \mid = \frac{2 \left| \sin\left(\dfrac{\omega T}{2}\right) \right|}{(1 + k^2 - 2k\cos\omega T)^{\frac{1}{2}}}$$

7.6.6　递归型二次对消器

递归型二次对消器称做递归或反馈型三脉冲对消器。它可以消除或减小雷达相干检波器输出中的杂波，其结构图如图 7-16 所示。

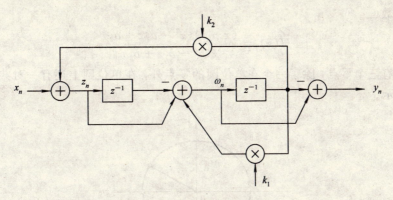

图 7 - 16　递归型二次对消器

差分方程

$$z_n = x_n + k_2\omega_{n-1}$$
$$\omega_n = z_n - z_{n-1} + k_1\omega_{n-1}$$
$$y_n = \omega_n - \omega_{n-1}$$

或

$$y_n = x_n - 2x_{n-1} + x_{n-2} + (k_1 + k_2)y_{n-1} - k_2 y_{n-2} \qquad (7-66)$$

其传递函数

$$H(z) = \frac{(1 - z^{-1})^2}{1 - (k_1 + k_2)z^{-1} + k_2 z^{-2}}$$

令传递函数表达式中的 $z = e^{j\omega T}$，不难得到其频率响应的表达式。值得注意的是，对具有反馈支路的对消器，在选择加权系数时，必须考虑它的暂态过程。

7.6.7　递归型三次对消器

递归型三次对消器称做递归或反馈型四脉冲对消器。它可对宽谱地杂波进行杂波相消，主要用于搜索雷达，其结构图如图 7 - 17 所示。

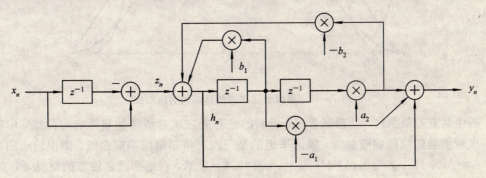

图 7 - 17　递归型三次对消器

差分方程

$$\left.\begin{array}{l} z_n = x_n - x_{n-1} \\ h_n = z_n + b_1 h_{n-1} - b_2 h_{n-2} \\ y_n = h_n - a_1 h_{n-1} + a_2 h_{n-2} \end{array}\right\} \qquad (7-67)$$

传递函数

$$H(z) = \frac{(z-1)(z^2 - a_1 z + a_2)}{z(z^2 - b_1 z + b_2)}$$

该对消器共有三个零点，除了一个在单位圆的零点外，在单位圆上还有一对共轭零点，如图 7-18 所示。

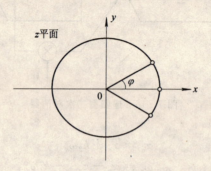

图 7-18 z 平面单位圆

如果令 $b_1 = b_2 = 0.5$，$a_1 = 2\alpha$，$a_2 = 1$，$\alpha = \cos\varphi$，则有幅频响应

$$|F(e^{j\omega T})| = \frac{4 \sin(\cos\omega T - \alpha)}{\sqrt{2 \cos^2\omega T - \dfrac{2}{3} \cos\omega T + 0.5}} \tag{7-68}$$

幅频响应曲线如图 7-19 所示。

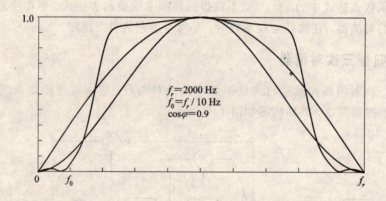

$$f_r = 2000 \text{ Hz}$$
$$f_0 = f_r / 10 \text{ Hz}$$
$$\cos\varphi = 0.9$$

图 7-19 递归型三次对消器幅频响应曲线

图中共有三条曲线，从顶部看，最里面的是普通二次对消器的幅频响应曲线，中间的是一次对消器的幅频响应曲线，顶部平坦的是三次对消器幅频响应曲线。图中给出的参数是：$f_r = 2000$ Hz，$f_0 = f_r/10$ Hz，$\alpha = \cos\varphi = 0.9$。显然，在地杂波谱较宽的情况下，对 f_0 以下的频率范围，所给出的三次对消器的性能要明显好于一、二次对消器，其原因为，在 $\alpha = 0.9$ 处有一个零点。该对消器在很宽的频率范围内有近于不变的增益，在该频率范围内所给出的信号噪声比与最佳频率 $f_r/2$ 处的信号噪声比接近。在实际应用中，可通过改变 α 控制凹口的宽度来控制对消器的幅频响应，图中的 $\varphi \approx 25°$。

7.6.8　自适应一次对消器

自适应一次对消器可对雷达中的运动杂波进行自适应相消。自适应一次对消器原理图如图 7 - 20 所示。

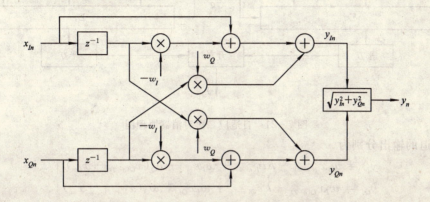

图 7 - 20　自适应一次对消器原理图

差分方程

$$y_n = x_n - x_{n-1} e^{j\theta} \tag{7-69}$$

传递函数

$$H(z) = 1 - z^{-1} e^{j\theta}$$

用正交支路差分方程表示

$$\left. \begin{array}{l} y_{In} = x_{In} - w_I x_{I(n-1)} + w_Q x_{Q(n-1)} \\ y_{Qn} = x_{Qn} - w_I x_{Q(n-1)} + w_Q x_{I(n-1)} \end{array} \right\} \tag{7-70}$$

其中，权系数

$$w_I = \cos\theta$$
$$w_Q = \sin\theta$$

式中：$\theta = 2\pi \dfrac{f_d}{f_r}$，其中，$f_d$ 为雷达杂波谱中心的多普勒频率；f_r 为雷达脉冲重复频率。

用复数形式表示

$$y_n = y_{In} + j y_{Qn}$$

取模输出为

$$y_n = \sqrt{y_{In}^2 + y_{Qn}^2} \tag{7-71}$$

7.6.9　自适应二次对消器

自适应二次对消器可对雷达运动杂波进行自适应相消，其结构图如图 7 - 21 所示。

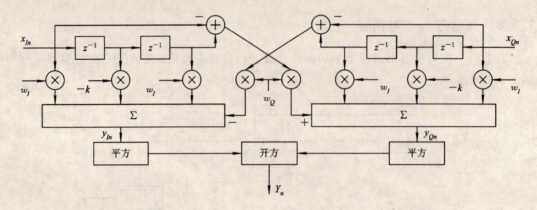

图 7-21　自适应二次对消器原理图

I，Q 通道的输出分别为

$$\left.\begin{array}{l} y_{In} = w_I x_{I(n-2)} - k x_{I(n-1)} + w_I x_{In} - w_Q (x_{Q(n-2)} - x_{Qn}) \\ y_{Qn} = w_I x_{Q(n-2)} - k x_{Q(n-1)} + w_I x_{Qn} + w_Q (x_{I(n-2)} - x_{In}) \end{array}\right\} \quad (7-72)$$

其中：x_{In} 为 I 通道的输入信号；x_{Qn} 为 Q 通道的输入信号；w_I 为 I 通道的权值；w_Q 为 Q 通道的权值；k 为滤波器的加权系数。

自适应对消器的最后输出为

$$y_n = \sqrt{y_{In}^2 + y_{Qn}^2} \quad (7-73)$$

原理：自适应二次对消器是在单位圆上有两个零点的非递归复滤波器。假定两个零点到实轴的夹角分别为 θ_1 和 θ_2，并令

$$\left.\begin{array}{l} \theta = \dfrac{\theta_1 + \theta_2}{2} \\[2mm] \varphi = \dfrac{\theta_1 - \theta_2}{2} \end{array}\right\} \quad (7-74)$$

则有滤波器权值

$$\left.\begin{array}{l} w_I = \cos\theta \\ w_Q = \sin\theta \\ k = 2\cos\varphi \end{array}\right\} \quad (7-75)$$

当自适应对消器的权值 w_I、w_Q 和 φ 值同时改变时，可同时控制自适应对消器的凹口位置和凹口宽度。

当自适应对消器在单位圆上的两个零点不是重零点，即 $\theta_1 \neq \theta_2$，并且 φ 不变时，改变权值 w_I 和 w_Q，将会改变凹口的位置，这时凹口中心位于 $\dfrac{\theta_1 + \theta_2}{2T}$，其凹口宽度不变，因为凹口宽度是由 φ 值决定的。当给定 θ_1 和 θ_2，且 $\theta_1 \neq \theta_2$ 时，改变 φ 值的大小，便可改变凹口的宽度，但凹口的位置保持不变，凹口宽度为 $\dfrac{\theta_2 - \theta_1}{2T}$。当 $\theta_1 = \theta_2$ 时，也就是自适应二次对消器的两个零点是二重零点时，权值 $k=2$，这时自适应对消器将有一个固定的凹口位置，在该位置的幅频响应底部宽度为零。

7.6.10　A/D 变换器模型

A/D 变换器的功能是将来自相干检波器的模拟输入信号变成数字信号以供给数字信号处理机进行信号处理。

A/D 变换器输出的数字信号为

$$\left.\begin{array}{l} y_I(t) = \dfrac{(U_I(t) - U_{\min})(2^N - 1)}{U_{\max} - U_{\min}} \\[4mm] y_Q(t) = \dfrac{(U_Q(t) - U_{\min})(2^N - 1)}{U_{\max} - U_{\min}} \end{array}\right\} \tag{7-76}$$

式中：$U_{\max}$ 为 A/D 变换器输入信号的最大值；$U_{\min}$ 为 A/D 变换器输入信号的最小值；N 为 A/D 变换器的位数；$U_I(t)$、$U_Q(t)$ 分别为 A/D 变换器 I、Q 两个通道的输入信号。

A/D 变换的另一个模型与上述模型在表达式上有些区别，现给出如下：

$$\left.\begin{array}{l} y_I(t) = \dfrac{U_{\max}}{2^N}\left[\dfrac{U_I(t)2^N}{U_{\max}}\right] \\[4mm] y_Q(t) = \dfrac{U_{\max}}{2^N}\left[\dfrac{U_Q(t)2^N}{U_{\max}}\right] \end{array}\right\} \tag{7-77}$$

式中：$[\ ]$ 表示取整，其他参数与前一种方法相同。需要注意的是，前一种方法的输出给出的是用十进制表示的二进制数，而后一种方法的输出表示的是量化以后的十进制信号的幅度。

7.6.11　限幅器模型

我们知道，在很多体制的雷达接收机中都会用到限幅器，它是一个非线性电路。限幅器的数学表示意味着对输入信号进行加权，其权可表示为 arctan，如图 7-22 所示。

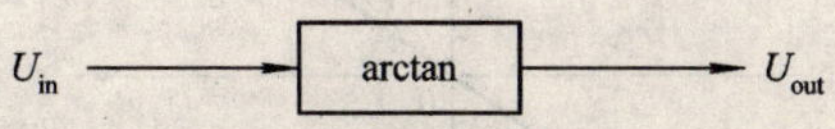

图 7-22　限幅器模型

图中，U_{in} 为限幅器的输入信号；U_{out} 为限幅器的输出信号。

显然，输出信号可写成

$$U_{\text{out}} = \arctan U_{\text{in}} \tag{7-78}$$

为了能任意地调整限幅电平，通常引入一个电平调整系数 C，这样，式(7-78)便可改写成如下形式

$$U_{\text{out}} = \frac{\arctan(CU_{\text{in}})}{C} \tag{7-79}$$

从式(7-78)和式(7-79)可以看出，在这里实际上就是根据限幅器特性引入的一个非线性变换，但对于小信号来说它又近似线性变换，对大信号，不管输入信号有多大，在不考虑限幅电平调整系数 C 的情况下，输出均不会超过 90，这样就达到了对输入信号限幅的目的。在实际工作中，如果对输出电平有具体要求，则可通过选择常数 C 来调节限幅电平。下面给出的是该模型没考虑常数 C 的情况下的具体计算数据，如表 7-7 所示。

表 7 – 7 限幅器模型的输入和输出关系

U_{in}	U_{out}	U_{in}	U_{out}	U_{in}	U_{out}
0.01	0.573	0.09	5.143	0.80	38.66
0.02	1.146	0.10	5.711	0.90	41.987
0.03	1.718	0.20	11.310	1.00	45.000
0.04	2.290	0.30	16.700	10.00	84.289
0.05	2.862	0.40	21.801	100.00	89.427
0.06	3.434	0.50	26.565	1000.00	89.942
0.07	4.004	0.60	30.963	10 000.00	89.994
0.08	4.574	0.70	34.992	100 000.00	89.999

7.6.12 硬限幅器模型

硬限幅模型可对输入信号进行硬限幅。双向限幅器可表示为

$$y(t) = \begin{cases} V_0, & x(t) \geqslant V_0 \\ x(t), & -V_0 < x(t) < V_0 \\ -V_0, & x(t) \leqslant -V_0 \end{cases} \tag{7-80}$$

式中：V_0 为限幅电平；$x(t)$ 为输入信号；$y(t)$ 为输出信号。

双向限幅器特性如图 7 – 23 所示。

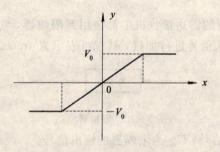

图 7 – 23 双向限幅器特性

当限幅系数为无穷大时，便为极限限幅，有表达式

$$y = \begin{cases} \dfrac{1}{2k}, & x > 0 \\ -\dfrac{1}{2k}, & x < 0 \end{cases} \tag{7-81}$$

式中：k 为调节限幅电平的常数。

实际上该式是双向限幅器的特例，其限幅特性如图 7 – 24 所示。输入信号为高斯分布时，输出信号如图 7 – 25 所示。如果输入信号是正态噪声，其相关系数为 R_1，则限幅器输出端的自相关函数为

$$R_2 = \frac{2}{\pi} \arcsin R_1 \tag{7-82}$$

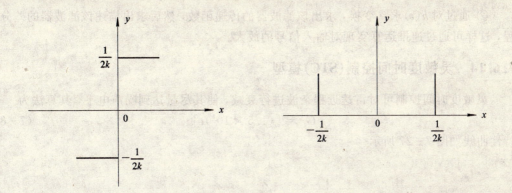

图 7 - 24　硬限幅器特性　　　　　　　　图 7 - 25　限幅器高斯信号输出特性

其特性如图 7 - 26 所示。

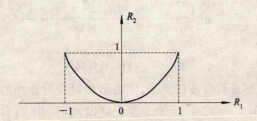

图 7 - 26　高斯输入时硬限幅器输出相关函数特性

7.6.13　根据脉冲响应对中频放大器进行仿真模型

匹配滤波器的近似脉冲响应可表示为

$$h(t) = G \exp(-\alpha_1 t)(1 + \alpha_2 t + \alpha_3 t^2 + \alpha_4 t^3) \tag{7-83}$$

它是对单个矩形脉冲匹配的，其效率为 0.93，对理想匹配滤波器的损失为 0.3 dB。式中，

$$\alpha_1 = \frac{6.18}{\tau}, \quad \alpha_2 = \frac{13.8}{\tau}, \quad \alpha_3 = \frac{-73.9}{\tau^2}, \quad \alpha_4 = \frac{283.8}{\tau^3}$$

其中：τ 为脉冲宽度；G 为接收机增益。

其效率以 ρ_f 表示，定义为：非匹配滤波器的峰值信噪比除以匹配滤波器的峰值信噪比，即

$$\rho_f = \frac{|S_o(t)|_{max}^2/N_o}{2E/N_0} \tag{7-84}$$

式中：$S_o(t)$ 为非匹配滤波器的输出信号电压；N_o 为非匹配滤波器的平均噪声功率；E 为输入信号能量；N_o 为匹配滤波器输入端带内噪声功率。

显然，在雷达仿真中完全有理由用式(7-83)来描述雷达接收机的中频放大器。仿真中有两种方法可进行仿真运算：

① 将输入信号与 $h(t)$ 进行褶积运算，输出信号可表示为

$$y(t) = \int_{-\infty}^{\infty} x(t)h(t-\tau)\,dt = \int_{-\infty}^{\infty} x(t-\tau)h(t)\,dt$$

② 通过对 $h(t)$ 求 $\mathscr{L}$ 变换，求出该滤波器的传递函数，然后求出描述该滤波器的差分方程，这样可通过递推运算实现对输入信号的放大。

7.6.14　灵敏度时间控制(STC)模型

灵敏度时间控制可对雷达近程杂波进行衰减，使其尽量达到噪声电平，其算法为

$$G_r = \left[(1.5 \times 10^4)t \right]^2 \tag{7-85}$$

特性曲线如图 7-27 所示。

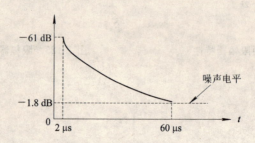

图 7-27　STC 特性曲线

这里给出了一个抑制近程杂波的例子。t 表示相对发射脉冲的迟延时间。灵敏度时间控制电路在发射机工作 2 μs 之后开始工作，给出 −61 dB 的衰减；在 60 μs 处，给出 −1.8 dB 的衰减，使近程杂波达到噪声电平。该例并不具有普遍性，但它给我们提供了一个设计近程增益控制电路的思路。

7.6.15　自动增益控制(AGC)模型

自动增益控制模型能控制中频放大器输出信号的动态范围，保证后续 A/D 变换器的正常工作。其算法为

$$G_v = -24.979v_i + 0.7185 \tag{7-86}$$

特性曲线如图 7-28 所示。

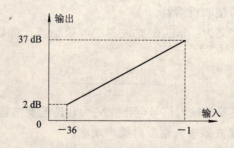

图 7-28　AGC 特性曲线

这里给出了一个自动增益控制的例子。考虑到与后续电路的协调工作，式(7-86)中的 v_i 是前一个 MTI 周期的最大输入电压，在每个 MTI 循环周期之后，对放大器的增益进行调整，如图 7-29 所示。图中给出的 MTI 循环周期为 400 μs。

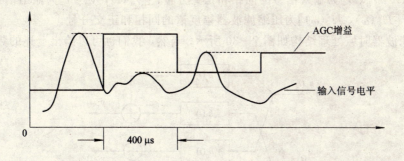

图 7 - 29　AGC 增益调整方法

7.6.16　线性调频脉冲压缩模型

线性调频脉冲压缩模型可对接收的线性调频信号进行匹配滤波，其脉冲压缩波形的复包络可由下式表示：

$$\widetilde{P}(t) = \exp\left[-\mathrm{j}\pi\left(\frac{B}{T}\right)t^2\right], \quad |t| \leqslant \frac{T}{2} \tag{7-87}$$

式中：B 为信号的扫频宽度；T 为信号的持续时间。

为了分析和使用方便将其写成如下形式

$$\widetilde{P}(t) = \exp\left(-\mathrm{j}\frac{1}{2}ut^2\right), \quad |t| \leqslant \frac{T}{2} \tag{7-88}$$

其中，$u = 2\pi\dfrac{B}{T}$。

我们假设压缩比为 32:1，则近似矩形的脉冲压缩滤波器的幅度谱可表示为

$$\widetilde{H}(f) = \exp\left(\mathrm{j}\frac{\omega^2}{2u}\right) \tag{7-89}$$

如果将其表示成同相和正交分量，则有

$$\widetilde{H}(f) = H_d(\omega) + \mathrm{j}H_q(\omega)$$

其中

$$H_d(\omega) = \cos\frac{\omega^2}{2u}$$

$$H_q(\omega) = -\sin\frac{\omega^2}{2u}$$

于是，我们得到实现脉冲压缩的步骤：

(1) 通过快速付里叶变换，将输入信号变换到频域，即

$$[r_{id}(t), r_{iq}(t)] \rightarrow \text{FFT} \rightarrow [R_{id}(\omega), R_{iq}(\omega)]$$

(2) 按下式求出压缩脉冲的谱

$$Y_{id}(\omega) = R_{id}(\omega)H_d(\omega) - R_{iq}(\omega)H_q(\omega)$$

$$Y_{iq}(\omega) = R_{iq}(\omega)H_d(\omega) + R_{id}(\omega)H_q(\omega)$$

(3) 通过快速付里叶反变换，求出 I, Q 通道的输出压缩脉冲信号

$$[Y_{id}(\omega), Y_{iq}(\omega)] \rightarrow \text{IFFT} \rightarrow [y_{id}(t), y_{iq}(t)]$$

式中：$[r_{id}(t)，r_{iq}(t)]$ 为输入信号的同相和正交分量；$[y_{id}(t)，y_{iq}(t)]$ 为输出信号的同相和正交分量；$[H_d(\omega)，H_q(\omega)]$ 为压缩滤波器幅度谱的同相和正交分量。

压缩滤波器时域处理结构如图 7-30 所示。当然，我们也可以给出上述的频域结构。

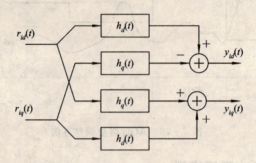

图 7-30　脉冲压缩滤波器原理图

7.6.17　离散付里叶变换对

离散付里叶变换可将时域信号变换到频域，或将频域信号变换到时域。其算法为

$$
\left.
\begin{aligned}
X_k &= \sum_{n=0}^{N-1} X_n \exp\left(-\frac{\mathrm{j}2\pi nk}{N}\right), \quad k=0,1,\cdots,N-1 \\
X_n &= \frac{1}{N}\sum_{n=0}^{N-1} X_k \exp\left(\frac{\mathrm{j}2\pi nk}{N}\right), \quad n=0,1,\cdots,N-1
\end{aligned}
\right\}
\tag{7-90}
$$

令

$$
W = \exp\left(-\frac{\mathrm{j}2\pi}{N}\right)
$$

则有

$$
\left.
\begin{aligned}
X_k &= \sum_{n=0}^{N-1} X_n W^{nk}, \quad k=0,1,\cdots,N-1 \\
X_n &= \frac{1}{N}\sum_{n=0}^{N-1} X_k W^{-nk}, \quad n=0,1,\cdots,N-1
\end{aligned}
\right\}
\tag{7-91}
$$

式中：X_n 为输入的时间序列；X_k 为输出谱序列；N 为输入、输出的序列长度。

（1）FFT 的幅频响应

$$
|H(\omega)| = \left| \frac{1}{N} \frac{\sin\left[\pi\left(N\dfrac{f}{f_r}-k\right)\right]}{\sin\left[\dfrac{\pi}{N}\left(N\dfrac{f}{f_r}-k\right)\right]} \right|
\tag{7-92}
$$

式中：N 为 FFT 点数；k 为滤波器号数（$k=0,1,\cdots,N-1$）；f_r 为雷达脉冲重复频率。

（2）MTI 对消器与 FFT 滤波器级联时的幅频响应

$$
|H(\omega)| = \left| \sin^m\left(\frac{\pi f_d}{f_r}\right) \frac{\sin\left[\pi\left(N\dfrac{f}{f_r}-k\right)\right]}{\sin\left[\dfrac{\pi}{N}\left(N\dfrac{f}{f_r}-k\right)\right]} \right|
\tag{7-93}
$$

式中：N 为 FFT 的点数；k 为滤波器号数（$k=0,1,\cdots,N-1$）；f_r 为雷达脉冲重复频率；

m 为对消器级数。

通常采用对滤波器进行加权的方法以减小输出信号的旁瓣电平，所带来的影响是使主瓣宽度展宽了。第 k 个加权以后的滤波器输出为

$$W_k = x_k + \alpha(x_{k+1} + x_{k-1}) \tag{7-94}$$

式中：α 为权函数，如 Hamming 权、Hann 权等。

（1）不加权时的改善因子

$$I = \frac{N^2}{N + \sum_{i=0}^{N-1} (N-i) \cos 2\pi i \frac{k}{N} \exp(-i^2 4\pi^2 \sigma_f^2 T^2)} \tag{7-95}$$

式中：T 为雷达脉冲重复周期；N 为 FFT 的点数；σ_f 为杂波功率谱标准差。

（2）加权后的改善因子

$$I = \frac{\left(\sum_{i=0}^{N-1} a_i\right)^2}{\sum_{i=0}^{N-1} \sum_{j=0}^{N-1} a_i a_j \cos\left[2\pi(i-j)\frac{k}{N}\right] \rho_c[(i-j)T]} \tag{7-96}$$

式中：$a_{i, j}$ 为考虑窗函数后的复权；k 为滤波器号数（$k=0, 1, \cdots, N-1$）；$\rho_c(\cdot)$ 为杂波协方差矩阵中的元素，其中的 T、N 与上式相同。

由于级联以后的改善因子表达式比较复杂，这里没有给出来，因此在系统性能评估时，可将对消器和 FFT 滤波器分开考虑。

7.6.18　I、Q 通道幅相不一致对改善因子 I_{dB} 的限制

我们知道，在理想的情况下，相干接收机中的 I、Q 两路相干检波器在相位上严格地相差 90°，即正交，在幅度上它们是相等的，但在实际的接收机中，由于各种原因是难以达到的，因此在幅度和相位上都会有误差，这时分别以 ΔA 和 $\Delta \theta$ 表示。于是，我们可将两路正交输出信号表示成

$$\left.\begin{array}{l} x_I(t) = E_I + A(1+\Delta A) \cos(2\pi f_d + \theta) \\ x_Q(t) = E_Q + A \sin(2\pi f_d + \theta + \Delta \theta) \end{array}\right\} \tag{7-97}$$

式中：E_I，E_Q 为两路正交输出的直流分量；A 为理想情况下的信号幅度；θ 为信号的初始相位；f_d 为多普勒频率；ΔA 为 I，Q 幅度不一致的百分比；$\Delta \theta$ 为相位不一致因子。

经理论分析，得到了 I，Q 通道幅相不一致对改善因子 I_{dB} 的限制，如表 7-8 所示。这样，在系统设计时，就可以根据对改善因子的要求，提出对相干检波器的设计要求了。

由表 7-8 可以看出，要想使 I，Q 通道不正交，对改善因子的限制应保持在 -30 dB 时，$\Delta \theta$ 和 ΔA 有以下三种组合：

（1）$\Delta \theta = 3\%$，$\Delta A \leqslant 3\%$；

（2）$\Delta \theta = 2\%$，$\Delta A \leqslant 5\%$；

（3）$\Delta \theta = 1\%$，$\Delta A \leqslant 6\%$。

众所周知，由于在技术上控制相干检波器的相位误差比控制其幅度误差更困难，因此选择第一种组合可能更为合理。

最后需要指出的是，如果要求 $I_{dB} > 40$ dB，表中的 $\Delta \theta$、ΔA 则均要小于 1%，尽管相干

检波器达不到要求，但只要进行适当的补偿还是可以满足要求的。

表 7-8　I, Q 通道幅相不一致时对改善因子 I_{dB} 的限制

$\Delta\theta$ ＼ ΔA	1%	2%	3%	4%	5%	6%	7%	8%	9%	10%
1%	−39.993	−37.584	−35.255	−33.266	−31.585	−30.148	−38.900	−27.800	−26.818	−25.933
2%	−34.863	−33.973	−32.803	−31.563	−30.360	−29.235	−28.197	−27.245	−26.370	25.564
3%	−31.528	−31.092	−30.451	−29.687	−28.869	−28.042	−27.232	−26.453	−25.713	−25.011
4%	−29.093	−28.842	−28.449	−27.952	−27.387	−26.783	−26.163	−25.543	−24.933	−24.399
5%	−27.190	−27.024	−26.762	−26.418	−26.014	−25.565	−25.089	−24.598	−24.100	−23.605
6%	−25.624	−25.507	−25.320	−25.072	−24.771	−24.430	−24.059	−23.667	−23.261	−22.848
7%	−24.295	−24.209	−24.070	−23.882	−23.652	−23.386	−23.091	−22.774	−22.441	−22.097
8%	−23.142	−23.076	−22.968	−22.822	−22.640	−22.428	−22.191	−21.931	−21.655	−21.366
9%	−22.124	−22.071	−21.986	−21.868	−21.722	−21.550	−21.354	−21.140	−20.908	−20.664
10%	−21.212	−21.169	−21.100	−21.004	−20.883	−20.741	−20.578	−20.398	−20.202	−19.993

7.7　恒虚警(CFAR)处理器模型

7.7.1　雷达对数接收机输出特性

雷达对数接收机能对输入信号进行对数压缩，使接收机输出具备 CFAR 特性。假定窄带对数雷达接收机有理想的输入/输出关系，即

$$z = A \ln(Bx) \tag{7-98}$$

其中 A, B 为接收机常数。输出信号服从以下分布

$$p(z) = \frac{e^{2\frac{z}{A}}}{AB^2\sigma^2} \exp\left(-\frac{e^{2\frac{z}{A}}}{2B^2\sigma^2}\right) \tag{7-99}$$

可以证明，随机变量 z 的方差为

$$D(z) = \frac{A^2}{4}\left(C^2 + \frac{\pi^2}{6}\right) - \frac{A^2 C^2}{4} = \frac{A^2\pi}{24} \tag{7-100}$$

其中，C 是欧拉常数。显然，对数接收机的输出信号与输入信号强度 σ^2 无关，即它是一个常数，只要从它的输出中减去直流分量，给定一个门限电平 T，便可得到恒定的虚警率。其结构图如图 7-31 所示。

图 7-31　雷达对数 CFAR 接收机

实际上，实际的对数接收机特性与理想情况还是有区别的。实际对数接收机特性如下：

$$z = A \ln(1 + Bx) \tag{7-101}$$

其输出方差

$$D(z) = \frac{A^2}{4}\left\{ \frac{\pi^2}{6} - \frac{1}{B^2\sigma^2}\left[1 + \ln(2B^2\sigma^2) - C + \frac{1}{4B^2\sigma^2} \right] \right\} \tag{7-102}$$

这一结果表明，实际对数接收机输出的方差并不为常数。计算表明，如果在设计对数接收机时，使噪声的均方根值在对数曲线的 20 dB 点上，这时基本上能够保证系统的恒虚警性能，这可通过调整接收机增益 B 来达到。

7.7.2 杂波图恒虚警处理器

杂波图恒虚警处理器是通过对雷达杂波跨周期减平均值的方法来达到恒虚警的目的，其结构图如图 7-32 所示。

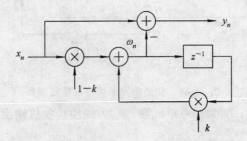

图 7-32 杂波图存储 CFAR 处理器

杂波图存储恒虚警处理器实际上是由两部分组成的，它们是积分器和减法器。

积分器差分方程

$$\omega_n = (1-k)x_n + k\omega_{n-1} \tag{7-103}$$

其中常数 $k < 1$，否则，该电路就不稳定了。从差分方程可以看出，杂波图存储器中的积分器，对输入杂波起平滑作用，即取出输入信号的直流分量。

减法器差分方程

$$y_n = x_n - \omega_n \tag{7-104}$$

由式(7-104)可以看出，从输入信号中减去直流分量，实际上就构成了一个数字微分器。极而言之，如果输入杂波是一个大幅度的宽方波，无疑，两者相减的结果必然是只保留了上升沿和下降沿，而将中间部分全部消掉了，故起到了恒虚警的作用，如图 7-33 所示。这就是说，利用杂波图存储的方法抑制杂波，在杂波的边缘附近其效果是不好的。

图 7-33 数字微分器

传递函数

$$H(z) = \frac{k(1 - z^{-1})}{1 - kz^{-1}}$$

$$(7-105)$$

从传递函数表达式我们可看到它的高通特性。

7.7.3 普通单元平均恒虚警处理器

普通单元平均恒虚警处理器能对雷达信号进行恒虚警处理，其结构图如图 7 - 34 所示。

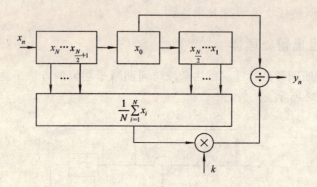

图 7 - 34　普通单元平均恒虚警处理器

图中，k 为加权系数；N 为参考单元数；x_n 为线性接收机输出信号；y_n 为恒虚警输出；x_0 为处理单元。

恒虚警输出

$$y_n = \frac{x_0}{\dfrac{k}{N}\sum_{i=1}^{N} x_i}$$

$$(7-106)$$

N 一般取 4，8，16，32。

普通单元平均恒虚警处理器主要有两个缺点：一是边缘效应比较严重，边缘效应区域分虚警增加区和虚警减小区。虚警减小区意味着该区域的信噪比损失大；二是最后的除法运算计算机计算量较大。

这里需要指出的是，普通单元平均恒虚警处理器对瑞利分布信号是恒虚警的，这是因为瑞利分布信号的均值是与其分布参数 σ 成正比的，对韦布尔分布和对数—正态分布的信号，则必须估计其二阶矩，然后对信号进行归一化处理，才能得到恒虚警性能。

7.7.4 普通对数单元平均恒虚警处理器

普通对数单元平均恒虚警处理器能对雷达信号进行恒虚警处理，以提高运算速度。它与普通单元平均恒虚警处理器的主要区别有以下三点：一是其输入信号为对数接收机的输出信号或者是线性接收机的输出信号取了数字对数，以适应恒虚警处理的需要；二是由于对数输入，普通单元平均恒虚警处理器中的除法运算简化为减法运算；三是去显示器的信号要取反对数以恢复其线性对比度特性，如图 7 - 35 所示。

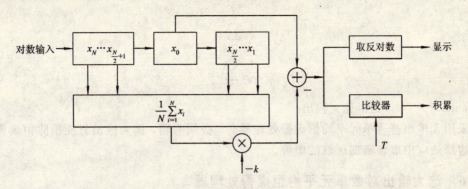

图 7 - 35　普通对数单元平均恒虚警处理器

恒虚警输出

$$y_n = x_0 - k \frac{1}{N} \sum_{i=1}^{N} x_i \qquad (7-107)$$

在对数单元平均恒虚警处理器与普通单元平均恒虚警处理器其他条件相同的情况下，对数单元平均恒虚警处理器的信噪比损失要大一些，故要使两者有相同的性能，必须适当增加参考单元的数量。已经证明，两者有如下关系：

$$N_{LOG} = 1.65 N_{LIN} - 0.65 \qquad (7-108)$$

即对数单元平均恒虚警处理器的参考单元数 N_{LOG} 必须比普通单元平均恒虚警处理器增加65%，才能保证两者有相同的性能。

7.7.5　选大输出普通单元平均恒虚警处理器

大输出普通单元平均恒虚警处理器可对雷达信号进行恒虚警处理，以减小边缘效应的影响。与普通单元平均恒虚警处理器的主要区别是，它先将处理单元两侧的信息分别求和，然后选其大者作为输出并进行处理，如图 7 - 36 所示。

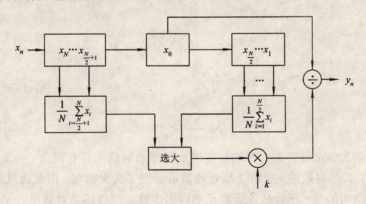

图 7 - 36　选大输出普通单元平均恒虚警处理器

恒虚警输出

$$y_n = \frac{x_0}{k \max(x_1, x_2)} \qquad (7-109)$$

$$x_1 = \frac{1}{N} \sum_{i=1}^{\frac{N}{2}} x_i$$

$$x_2 = \frac{1}{N} \sum_{i=\frac{N}{2}+1}^{N} x_i$$

其中，$\max(x_1, x_2)$ 是指选大输出。

采用大输出普通单元平均恒虚警处理器时，必须明确，选大输出只能消除恒虚警电路输出边缘效应中虚警增加区域的虚警。

7.7.6　选大输出对数单元平均恒虚警处理器

选大输出对数单元平均恒虚警处理器能对雷达信号进行恒虚警处理，以减小边缘效应的影响。与普通单元平均恒虚警处理器的主要区别是，它先将处理单元两侧的信息分别求和，然后选其大者作为输出并进行处理，如图 7 - 37 所示。

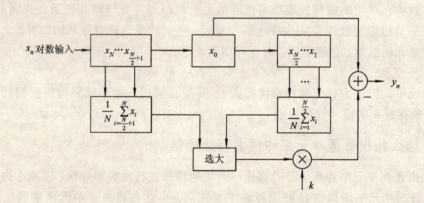

图 7 - 37　选大输出对数单元平均恒虚警处理器

算法：

$$y_n = x_0 - k \max(x_1, x_2) \qquad (7-110)$$

$$x_1 = \frac{1}{N} \sum_{i=1}^{\frac{N}{2}} x_i$$

$$x_2 = \frac{1}{N} \sum_{i=\frac{N}{2}+1}^{N} x_i$$

该电路与选大输出普通单元平均恒虚警处理器的区别主要有两点：一是将除法运算变成了减法运算；二是对数输入。由于该处理器也采用了选大输出，因此边缘效应有所改善。

最后需要说明的是，不管是普通单元平均恒虚警处理器还是对数单元平均恒虚警处理器，在实际使用时一般在检测单元两侧会分别空出 1～2 个单元不用，这是为了避免检测单元宽回波采样对两侧平均杂波采样结果的影响，即使是标准的点目标回波，由于匹配滤波器对输入信号的展宽作用，仍会对检测单元两侧的杂波信号有所影响。

7.7.7　对数—正态/韦布尔分布恒虚警处理器

对数—正态/韦布尔分布恒虚警处理器能对输入的韦布尔或对数—正态杂波进行恒虚警处理。恒虚警处理的根本概念是对输入信号进行归一化处理，使输出信号与输入杂波的强度无关。假定输入信号为线性检波器输出的对数—正态杂波信号，则有概率密度函数

$$f(y) = \frac{1}{\sqrt{2\pi}\sigma_c y} \exp\left\{-\frac{1}{2\sigma_c^2}\left[\ln\left(\frac{y}{u_c}\right)^2\right]\right\} \qquad (7-111)$$

取对数之后变成正态分布，有概率密度函数

$$f(x) = \frac{1}{\sqrt{2\pi}\sigma_c} \exp\left[-\frac{(x-\ln u_c)^2}{2\sigma_c^2}\right] \qquad (7-112)$$

对 x 进行归一化处理

$$z = \frac{x - \ln u_c}{\sigma_c} \qquad (7-113)$$

最后有变量 z 的概率密度函数

$$f(z) = \frac{1}{\sqrt{2\pi}} \exp\left(-\frac{z^2}{2}\right)$$

变量 z 与 u_c 和 σ_c 均无关，得到了恒虚警输出。这样，必须估计输入信号的一、二阶矩，才能实现归一化，其结构图如图 7-38 所示。

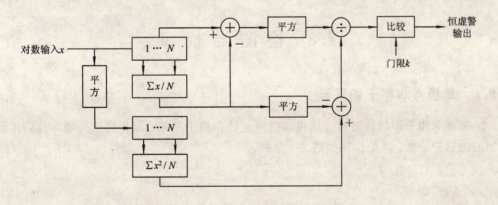

图 7-38　对数—正态杂波恒虚警处理器

韦布尔分布杂波恒虚警处理器与此相似，不再赘述。

7.7.8　慢门限恒虚警处理器

慢门限恒虚警处理器能对热噪声电平的缓慢变化进行恒虚警处理。基于热噪声的短期平稳和各态历经特性，在每个探测周期的逆程取一部分噪声样本，实现对虚警概率的估计，并将其与所期望的虚警概率相比较，根据比较结果生成正、负增量，将 D/A 变换器输入端寄存器中的数据加、减一定的增量，从而改变比较器的门限电平，以达到控制虚警概率的目的，其结构图如图 7-39 所示。图中 $v(t)$ 为输入信号，p_f 为超过第一门限的虚警概率。

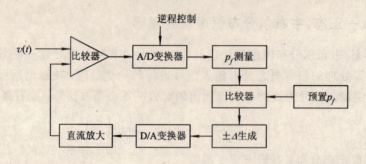

图 7-39 慢门限恒虚警处理器原理图

关键参数的选择：

(1) 样本数 N：

$$N \geqslant \frac{p_f(1 - p_f)}{\varepsilon^2 p_1} \tag{7-114}$$

该式的含义是在第一门限的虚警概率 $p_f = 10^{-2}$ 的情况下，使估计的 $\hat{p}_f = \frac{m}{N}$ 与所期望的 p_f 的差值小于某个正数 ε 的概率 p_1 大于 90% 所需要的样本数。如果 $\varepsilon = 0.005$，则所需样本数 $N \approx 4000$ 个。

(2) 如果每个逆程取样本 $n = 20$ 个，则要 200 个探测周期对门限电平调整一次。这时必须使 n 值小于逆程的距离单元数。

7.8 检 测 器 模 型

7.8.1 单极点非相干积累器

单极点非相干积累器可对雷达视频信号进行非相干积累，以提高信号噪声比，并且可抑制随机脉冲干扰，其结构图如图 7-40 所示。

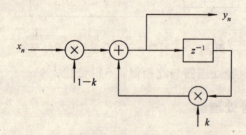

图 7-40 单极点非相干视频积累器

差分方程

$$y_n = (1 - k)x_n + ky_{n-1} \tag{7-115}$$

式中：x_n 为 n 时刻积累器的输入信号；y_n 为 n 时刻积累器的输出信号；k 为加权系数（$k < 1$）。

传递函数

$$H(z) = \frac{z}{z-k}$$

输出直流增益

$$F(1) = F(e^{j\omega T})\mid_{\omega=0} = \frac{1}{1-k}$$

系统输出的直流电平为输入直流电平与系统直流增益之积。在对该积累器进行仿真或在实际工作中,其直流输出值可作为系统工作的初始值,以减小反馈系统暂态过程对系统性能的影响,这一工作通常称做对系统的初始化。

输出信噪比

$$SNR \approx \frac{1+k}{1-k}$$

最佳权系数

$$k_{opt} = 1 - \frac{1.56}{m} \tag{7-116}$$

其中,m 是 3 dB 波束宽度内的目标回波数,或称脉冲积累数。

7.8.2　双极点非相干积累器

双极点非相干积累器可对雷达视频信号进行非相干积累,以提高信号噪声比,并且可抑制随机脉冲干扰,其性能优于单极点视频积累器,其结构图如图 7-41 所示。

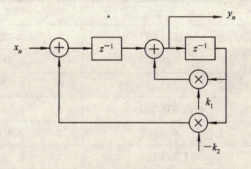

图 7-41　双极点非相干视频积累器

差分方程

$$y_n = x_{n-1} + k_1 y_{n-1} - k_2 y_{n-2} \tag{7-117}$$

式中:x_n 为 n 时刻积累器的输入信号;y_n 为 n 时刻积累器的输出信号;k_1,k_2 为积累器两个环路的加权系数。

系统传递函数

$$H(z) = \frac{z^{-1}}{1 - k_1 z^{-1} + k_2 z^{-2}}$$

直流增益

$$F(1) = \frac{1}{1 - k_1 + k_2}$$

系统输出的直流电平为输入直流电平与系统直流增益之积。在对该积累器进行仿真或在实际工作中,其直流输出值可作为系统工作的一个初始值,另一个初始值应将第一个加法器的输出作为系统的输出,求以该点为输出时的传递函数,令 $\omega = 0$,求出该点的直流增益与直流分量,作为第二个环路的初始值,以完成系统的初始化。

在积累器输入为瑞利噪声的情况下,输出噪声方差

$$D(y) = \frac{\left(2 - \dfrac{\pi}{2}\right)\sigma^2}{1 - k_1^2 - k_2^2 + \dfrac{2k_2 k_1^2}{1 + k_2}} \tag{7-118}$$

其中,分子为输入瑞利噪声方差,显然,分母的倒数便是系统的功率增益。

系统的最佳权系数

$$\left.\begin{aligned} k_{1\,\mathrm{opt}} &= 2\exp\left(-\frac{1.78}{m}\right)\cos\left(\frac{2.2}{m}\right) \\ k_{2\,\mathrm{opt}} &= \exp\left(-\frac{3.75}{m}\right) \end{aligned}\right\} \tag{7-119}$$

其中,m 是脉冲积累数,公式中 $\dfrac{2.2}{m}$ 的单位为弧度。表 7-9 给出了最佳加权系数和脉冲积累数 N 之间的关系。

表 7-9 最佳加权系数和脉冲积累数 N 之间的关系

N	$k_{1\,\mathrm{opt}}$	$k_{2\,\mathrm{opt}}$
5	1.263 821	0.490 718
10	1.629 371	0.697 855
15	1.753 619	0.786 028
20	1.815 702	0.834 514
25	1.853 001	0.865 273
30	1.877 655	0.886 277
35	1.895 277	0.910 669
40	1.908 494	0.913 418
45	1.918 714	0.922 626
50	1.926 595	0.929 781

参数选择:单极点积累器和双极点积累器属于多分层积累器,在信号检测时,分层的多少与检测器的性能有直接的关系,表 7-10 给出了分层电平数和信噪比的损失关系。由表 7-10 可以看出,2 分层时信噪比损失较大,8 分层时信噪比损失已经很小了,如果取 16 分层,信噪比损失就可忽略不计了,也就是说,数据寄存器有 4 位就行了。

表 7 - 10　分层电平数和信噪比损失关系

分 层 数	信噪比损失/dB
2	1.90
4	0.50
8	0.06

7.8.3　大滑窗检测器

大滑窗检测器适用于搜索雷达。它可对雷达信号进行二进制非相干积累，其结构图如图 7 - 42 所示。

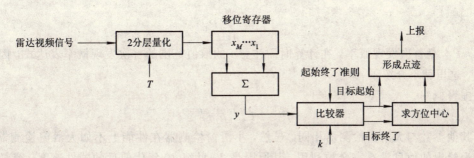

图 7 - 42　大滑窗检测器

图中：M 为 3 dB 波束宽度内回波脉冲数；T 为第一门限，它决定超过第一门限的虚警概率 p_f；k 为第二门限，它决定超过第二门限的虚警概率 P_F。

如果 $y = \sum\limits_{i=1}^{M} x_i \geqslant k$，则宣告目标开始，即满足了目标起始准则，去方位传感器取目标的起始方位 θ_1，同时去距离传感器取目标的当前距离 R；在目标起始的条件下，如果 $y = \sum\limits_{i=1}^{M} x_i < k$，则宣告目标终了，去方位传感器取目标的终了方位 θ_2；计算目标方位中心

$$\theta = \frac{\theta_1 + \theta_2}{2} \tag{7-120}$$

设计参数：

(1) 滑窗宽度 $L = M$，即大滑窗检测器的滑窗宽度等于回波串长度。

(2) 第一门限 $T = f(p_f)$。

(3) 第二门限 k 的最佳值 $k_{\mathrm{opt}} \approx 1.5\sqrt{M}$。

需要强调的是，各种检测器的输入信号均是同一扫描周期相邻探测脉冲的同一距离单元的回波串。

发现概率

$$P_D = \sum\limits_{i=k}^{M} C_M^i p_d^i q_d^{M-i} \tag{7-121}$$

虚警概率

$$P_F = C_{M-1}^{k-1} p_f^k q_f^{M-k+1} \tag{7-122}$$

式中：M 为 3 dB 波束宽度内脉冲数；p_d 为超过第一门限的发现概率；p_f 为超过第一门限

的虚警概率；k 为第二门限，$k = k_{opt}$。

在检测器设计时需要注意两点，一是应先给定系统的虚警概率，然后反推出第一门限的虚警概率，最后得到第一门限 T。这样，在给定一个信噪比时，就会得到满足一定虚警概率条件下的发现概率。二是虚警概率的计算公式与指向型检测器的不同，这是滑窗检测器的信息是滑动进入检测器的缘故。

7.8.4　小滑窗检测器

小滑窗检测器用于搜索雷达。它可以对雷达信号进行二进制非相干积累。它基本与大滑窗检测器相同，惟一的区别在于小滑窗检测器的滑窗宽度 $l < M$。

发现概率

$$P_D = \sum_{i=k}^{M} P_{Di}^{[1]} \tag{7-123}$$

其中，$P_{Di}^{[1]}$ 是首次发现概率，在计算时需注意 i 的取值范围的首次发现概率表达式，因此较复杂，这里就不介绍了。

虚警概率

$$P_F = C_{M-1}^{k-1} p_f^k q_f^{M-k+1} \tag{7-124}$$

其他参数与大滑窗检测器相同。显然，小滑窗检测器在性能上不如大滑窗检测器，这是因为给出的信息没有完全被利用。其原因是 20 世纪 70 年代前后的器件速度、容量均有限，当时采用小滑窗检测器主要是为了节省设备。

参数选择

$$k_{opt} = 1.5\sqrt{l} \tag{7-125}$$

无论是大滑窗还是小滑窗检测器的最佳第二门限的近似表达式的信噪比损失均为 0.2 dB 左右，其适用范围为

$$P_D = 50\% \sim 90\%$$
$$P_F = 10^{-10} \sim 10^{-5}$$

考虑目标起伏时的最佳门限，当为慢起伏时，

$$k_{opt} = \begin{cases} 0.44M, & 大滑窗 \\ 0.44l, & 小滑窗 \end{cases}$$

当为快起伏时，

$$k_{opt} = \begin{cases} 0.34M, & 大滑窗 \\ 0.34l, & 小滑窗 \end{cases}$$

其中，M 和 l 分别为大滑窗和小滑窗检测器的滑窗宽度。

这里顺便提一下，20 世纪 70 年代还有一种检测器，称重合法检测器，实际上它是滑窗检测器的一种特例，其检测准则通常将连续 i 个 1 作为目标起始。优点是简单，但其检测性能较差，只有在信噪比很大时才有利用价值。

7.8.5　指向型非相干积累器

指向型非相干积累器适用于相控阵雷达。它可对经过去杂波处理之后的雷达视频信号进行非相干积累，其结构图如图 7-43 所示。

图 7 - 43　指向型非相干积累器

在图 7 - 43 中，积累器可以是移位寄存器加法器，但最简单的是计数器，因为相控阵雷达的每个指向有几个回波直接计数就行了。

算法

$$y = \sum_{i=1}^{M} x_i \qquad (7-126)$$

若 $y \geqslant k$，判为有目标；若 $y < k$，判为无目标。其中，M 为相控阵雷达每个指向的目标回波数；k 为第二门限。

发现概率

$$P_D = \sum_{i=k}^{M} C_M^i p_d^i q_d^{M-i} \qquad (7-127)$$

虚警概率

$$P_F = \sum_{i=k}^{M} C_M^i p_f^i q_f^{M-i} \qquad (7-128)$$

式中：p_d 为超过第一门限的发现概率，$q_d = 1 - p_d$；p_f 为超过第一门限的虚警概率，$q_f = 1 - p_f$。

最佳第二门限与大滑窗检测器相同。

7.8.6　非参量秩和检测器

秩和检测器属于非参量检测器，并且能提供恒虚警输出。其结构图如图 7 - 44 所示。

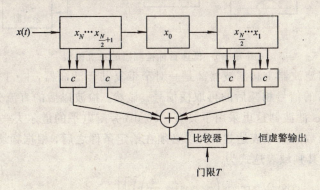

图 7 - 44　秩和检测器结构图

在图 7 - 44 中，c 为比较器，其输出为二进制 0 或 1；N 为参考单元数；x_0 为检测单元；T 为门限。

检测准则：

（1）随着输入信号 $x(t)$ 不断地移入寄存器，检测单元 x_0 的输出不断地与 N 个参考单元的输出信号进行比较，若 x_0 的输出大于其他样点的输出，则相应的比较器 c 的输出为 1，否则为 0。

（2）对 N 个比较器的输出求和，得 $R_j (j=1, 2, \cdots, N)$。

（3）若 R_j 大于门限 T，则比较器输出为 1，否则为 0，后面便可跟一个二进制视频积累器，如滑窗积累器，对其进行积累，或者直接将 R_j 送给单极点或双极点积累器进行视频积累。

恒虚警性能

$$p_f = p(R_j = r) = \frac{1}{N+1} \tag{7-129}$$

其中，N 为参考单元数。该式说明，系统输出的虚警概率 p_f 与输入信号的概率密度函数无关，即 p_f 只与 N 有关，R_j 服从均匀分布。该检测器不仅是非参量的，而且是恒虚警的。

这里需要说明的是，以上结果是在各个信号采样之间满足相互独立，且具有相同分布的情况下得到的，即满足 IID 条件。另外，非参量检测器的性能一般不如参量检测器，因为已知的一些信息没有被利用，但参量检测器一旦偏离给定的条件，其性能可能还不如非参量检测器。

7.8.7 低速目标检测器

低速目标检测器能利用 Kalmus 滤波器和动态杂波图检测低速运动的目标。低速目标检测器的系统模型如图 7-45 所示。

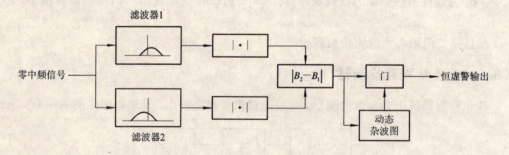

图 7-45 低速目标检测器的系统模型

图 7-45 中的滤波器 1 和滤波器 2 是一对窄带复共轭滤波器，$|\cdot|$ 表示取模，输出信号为两路取模以后的信号相减后的再取模信号。显然，检波以后的直流分量在相减以后被消掉了。对 Kalmus 滤波器这里采用了具有 -50 dB 旁瓣电平的道尔夫—切比雪夫权函数。我们所用的是权函数的频域表达式，所以必须在给定条件之后，根据频域表达式利用 DFT 计算时域权系数。其频域表达式为

$$w(k) = \left| \frac{\cos\left[N \arccos\left(z_0 \cos\left(\pi \frac{k}{N} \right) \right) \right]}{\cosh(N \arccos(z_0))} \right|, \quad \left| z_0 \cos\left(\pi \frac{k}{N} \right) \right| < 1 \tag{7-130}$$

$$w(k) = \left| \frac{\cosh\left[N \operatorname{arccosh}\left(z_0 \cos\left(\pi \frac{k}{N} \right) \right) \right]}{\cosh(N \arccos(z_0))} \right|, \quad \left| z_0 \cos\left(\pi \frac{k}{N} \right) \right| \geqslant 1 \tag{7-131}$$

其中

$$z_0 = \cosh\left(\frac{1}{N}\text{arccosh}(10^\alpha)\right) = \cosh\left(\frac{1}{N}\ln(10^\alpha + \sqrt{10^{2\alpha}-1})\right), \quad 0 \leqslant |k| \leqslant N-1$$

$$(7-132)$$

以上两式的分母实际上只是为了归一化运算而引入的，其值便是 -50 dB 所对应的数值 $316.227\,766$，即 10^α，显然，$\alpha=2.5$，$N=9$。计算中所采用的几个公式如下：

$$\arccos(x) = \frac{\pi}{2} - \arctan\left(\frac{x}{\sqrt{1-x^2}}\right), \quad \left|z_0\cos\left(\pi\frac{k}{N}\right)\right| < 1 \qquad (7-133)$$

$$\cosh(x) = \frac{e^x + e^{-x}}{2} \qquad (7-134)$$

$$\text{arccosh}(x) = \ln(x + \sqrt{x^2-1}) \qquad (7-135)$$

最后得到加权系数 $P(1)$，$P(2)$，$P(3)$，$P(4)$，$P(5)$。如果将其分别乘以 $\cos\theta$ 和 $\sin\theta$，便可得到滤波器的加权系数的虚部和实部。如果以 $H(m)$ 和 $G(m)$ 分别表示其实部和虚部的话，便可与信号的实部 $C(m)$ 和虚部 $D(m)$ 进行褶积运算了。系统中的其他运算比较简单，这里就不介绍了。

7.9　数据处理模型

7.9.1　点迹过滤器

点迹过滤器在雷达点迹被送往数据处理分机之前，对点迹进行过滤，去掉一些杂波剩余，以防止计算机过载，并能改善数据融合系统的状态估计精度，提高跟踪性能。

在现代雷达系统中，其输出除了有用的目标回波之外，还包含有大量的固定目标回波和慢速目标回波，即使采用高性能的数字动目标显示系统，也会由于天线扫描限制、视频量化误差及系统不稳定等因素的存在，使其输出存在大量的杂波剩余。这就使检测系统所给出的点迹中，不仅包含运动目标点迹，而且包含大量的固定目标点迹和假目标点迹，后者我们称为孤立点迹。在进行二次处理之前，必须进行再加工或过滤，争取将这些非目标点迹减至最少，这就是所谓的"点迹过滤"。

点迹过滤的基本依据是运动目标和固定目标跨周期的相关特性不同，利用一定的判定准则来判定点迹的跨周期特性，就可区别运动目标和固定目标。特别需要强调的是，这里所说的跨周期是指扫描到扫描的周期，而不是脉冲到脉冲的周期。点迹过滤的基本原理如下：

通过一个大容量的存储器，保留雷达天线扫描 5 圈的信息。当新的一圈数据到来时，每个点迹都与存储器中的前 5 圈的各个点迹按由旧到新的次序进行逐个比较。这里根据目标运动速度等因素设置了两个窗口，一个大窗口和一个小窗口。并设置了 6 个标志位 $p_5 \sim p_1$，GF。新来的点迹首先跟第 1 圈的各个点迹进行比较，比较结果如果第 1 圈的点迹中至少有一个点迹与新点迹之差在小窗口内，那么相应的标志位置为 1，否则置为 0；然后新点迹再跟第 2 圈的各个点迹进行比较，同样，只要第 2 圈的各个点迹至少有一个点迹与新点迹之差在小窗口内，再把相应的标志位置为 1，否则置为 0。依此类推，一直到第 5 圈比较完为止。最后再一次把新点迹与第 5 圈的各个点迹进行比较，比较结果如果至少有一个两者之差在大窗口内，就将相应的标志位 GF 置为 1，否则置为 0。标志位 $p_5 \sim p_1$，GF 则根据以上原则产生了一组标志。根据这组标志，我们就可以按一定的准则统计地判定新点迹是属于运动目标、固定目标还是孤立点迹或可疑点迹，并在它的坐标数据中加上相应的标志。

算法：

（1）运动点迹：

$$\overline{(p_1 + p_2)}\text{GF} = \overline{p_1}\ \overline{p_2}\text{GF} = 1 \tag{7-136}$$

该式表明，第 1 圈、第 2 圈小窗口没有符合，但在第 5 圈时，在大窗口中有符合，新点迹就判定成运动点迹。

（2）固定点迹：

$$(p_1 + p_2)(p_3 p_4 + p_3 p_5 + p_4 p_5) = 1 \tag{7-137}$$

该式表明，如果在第 1 圈和第 2 圈的小窗口至少有一次符合，而 3、4、5 圈小窗口中同时至少有两次符合，则新点迹就判定为固定点迹。

（3）孤立点迹：

$$\overline{(p_1 + p_2)}\ \overline{\text{GF}} = \overline{p_1}\ \overline{p_2}\ \overline{\text{GF}} = 1 \tag{7-138}$$

该式表明，如果第 1 圈和第 2 圈小窗口没有符合，第 5 圈时大窗口也没有符合，说明它是孤立点迹。

（4）可疑点迹：凡是不满足上述准则的点迹，统统被认为是可疑点迹，可以将其输出，在数据处理时进一步判断。

7.9.2 向量卡尔曼滤波器

（1）卡尔曼滤波器模型。其状态方程为

$$\left.\begin{aligned} \boldsymbol{X}(k+1) &= \boldsymbol{\Phi}(k)\boldsymbol{X}(k) + \boldsymbol{W}(k) \\ \boldsymbol{Q}(k) &= \boldsymbol{E}\left[\boldsymbol{W}(k)\boldsymbol{W}(k)^{\text{T}}\right] \end{aligned}\right\} \tag{7-139}$$

观测方程

$$\left.\begin{aligned} \boldsymbol{Z}(k) &= \boldsymbol{H}(k)\boldsymbol{X}(k) + \boldsymbol{V}(k) \\ \boldsymbol{R}(k) &= \boldsymbol{E}\left[\boldsymbol{V}(k)\boldsymbol{V}(k)^{\text{T}}\right] \end{aligned}\right\} \tag{7-140}$$

式中：$\boldsymbol{\Phi}(k)$ 为状态转移矩阵；$\boldsymbol{H}(k+1)$ 为观测矩阵；$\boldsymbol{W}(k)$ 为系统噪声，均值为 0、协方差矩阵为 $\boldsymbol{Q}(k)$ 的高斯白噪声；$\boldsymbol{V}(k)$ 为观测噪声，均值为 0、协方差矩阵为 $\boldsymbol{R}(k)$ 的高斯白噪声。

（2）卡尔曼滤波器方程。

残差

$$\boldsymbol{E}(k) = \boldsymbol{Z}(k) - \boldsymbol{H}(k)\widetilde{\boldsymbol{X}}(k) \tag{7-141}$$

预测方程

$$\widetilde{\boldsymbol{X}}(k+1) = \boldsymbol{\Phi}(k)\widetilde{\boldsymbol{X}}(k) \tag{7-142}$$

状态估计

$$\begin{aligned} \hat{\boldsymbol{X}}(k) &= \widetilde{\boldsymbol{X}}(k) + \boldsymbol{K}(k)\boldsymbol{E}(k) \\ &= \boldsymbol{\Phi}(k)\hat{\boldsymbol{X}}(k-1) + \boldsymbol{K}(k)\left[\boldsymbol{Z}(k) - \boldsymbol{H}(k)\boldsymbol{\Phi}(k)\hat{\boldsymbol{X}}(k-1)\right] \end{aligned} \tag{7-143}$$

滤波器增益

$$K(k) = \tilde{P}(k)H^{T}(k)[H(k)\tilde{P}(k)H^{T}(k) + R(k)]^{-1} \qquad (7-144)$$

其中，$\tilde{P}(k)$ 为预测协方差，其表达式为

$$\tilde{P}(k+1) = \Phi(k)\tilde{P}(k)\Phi^{T}(k) + Q(k) \qquad (7-145)$$

误差协方差矩阵

$$\hat{P}(k) = [I - K(k)H(k)]\tilde{P}(k) \qquad (7-146)$$

向量卡尔曼滤波器结构如图 7-46 所示。

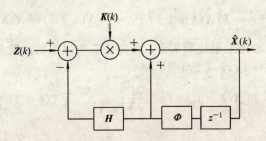

图 7-46　向量卡尔曼滤波器结构

7.9.3　向量卡尔曼预测器

预测方程

$$\hat{X}(k+1 \mid k) = \Phi(k)\hat{X}(k \mid k-1) + G(k)[Z(k) - H(k)\hat{X}(k \mid k-1)] \qquad (7-147)$$

预测增益

$$G(k) = \Phi(k)P(k \mid k-1)H^{T}(K)[H(k)P(k \mid k-1)H^{T}(k) + R(k)]^{-1} \qquad (7-148)$$

$$G(k) = AK(k)$$

预测均方误差

$$P(k+1 \mid k) = [\Phi(k) - G(k)H(k)]P(k \mid k-1)\Phi^{T}(k) + Q(k) \qquad (7-149)$$

7.9.4　扩展卡尔曼滤波器

1. 系统的状态方程和观测方程

状态方程

$$\left.\begin{array}{l} X(k+1) = \Phi(k)X(k) + W(k) \\ E[W(k)] = 0 \\ E[W(k)W^{T}(j)] = Q(k)\delta_{kj} \end{array}\right\} \qquad (7-150)$$

观测方程

$$\left.\begin{array}{l} Z[k+1] = H(k+1)X(k+1) + V(k+1) \\ E[V(k)] = 0 \\ E[V(k)V^{T}(j)] = R(k)\delta_{kj} \end{array}\right\} \qquad (7-151)$$

2. 观测方程的线性化

观测向量

$$Z(k) = F[X(k)] + V(k) \qquad (7-152)$$

其中，$V(k)$ 为观测噪声，其协方差矩阵为 $R = \text{diag}(\sigma_r^2, \sigma_\theta^2, \sigma_\varphi^2)$。

为了采用卡尔曼滤波器在极坐标系中解算残差，需要将直角坐标系中的预测值近似线性地变换到极坐标系。$k+1$ 时刻的预测误差为

$$\tilde{X}(k+1 \mid k) = X(k+1) - \hat{X}(k+1 \mid k) \qquad (7-153)$$

球面坐标系中的预测值为

$$\hat{Z}(k+1 \mid k) = F[\hat{X}(k+1 \mid k)] = F[X(k+1) - \tilde{X}(k+1 \mid k)] \qquad (7-154)$$

将其以 $\hat{X}(k+1 \mid k)$ 为中心用泰勒级数展开，并略去二次以上的高阶分量，可得

$$Z(k+1) = F[X(k+1)]$$
$$= F[\hat{X}(k+1 \mid k)] + \frac{\partial F}{\partial X}\bigg|_{X = \hat{X}(k+1 \mid k)} [X(k+1) - \hat{X}(k+1 \mid k)]$$
$$\qquad (7-155)$$

于是，极坐标系中的目标测量值与预测值之差为

$$\tilde{Z}(k+1) = Z(k+1) - \hat{Z}(k+1 \mid k)$$
$$= \frac{\partial F}{\partial X}\bigg|_{X = \hat{X}(k+1 \mid k)} \tilde{X}(k+1 \mid k) + V(k+1) \qquad (7-156)$$

若令 $H(k+1) = \dfrac{\partial F}{\partial X}\bigg|_{\hat{X}(k+1 \mid k)}$，则可得到

$$\tilde{Z}(k+1) = H(k+1)\tilde{X}(k+1 \mid k) + V(k+1) \qquad (7-157)$$

并且有

$$F = [f_1, f_2, f_3]^{\mathrm{T}}$$

对前面的雷达方程，有

$$H(k+1) = \begin{bmatrix} \dfrac{\partial f_1}{\partial x} & \dfrac{\partial f_1}{\partial \dot{x}} & \dfrac{\partial f_1}{\partial \ddot{x}} & \dfrac{\partial f_1}{\partial y} & \dfrac{\partial f_1}{\partial \dot{y}} & \dfrac{\partial f_1}{\partial \ddot{y}} & \dfrac{\partial f_1}{\partial z} & \dfrac{\partial f_1}{\partial \dot{z}} & \dfrac{\partial f_1}{\partial \ddot{z}} \\[2mm] \dfrac{\partial f_2}{\partial x} & \dfrac{\partial f_2}{\partial \dot{x}} & \dfrac{\partial f_2}{\partial \ddot{x}} & \dfrac{\partial f_2}{\partial y} & \dfrac{\partial f_2}{\partial \dot{y}} & \dfrac{\partial f_2}{\partial \ddot{y}} & \dfrac{\partial f_2}{\partial z} & \dfrac{\partial f_2}{\partial \dot{z}} & \dfrac{\partial f_2}{\partial \ddot{z}} \\[2mm] \dfrac{\partial f_3}{\partial x} & \dfrac{\partial f_3}{\partial \dot{x}} & \dfrac{\partial f_3}{\partial \ddot{x}} & \dfrac{\partial f_3}{\partial y} & \dfrac{\partial f_3}{\partial \dot{y}} & \dfrac{\partial f_3}{\partial \ddot{y}} & \dfrac{\partial f_3}{\partial z} & \dfrac{\partial f_3}{\partial \dot{z}} & \dfrac{\partial f_3}{\partial \ddot{z}} \end{bmatrix}_{\hat{X}(k+1 \mid k)}$$

$$= \begin{bmatrix} \dfrac{x}{r} & 0 & 0 & \dfrac{y}{r} & 0 & 0 & \dfrac{z}{r} & 0 & 0 \\[3mm] \dfrac{-y}{x^2+y^2} & 0 & 0 & \dfrac{x}{x^2+y^2} & 0 & 0 & 0 & 0 & 0 \\[3mm] \dfrac{-xz}{r^2\sqrt{x^2+y^2}} & 0 & 0 & \dfrac{-yz}{r^2\sqrt{x^2+y^2}} & 0 & 0 & \dfrac{\sqrt{x^2+y^2}}{r^2} & 0 & 0 \end{bmatrix}$$
$$\qquad (7-158)$$

3. 扩展卡尔曼滤波方程

预测方程

$$\hat{X}(k+1 \mid k) = \Phi(k)\hat{X}(k) \qquad (7-159)$$

观测方程线性化—观测矩阵

$$H(k+1) = \frac{\partial F}{\partial X}\bigg|_{\hat{X}(k+1|k)} \qquad (7-160)$$

预测协方差矩阵

$$P(k+1 \mid k) = \boldsymbol{\Phi}(k)P(k)\boldsymbol{\Phi}^{\mathrm{T}}(k) + Q(k) \qquad (7-161)$$

残差协方差矩阵

$$S(k+1) = H(k+1)P(k+1 \mid k)H^{\mathrm{T}}(k+1) + R(k+1) \qquad (7-162)$$

滤波增益矩阵

$$K(k+1) = P(k+1 \mid k)H^{\mathrm{T}}(k+1)S^{-1}(k+1) \qquad (7-163)$$

滤波输出

$$\hat{X}(k+1) = \hat{X}(k+1 \mid k) + K(k+1)\tilde{Z}(k+1) \qquad (7-164)$$

$$= \hat{X}(k+1 \mid k) + K(k+1)[Z(k+1) - \hat{Z}(k+1 \mid k)] \qquad (7-165)$$

$$\hat{Z}(k+1 \mid k) = F[\hat{X}(k+1 \mid k)] \qquad (7-166)$$

滤波误差协方差矩阵

$$P(k+1) = [I - K(k+1)H(k+1)]P(k+1 \mid k) \qquad (7-167)$$

或

$$P(k+1) = P(k+1 \mid k) - K(k+1)S(k+1)K^{\mathrm{T}}(k+1)$$

7.9.5 滤波器的启动

在滤波器工作时，如果目标以匀加速运动，通常要采用三点启动

$$Z(1) = [r_1, \theta_1, \varphi_1], \quad Z(2) = [r_2, \theta_2, \varphi_2], \quad Z(3) = [r_3, \theta_3, \varphi_3]$$

则航迹起始的状态估计为

$$\hat{X}(3) = \begin{bmatrix} x_3 \\ \dfrac{3(x_3 - x_2) - (x_2 - x_1)}{T} \\ \dfrac{x_3 - 2x_2 + x_1}{T^2} \\ y_3 \\ \dfrac{3(y_3 - y_2) - (y_2 - y_1)}{T} \\ \dfrac{y_3 - 2y_2 + y_1}{T^2} \\ z_3 \\ \dfrac{3(z_3 - z_2) - (z_2 - z_1)}{T} \\ \dfrac{z_3 - 2z_2 + z_1}{T^2} \end{bmatrix} \qquad (7-168)$$

其中 T 是扫描周期，初始状态协方差矩阵

$$P(3) = BR'B^{\mathrm{T}} \tag{7-169}$$

其中 B 矩阵为 $\hat{X}(3)$ 相对于 3 个初始观测数据的各个元素的 Jacobian 矩阵，即

$$B = \frac{\partial \hat{X}(3)}{\partial [r_1, \theta_1, \varphi_1, r_2, \theta_2, \varphi_2, r_3, \theta_3, \varphi_3]} \tag{7-170}$$

R' 为扩展的观测噪声协方差矩阵

$$R' = \mathrm{diag}[\sigma_r^2, \sigma_\theta^2, \sigma_\varphi^2, \sigma_r^2, \sigma_\theta^2, \sigma_\varphi^2, \sigma_r^2, \sigma_\theta^2, \sigma_\varphi^2] \tag{7-171}$$

σ_r^2，σ_θ^2，σ_φ^2 分别是距离、方位角和高低角方向的噪声方差。

$$\boldsymbol{\Phi} = \begin{bmatrix} 1 & T & \dfrac{T^2}{2} \\ 0 & 1 & T \\ 0 & 0 & 1 \end{bmatrix} \tag{7-172}$$

$$Q = \begin{bmatrix} \dfrac{T^4}{4} & \dfrac{T^3}{2} & \dfrac{T^2}{2} \\ \dfrac{T^3}{2} & T^2 & T \\ \dfrac{T^2}{2} & T & 1 \end{bmatrix} \cdot \sigma_{ai}^2, \quad i = x, y, z; \quad \sigma_{ai}^2 \text{ 为 } x, y, z \text{ 轴方向的加速度扰动}$$

$$R = \mathrm{diag}(\sigma_r^2, \sigma_\theta^2, \sigma_\varphi^2) \tag{7-173}$$

7.9.6　自适应卡尔曼滤波器

自适应卡尔曼滤波器能对非平稳环境中的观测数据进行自适应滤波。

(1) 非零均值相关加速度正态截断模型。假设目标加速度的均值不是一个平稳的随机过程，用非零均值相关模型来描述目标的机动：

$$\left. \begin{aligned} \dot{x}(t) &= \bar{a} + a(t) \\ \dot{a}(t) &= -\alpha a(t) + w(t) \end{aligned} \right\} \tag{7-174}$$

其中 $\dot{x}(t)$ 表示非零均值的相关随机加速度；$\bar{a}$ 为机动加速度的均值；$a(t)$ 为零均值有色加速度噪声；α 为机动加速度时间常数的倒数，转弯机动时，$\alpha = 1/60$，逃避机动时 $\alpha = 1/20$，大气扰动时，$\alpha = 1$；$w(t)$ 是均值为零，方差为 $\sigma_w^2 = 2\alpha\sigma_a^2$ 的白噪声；σ_a^2 为目标加速度方差。

状态方程

$$X(k+1) = \boldsymbol{\Phi}(k)X(k) + U(k)\bar{a} + W(k) \tag{7-175}$$

其中：

$$\boldsymbol{\Phi}(k) = \begin{bmatrix} 1 & T & \dfrac{1}{\alpha^2}(-1 + \alpha T + \mathrm{e}^{-\alpha T}) \\ 0 & 1 & \dfrac{1}{\alpha}(1 - \mathrm{e}^{-\alpha T}) \\ 0 & 0 & \mathrm{e}^{-\alpha T} \end{bmatrix}$$

$$U(k) = \begin{bmatrix} \dfrac{1}{\alpha}\left(-T + \dfrac{\alpha T^2}{2} + \dfrac{1 - \mathrm{e}^{-\alpha T}}{\alpha}\right) \\ T - \dfrac{1 - \mathrm{e}^{-\alpha T}}{\alpha} \\ 1 - \mathrm{e}^{-\alpha T} \end{bmatrix}$$

$$Q(k) = E[W(k)W^T(j)] = 2\alpha\sigma_a^2 \begin{bmatrix} q_{11} & q_{12} & q_{13} \\ q_{21} & q_{22} & q_{23} \\ q_{31} & q_{32} & q_{33} \end{bmatrix} \quad (7-176)$$

Q 为常数矩阵。

$$\left.\begin{aligned}
q_{11} &= \frac{1}{2\alpha^5}\left[1 - e^{-2\alpha T} + 2\alpha T + \frac{2\alpha^3 T^3}{3} - 2\alpha^2 T^2 - 4\alpha T e^{-\alpha T}\right] \\
q_{12} &= q_{21} = \frac{1}{2\alpha^4}[e^{-2\alpha T} + 1 - 2e^{-\alpha T} + 2\alpha T e^{-\alpha T} - 2\alpha T + \alpha^2 T^2] \\
q_{13} &= q_{31} = \frac{1}{2\alpha^3}[1 - e^{-2\alpha T} + 2\alpha T e^{-\alpha T}] \\
q_{22} &= \frac{1}{2\alpha^3}[4e^{-\alpha T} - 3 - e^{-2\alpha T} + 2\alpha T] \\
q_{23} &= q_{32} = \frac{1}{2\alpha^2}[e^{-2\alpha T} + 1 - 2e^{-\alpha T}] \\
q_{33} &= \frac{1}{2\alpha}[1 - e^{-2\alpha T}]
\end{aligned}\right\} \quad (7-177)$$

我们假设：目标最大加速度是有界的，目标最大加速度 $a_{max} \leqslant 8g$；如果 a 很大，则下一时刻目标 a 的变化范围就很小，反之亦然；目标加速度服从正态分布，且有

$$|a_{max} - |\bar{a}|| \leqslant 3\sigma_a$$

则方差与均值之间有如下关系

$$\sigma_a^2 = \frac{(a_{max} - |\bar{a}|)^2}{9} \quad (7-178)$$

如果用 $\hat{x}(k|k)$ 代替 $\bar{a}$，则有

$$\sigma_a^2 = \frac{(a_{max} - |\hat{x}(k|k)|)^2}{9} \quad (7-179)$$

$$\hat{x}(k|k) = E\left[\frac{x(k)}{Z_k}\right] \quad (7-180)$$

式中：$Z_k = \{Z(1), Z(2), Z(3), \cdots, Z(k)\}$。

预测方程

$$\hat{X}(k+1|k) = \boldsymbol{\Phi}_1(k)\hat{X}(k|k)$$

$$\boldsymbol{\Phi}_1(k) = \begin{bmatrix} 1 & T & \dfrac{T^2}{2} \\ 0 & 1 & T \\ 0 & 0 & 1 \end{bmatrix} \quad (7-181)$$

（2）滤波算法。状态预测方程为

$$\hat{X}(k+1|k) = \boldsymbol{\Phi}_1(k)\hat{X}(k|k) \quad (7-182)$$

预测协方差矩阵为

$$P(k+1|k) = \boldsymbol{\Phi}(k)P(k|k)\boldsymbol{\Phi}^T(k) + Q(k) \quad (7-183)$$

测量预测值为

$$\hat{Z}(k+1 \mid k) = F[\hat{X}(k+1 \mid k)] \tag{7-184}$$

新息协方差矩阵为

$$S(k+1) = H(k+1)P(k+1 \mid k)H^{T}(k+1) + R(k+1) \tag{7-185}$$

式中：$H(k+1) = \dfrac{\partial F}{\partial X}\Big|_{\hat{X}(k+1 \mid k)}$。

增益矩阵为

$$K(k+1) = P(k+1 \mid k)H^{T}(k+1)S^{-1}(k+1) \tag{7-186}$$

状态滤波估值为

$$\hat{X}(k+1 \mid k+1) = \hat{X}(k+1 \mid k) + K(k+1)[Z(k+1) - \hat{Z}(k+1 \mid k)] \tag{7-187}$$

估值误差协方差矩阵为

$$P(k+1 \mid k+1) = P(k+1 \mid k) - K(k+1)S(k+1)K^{T}(k+1)$$
$$= P(k+1 \mid k) - K(k+1)H(k+1)P(k+1 \mid k) \tag{7-188}$$

7.9.7　$\alpha-\beta$ 和 $\alpha-\beta-\gamma$ 滤波器

$\alpha-\beta$ 和 $\alpha-\beta-\gamma$ 滤波器能对匀速和匀加速运动目标进行跟踪滤波。

(1) 目标运动模型。

$$X(k+1) = X(k) + T\dot{X}(k) + W(k) \tag{7-189}$$

$$X(k+1) = X(k) + T\dot{X}(k) + \frac{T^2}{2\ddot{X}(k)} + W(k) \tag{7-190}$$

式中：$W(k)$ 为均值为 0、方差为 σ^2 的高斯白噪声，T 为采样周期。

(2) 常系数 $\alpha-\beta$ 和 $\alpha-\beta-\gamma$ 滤波器。

① 常系数 $\alpha-\beta$ 滤波器。

滤波方程

$$\left.\begin{array}{l} \hat{X}(k) = \hat{X}(k \mid k-1) + \alpha[Z(k) - \hat{X}(k \mid k-1)] \\[2mm] \hat{V}(k) = \hat{V}(k \mid k-1) + \dfrac{\beta}{T}[Z(k) - \hat{X}(k \mid k-1)] \end{array}\right\} \tag{7-191}$$

预测方程

$$\left.\begin{array}{l} \hat{X}(k \mid k-1) = \hat{X}(k-1) + T\hat{V}(k-1) \\[2mm] \hat{V}(k \mid k-1) = \hat{V}(k-1) \end{array}\right\} \tag{7-192}$$

② 常系数 $\alpha-\beta-\gamma$ 滤波器。

滤波方程

$$\left.\begin{array}{l} \hat{X}(k) = \hat{X}(k \mid k-1) + \alpha[Z(k) - \hat{X}(k \mid k-1)] \\[2mm] \hat{V}(k) = \hat{V}(k \mid k-1) + \dfrac{\beta}{T}[Z(k) - \hat{X}(k \mid k-1)] \\[2mm] \hat{A}(k) = \hat{A}(k \mid k-1) + \dfrac{2\gamma}{T^2}[Z(k) - \hat{X}(k \mid k-1)] \end{array}\right\} \tag{7-193}$$

预测方程

$$\hat{X}(k \mid k-1) = \hat{X}(k-1) + T\hat{V}(k-1) + \frac{T^2}{2}\hat{A}(k-1) \Bigg\}$$

$$\hat{V}(k \mid k-1) = \hat{V}(k-1) + T\hat{A}(k-1) \qquad\qquad (7-194)$$

$$\hat{A}(k \mid k-1) = \hat{A}(k-1)$$

常系数 $\alpha-\beta$ 和 $\alpha-\beta-\gamma$ 滤波器方程中的参数如下：$\hat{X}(k)$ 为 k 时刻的位置估值；$\hat{V}(k)$ 为 k 时刻的速度估值；$\hat{A}(k)$ 为 k 时刻加速度估值；$\hat{X}(k|k-1)$ 为 k 时刻预测位置；$\hat{V}(k|k-1)$ 为 k 时刻预测速度；$\hat{A}(k|k-1)$ 为 k 时刻预测加速度；$Z(k)$ 为 k 时刻观测位置；T 为采样周期；α, β, γ 为系统增益，或分别称为位置增益、速度增益和加速度增益。

（3）常系数 $\alpha-\beta$ 和 $\alpha-\beta-\gamma$ 滤波器系数。

① $\alpha-\beta$ 滤波器。

通常在给定 α 值的情况下，计算 β 值有两种取值方法

$$\beta_1 = 2 - \alpha - 2\sqrt{1-\alpha} \Bigg\}$$

$$\beta_2 = \frac{\alpha^2}{1-\alpha} \qquad\qquad (7-195)$$

一般取 $\alpha = 0.3 \sim 0.5$。

② $\alpha-\beta-\gamma$ 滤波器。

通常在给定 α 的情况下，计算 β 和 γ 值亦有两种取值方法

$$\alpha = 1 - R^3$$

$$\beta_1 = 1.5(1-R^2)(1-R) \Bigg\} \qquad\qquad (7-196)$$

$$\gamma_1 = 0.5(1-R)^3$$

$$\beta_2 = \frac{(2\alpha^3 - 4\alpha^2) + \sqrt{4\alpha^6 - 64\alpha^5 + 64\alpha^4}}{8(1-\alpha)} \Bigg\}$$

$$\gamma_2 = \frac{\beta(2-\alpha) - \alpha^2}{\alpha} \qquad\qquad (7-197)$$

式（7-196）中：R 是系统特征方程三重正实根。

（4）变系数 $\alpha-\beta$ 和 $\alpha-\beta-\gamma$ 滤波器系数。

① $\alpha-\beta$ 滤波器。

假定滤波器采用两点启动

$$\hat{X}(k) = Z(k), \quad k = 1, 2$$

$$\hat{V}(2) = \frac{z(2) - z(1)}{2}$$

在启动后的 N 步中，时刻 k 的滤波器参数为

$$\alpha(k) = \frac{2(2k-1)}{k(k+1)} \Bigg\}$$

$$\beta(k) = \frac{6}{k(k+1)} \qquad\qquad (7-198)$$

启动 $N+3$ 步后，α 保持不变，β 和 α 的关系为

$$\beta = \frac{\alpha}{2 - \alpha}$$

② α-β-γ 滤波器。

采用三点启动，启动时 $\alpha = 1$

$$\hat{X}(k) = Z(k), \quad k = 1, 2, 3$$

$$\hat{V}(3) = \frac{Z(3) - Z(2)}{T}$$

$$\hat{V}(2) = \frac{Z(2) - Z(1)}{T}$$

$$\hat{A}(3) = \frac{\hat{V}(3) - \hat{V}(2)}{T}$$

启动后的 N 步中，时刻 k 的参数为

$$\left. \begin{array}{l} \alpha(k) = \dfrac{3\left[3(k-2)^2 - 3(k-2) + 2\right]}{k(k-1)(k-2)} \\[3mm] \beta(k) = \dfrac{18\left[2(k-2) - 1\right]}{k(k-1)(k-2)} \\[3mm] \gamma(k) = \dfrac{60}{k(k-1)(k-2)} \end{array} \right\} \tag{7-199}$$

启动 $N+3$ 步后，α 保持不变，β、γ 与 α 的关系为

$$\left. \begin{array}{l} \beta = 2(2-\alpha) - 4\sqrt{1-\alpha} \\[3mm] \gamma = \dfrac{\beta^2}{\alpha} \end{array} \right\} \tag{7-200}$$

7.9.8 自适应 α-β 滤波器

自适应 α-β 滤波器能对雷达数据进行自适应滤波。

目标运动方程

$$X(k+1) = \Phi(k)X(k) + W(k) \tag{7-201}$$

观测方程

$$Z(k+1) = F[X(k+1)] + N(k+1) \tag{7-202}$$

自适应系数

$$\alpha(k) = \frac{r + 4\sqrt{r}}{2}\sqrt{1 + \frac{4}{r + 4\sqrt{r} - 1}} \tag{7-203}$$

$$\beta(k) = 2(2 - \alpha(k)) - 4\sqrt{1 - \alpha(k)} \tag{7-204}$$

式(7-203)中：r 为目标机动指数或称做信号噪声比。

$$r = \left(\frac{\sigma_W T^2}{2\sigma_n}\right)^2 \tag{7-205}$$

式(7-205)中：σ_W^2 是机动加速度方差，σ_n^2 是观测误差方差，T 是雷达天线扫描周期。目标机动加速度方差可表示为

$$\sigma_v^2(k) = \frac{1}{N}\sum_{i=1}^{N} V^2(i) \tag{7-206}$$

其中，

$$V(k) = Z(k) - \hat{Z}(k+1 \mid k)$$

将 σ_v^2 作为 σ_W^2 的近似值代入 r 的表达式，就提供了自适应获取滤波增益 $\alpha(k)$ 和 $\beta(k)$ 的方法。式中的 N 值为残差的采样点数或雷达天线扫描周期的滑窗宽度，一般选 3～5。

状态预测方程为

$$\hat{X}(k+1 \mid k) = \boldsymbol{\Phi}(k)\hat{X}(k \mid k) \tag{7-207}$$

预测协方差矩阵为

$$P(k+1 \mid k) = \boldsymbol{\Phi}(k)P(k \mid k)\boldsymbol{\Phi}^{\mathrm{T}}(k) + Q(k) \tag{7-208}$$

观测预测值为

$$\hat{Z}(k+1 \mid k) = F[\hat{X}(k+1 \mid k)] \tag{7-209}$$

增益矩阵为

$$K(k+1) = \begin{bmatrix} \alpha_R & 0 \\ \beta_R & 0 \\ 0 & \alpha_A \\ 0 & \beta_A \end{bmatrix} \tag{7-210}$$

状态滤波估值为

$$\hat{X}(k+1 \mid k+1) = \hat{X}(k+1 \mid k) + H^{-1}(k+1)K(k+1)[Z'(k+1) - \hat{Z}(k+1 \mid k)] \tag{7-211}$$

其中，$H^{-1}(k+1) = \dfrac{\partial F^{-1}}{\partial X}\bigg|_{\hat{Z}(k+1 \mid k)}$。

估值误差协方差矩阵为

$$P(k+1 \mid k+1) = A(k+1)P(k+1 \mid k)A^{\mathrm{T}}(k+1) + K(k+1)R(k+1)K^{\mathrm{T}}(k+1) \tag{7-212}$$

其中，$A(k+1) = I - K(k+1)H(k+1)$。

获取 $\alpha(k)$ 和 $\beta(k)$ 的另一种方法为

$$\left. \begin{aligned} \alpha(k) &= 1 - \frac{1}{1 + \left| \dfrac{\sigma_W^2(k)}{\sigma_n^2(k)} - 1 \right|} \\ \beta(k) &= \frac{\alpha^2(k)}{2 - \alpha(k)} \end{aligned} \right\} \tag{7-213}$$

其中，

$$\sigma_W^2(k) = [\hat{V}(k)]^2$$

$$\hat{V}(k) = \left(\sum_{i=1}^{N-1} \mid V(k-i) \mid \right)N$$

其残差方程为

$$V(k)' = Z(k) - \hat{Z}(k+1 \mid k) \tag{7-214}$$

一般 N 值取 5～8。

第 8 章 重要抽样技术

根据第 3 章，我们知道，蒙特卡罗法的一个主要不足之处是在仿真试验时它的收敛速度慢，精度比较低。在计算积分时，它的精度正比于标准差 s，而反比于统计试验次数 N 的平方根值，即

$$\varepsilon = t_\alpha \frac{s}{\sqrt{N}} \tag{8-1}$$

式中，t_α 是由 α 和 N 决定的"学生"分布常数。根据切比雪夫不等式，也可得到相同的结果。显而易见，在利用蒙特卡罗法时，提高精度的途径之一是增加试验次数 N。依式(8-1)，如果把精度提高一倍，就意味着必须将试验次数提高四倍。于是就突出了精度和计算速度之间的矛盾；提高精度的另一个途径，就是减小方差 s^2。人们正是从这里入手，提出了许多解决这一问题的方法和技术，不同程度地提高了计算精度，从而也就达到了在保持原精度的情况下减少试验次数，缩短计算时间的目的。

到目前为止，所提出的减小方差技术主要有：相关变量法、分组抽样法、重要抽样法、系统抽样法、条件蒙特卡罗法、负相关系数法等。它们基本上都是针对解定积分而提出来的，不同程度地都起到了加速收敛的作用。但其中有的只适用于大概率情况，有的条件限制比较严格，有的减小方差比较有限。理论分析和计算机仿真结果表明，对于雷达应用来说，最有前途的方法是重要抽样法、条件蒙特卡罗法等。重要抽样法在某些文献中也将其称做重要采样法。

本章主要介绍重要抽样法及其在雷达中的应用，特别是在估计小概率方面的应用，与大概率情况相比，它更有实际应用价值。

8.1 估计概率密度函数的一般方法

首先假定，我们已经获得某统计过程的一个有限采样集 $\{y_i\}(i=1, 2, \cdots, N)$。希望用这个采样集来估计该过程的概率密度函数或积累分布函数，它们分别以 $f(y)$ 和 $F(y)$ 表示。通常，先把它的定义域分成 n 个间隔，然后在计算机上计算采样值落入每个间隔的数目，最后形成一个直方图，如图 8-1 所示。

显然，只要 n 足够大，它就表示该过程的概率密度函数。如果把每个间隔的采样数由小到大依次相加，则会得到该过程的积累分布函数。

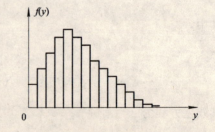

图 8-1 估计概率密度函数的直方图

根据该估计过程可以看到，其中关键的是这些采样值落入最后一个间隔的数目。实际

上，就是它们决定了超过某个门限的概率。因为要满足一定的精度要求，通常 n 值较大，所以这个概率必然很小。如果以 p_y 表示超过某门限 T 的概率，则

$$p_y = 1 - F(y) = \int_T^\infty f(y) \, \mathrm{d}y \tag{8-2}$$

如图 8-2 所示，它代表曲线下阴影区的面积。

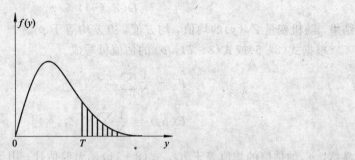

图 8-2　表示 $f(y)$ 的曲线

如果把 $f(y)$ 理解成在雷达中经常遇到的噪声或杂波的概率密度函数，则 p_y 即是虚警概率 p_f

$$p_f = \int_T^\infty f(y) \, \mathrm{d}y \tag{8-3}$$

于是，得到估计 p_f 的一种方法：首先产生一个服从概率密度函数 $f(y)$ 的随机变量 y，然后把它与门限 T 进行比较，得到另一个随机变量，以 $Z_T(y)$ 表示，如图 8-3 所示。

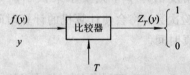

图 8-3　获得 $Z_T(y)$ 的模型

$Z_T(y)$ 的值为

$$Z_T(y) = \begin{cases} 1, & y \geqslant T \\ 0, & y < T \end{cases} \tag{8-4}$$

由于 $p(Z_T(y) = 1) = p(y \geqslant T) = p_f$，$p(Z_T(y) = 0) = 1 - p_f = q_f$，因此，随机变量 $Z_T(y)$ 的均值为

$$E(Z_T(y)) = \overline{Z_T(y)} = 1 \cdot p_1 + 0 \cdot p_0 = p_f \tag{8-5}$$

式中：p_1 为随机变量 $Z_T(y)$ 等于 1 的概率；p_0 为随机变量 $Z_T(y)$ 等于 0 的概率，即 $q_f = 1 - p_f$。

均方值为

$$E(Z_T^2(y)) = \overline{Z_T^2(y)} = \sum_{k=0}^1 k^2 p_k = p_f \tag{8-6}$$

当然，该结果也可由随机函数的期望值和均方值得到，它们分别为

$$E(Z_T(y)) = \int_T^\infty Z_T(y) f(y) \, \mathrm{d}y = p_f \tag{8-7}$$

$$E(Z_T^2(y)) = \int_T^\infty Z_T^2(y) f(y) \, \mathrm{d}y = p_f \qquad (8-8)$$

于是可得到方差

$$D(Z_T(y)) = E(Z_T^2(y)) - [E(Z_T(y))]^2 = p_f - p_f^2 = p_f F(y) \qquad (8-9)$$

由于 p_f 通常很小，故式(8-9)可写成

$$D(Z_T(y)) \approx p_f \qquad (8-10)$$

结果，随机变量 $Z_T(y)$ 的均值，均方值，方差均等于 p_f。

根据式(8-5)或式(8-7)，p_f 的估值可写成

$$\hat{p}_f = \frac{1}{N} \sum_{i=1}^N Z_T(y_i) \qquad (8-11)$$

$$E(\hat{p}_f) = \frac{1}{N} \sum_{i=1}^N E[Z_T(y_i)] = p_f \qquad (8-12)$$

显然，$\hat{p}_f$ 的估值的均值等于 p_f，式(8-11)是无偏估计。用类似的方法可以得到该估计的方差

$$D(\hat{p}_f) = \frac{1}{N} p_f F(y) \approx \frac{p_f}{N} \qquad (8-13)$$

这又从另一个角度告诉我们，要想提高估计 p_f 的精度，即减小方差，在 p_f 给定的情况下，也必须增加试验次数或采样数 N。如果 $p_f = 10^{-6}$，则

$$D(\hat{p}_f) = 10^{-6}/N \qquad (8-14)$$

这样，如果要得到足够高的精度估计 p_f，则要求乘积 $Np_f \gg 1$。假定 $p_f = 10^{-6}$，则 $N = 10^8$。显然，对于这样多的试验次数，将会使计算机的计算时间太长，这就要求我们采用加快收敛速度的方法以缩短仿真时间。

8.2　重要抽样基本原理

前面已经指出，在许多方差减小技术中，对雷达应用来说，重要抽样方法是一种比较有前途的方法。实际上，在其他领域中，重要抽样方法也得到了广泛的应用，它是在蒙特卡罗仿真中经常用于减小方差的一种非常有效的方法。在某些文献中，也将其称为选择抽样。这种抽样方法的基本思想在于：通过某种途径使人们所关心的事件(如雷达仿真试验中的虚警概率)出现的更频繁，以使仿真试验结果的概率发生畸变，然后根据在仿真中发生此特定事件的真实概率与发生同一事件的畸变概率之比对每个事件进行加权，以补偿试验结果的概率失真。只要适当选择畸变概率，就可大大减小仿真误差，或在误差不变的情况下大大减少仿真试验次数 N。

现在假设某随机变量 η 有概率密度函数 $g(y)$，满足

$$\left. \begin{array}{r} g(y) \geqslant 0 \\ \int_\Sigma g(y) \, \mathrm{d}y = 1 \end{array} \right\} \qquad (8-15)$$

$\sum$ 表示与式(8-3)中的 $p(f)$ 有相同的定义域。同时假定有模型如图 8-4 所示。

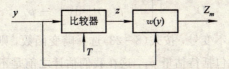

图 8 - 4　重要抽样模型

随机变量 $Z = Z_T(y)$ 为

$$Z_T(y) = \begin{cases} 1, & y \geqslant T \\ 0, & y < T \end{cases} \tag{8-16}$$

这里我们定义一个随机变量 y 的函数

$$w(y) = \frac{f(y)}{g(y)} \tag{8-17}$$

通常称 $g(y)$ 为畸变函数，称 $w(y)$ 为权函数。

然后，将随机变量 $Z_T(y)$ 与 $w(y)$ 相乘，得一新的随机变量

$$Z_m(y) = Z_T(y)w(y) \tag{8-18}$$

该随机变量的数学期望值为

$$\begin{aligned} E(Z_m(y)) &= \int_T^\infty Z_T(y)w(y)g(y)\,\mathrm{d}y \\ &= \int_T^\infty w(y)g(y)\,\mathrm{d}y = p_f, \quad y \geqslant T \end{aligned} \tag{8-19}$$

于是，我们又找到一个 p_f 的估计方法

$$\hat{p}_f = \frac{1}{N}\sum_{i=1}^N \frac{f(y_i)}{g(y_i)}Z_T(y_i) = \frac{1}{N}\sum_{i=1}^N Z_T(y_i)w(y_i) \tag{8-20}$$

按式(8-20)进行抽样的方法我们称其为重要抽样法。最后得到利用重要抽样方法估计 p_f 的步骤如下：

(1) 根据畸变函数的选择规则，选择畸变函数 $g(y)$。

(2) 根据畸变以后的概率密度函数，产生畸变以后的随机变量抽样 y_i。

(3) 将畸变以后的随机变量 y_i 与门限电平 T 进行比较，得随机变量 $Z_T(y_i)$。

(4) 计算权函数 $w(y_i)$，并用权函数对 $Z_T(y_i)$ 进行加权。

(5) 将步骤(2)~(4)重复 N 次，最后按式(8-20)计算 $\hat{p}_f$。

可以证明

$$E(\hat{p}_f) = p_f \tag{8-21}$$

所以，该估计也是无偏估计。估计精度则是由随机变量 $Z_m(y)$ 的方差决定。其方差为

$$D(Z_m(y)) = \int_y^\infty \frac{f^2(y)}{g^2(y)}g(y)\,\mathrm{d}y - p_f^2 = \int_T^\infty \frac{f^2(y)}{g(y)}\,\mathrm{d}y - p_f^2 \tag{8-22}$$

由此可见，若使该估计有较高的精度，应当选取畸变函数 $g(y)$ 使 $D(Z_m(y))$ 最小。如将 $g(y)$ 选为

$$g_0(y) = \frac{|f(y)|}{\int_T^\infty |f(y)|\,\mathrm{d}y} = \frac{f(y)}{p_f} \tag{8-23}$$

则 $D(\cdot)$ 达到极小值，即

$$D_{\min} = \left[\int_T^\infty |f(y)| \, \mathrm{d}y \right]^2 - p_f^2 \qquad (8-24)$$

这就是说，如果 $f(y)$ 不变号，按式(8-23)选择畸变函数，则 $D_0 = 0$。实际上我们不能采用式(8-23)，因为其中包括待估量 p_f，这在我们估计之前是不可能得到的。但它仍然告诉我们，尽管不能找到一个畸变函数 $g_0(y)$ 使 $D_{\min} = 0$，但我们可以找出 $g_0(y)$ 的各种近似函数，以尽量减小方差值 $D(Z_m(y))$。

例 8.1　利用重要抽样法计算定积分

$$J = \int_0^1 R e^{-\frac{R^2}{2}} \, \mathrm{d}R \qquad (8-25)$$

首先选畸变函数

$$g(R) = kR \qquad (8-26)$$

根据条件式(8-15)，$\int_0^1 g(R) \, \mathrm{d}R = 1$，即 $k = \int_0^1 R \, \mathrm{d}R = 1$，解之 $k = 2$，则权函数

$$w(R) = \frac{f(R)}{g(R)} = \frac{R \exp\left(-\frac{R^2}{2}\right)}{2R} = \frac{1}{2} \exp\left(-\frac{R^2}{2}\right) \qquad (8-27)$$

最后得到该积分的估计值

$$\hat{J} = \frac{1}{N} \sum_{i=1}^N w(R_i) = \frac{1}{2N} \sum_{i=1}^N \exp\left(-\frac{R_i^2}{2}\right) \qquad (8-28)$$

式中：R_i 是畸变以后的随机变量，即它有式(8-26)所给出的概率密度函数。利用直接抽样原理，可得畸变以后的随机变量

$$R_i = \sqrt{u_i} \qquad (8-29)$$

式中 u_i 为 $[0,1]$ 区间上的均匀分布随机数。当 $N = 20$ 时，按式(8-28)计算的 $\hat{J} = 0.3852$，$s = 0.0529$，误差为 1.98%，比不用重要抽样时的 3% 的误差有明显的提高。此例表明，重要抽样法也是计算积分的有效手段。但需要说明的是，该例所选择的畸变函数并不是最好的，它没有考虑误差最小的条件。

8.3　重要抽样在雷达中的应用

前一节给出了一个计算定积分的例子。该例子的一个主要特点是大概率计算，用的采样值很少，所花费的计算机时间也是微不足道的。尽管利用了重要抽样技术，但并没有体现出该方法的优越性。它完全可以利用增加试验次数的办法将其精度提高 $10 \sim 100$ 倍，且保持计算时间在秒的数量级。对雷达应用来说，则不然，它要比积分计算困难得多，尽管它也是个积分计算问题，但它是一个小概率计算问题。它大约在 10^{-6} 的数量级范围，如 8.1 节指出的，这时 N 值大约为 10^8。

这一节主要介绍重要抽样技术在雷达系统性能评估中的应用，特别是在虚警概率仿真中的应用，其中包括在参量检测、非参量检测、输入信号不经处理器处理和经处理器处理等多种情况中的应用。

8.3.1　重要抽样在雷达中的应用 I

1. 没有信号处理器的情况

这里的重要抽样模型仍如图 8-4 所示。给出的输入信号直接与门限电平进行比较，而不经任何信号处理器。这时虚警概率的估计问题，相当于在雷达信号检测中估计噪声或信号加噪声超过第一门限电平的概率。

首先假定雷达接收机给出的视频噪声服从瑞利分布

$$f(y) = \frac{y}{\sigma_1^2} \exp\left(-\frac{y^2}{2\sigma_1^2}\right) \tag{8-30}$$

式中：σ_1 为描述瑞利分布随机变量分散程度的参量。显然，随机变量 y 超过门限电平 T 的概率，即虚警概率可表示为

$$p_f = \int_T^\infty f(y) \, \mathrm{d}y = \mathrm{e}^{-\frac{T^2}{2}} \tag{8-31}$$

这里给出了理论结果以便于与重要抽样结果进行比较。下面利用重要抽样技术来估计虚警概率 p_f。

首先，根据重要抽样原理，选择畸变函数 $g(y)$

$$g(y) = \frac{y}{\sigma_2^2} \exp\left(-\frac{y^2}{2\sigma_2^2}\right) \tag{8-32}$$

这里，选择畸变函数 $g(y)$ 的原则是尽量使 $g(y)$ 与 $f(y)$ 有相同的形式，且 $\sigma_2 > \sigma_1$，这就意味着新的随机变量比原随机变量有更大的离差，以便使虚警概率增加。

然后，求出畸变以后的随机变量。由于该畸变函数也服从瑞利分布，因此可根据直接抽样原理得到畸变以后的随机变量

$$y_i = \sigma_2 \sqrt{-2 \ln u_i} \tag{8-33}$$

其中，u_i 为 $[0, 1]$ 区间上的均匀分布随机变量，σ_2 为畸变以后的随机变量 y_i 的离差参数，且有 $\sigma_2 > \sigma_1$。

由式(8-31)和式(8-32)，得权函数

$$w(y) = \frac{f(y)}{g(y)} = \frac{\sigma_2^2}{\sigma_1^2} \exp\left[-y^2 \left(\frac{1}{2\sigma_1^2} - \frac{1}{2\sigma_2^2}\right)\right] \tag{8-34}$$

再将由式(8-33)所产生的随机变量 y_i 与门限电平 T 进行比较，得到 $Z_T(y_i)$，再依式(8-34)得虚警概率的估值为

$$\hat{p}_f = \frac{1}{N} \sum_{i=1}^N Z_T(y_i) w(y_i) = \frac{1}{N} \sum_{i=1}^N Z_T(y_i) \frac{f(y_i)}{g(y_i)}$$

$$= \frac{1}{N} \sum_{i=1}^N Z_T(y_i) \frac{\sigma_2^2}{\sigma_1^2} \exp\left[-y_i^2 \left(\frac{1}{2\sigma_1^2} - \frac{1}{2\sigma_2^2}\right)\right] \tag{8-35}$$

现在，分析利用重要抽样法所达到的精度。系统输出为

$$Z_m = Z_T(y) w(y) \tag{8-36}$$

Z_m 的均值

$$E(Z_m) = \bar{Z}_m = \int_T^\infty Z_T(y) w(y) g(y) \, \mathrm{d}y = \int_T^\infty f(y) \, \mathrm{d}y = \mathrm{e}^{-\frac{T^2}{\sigma_1^2}} = p_f \tag{8-37}$$

Z_m 的均方值

$$E(Z_m^2) = \overline{Z_m^2} = \int_T^\infty Z_T^2(y) w^2(y) g(y) \, dy$$

$$= \int_T^\infty \frac{f^2(y)}{g(y)} \, dy = \int_T^\infty \frac{\sigma_2^2}{\sigma_1^2} \frac{y}{\sigma_1^2} e^{-\frac{y^2}{2\sigma_1^2}\left(2 - \frac{\sigma_1^2}{\sigma_2^2}\right)} \, dy$$

$$= \frac{\sigma_2^2}{\sigma_1^2} \frac{1}{\left(2 - \frac{\sigma_1^2}{\sigma_2^2}\right)} e^{-T^2\left(\frac{1}{\sigma_1^2} - \frac{1}{2\sigma_2^2}\right)} \tag{8-38}$$

于是得 Z_m 的方差

$$D(Z_m) = \overline{Z_m^2} - (\overline{Z_m})^2 = \frac{\sigma_2^2}{\sigma_1^2} \frac{1}{\left(2 - \frac{\sigma_1^2}{\sigma_2^2}\right)} e^{-T^2\left(\frac{1}{\sigma_1^2} - \frac{1}{2\sigma_2^2}\right)} - e^{-\frac{T^2}{\sigma_1^2}} \tag{8-39}$$

如果将式(8-39)表示成方差的相对值,那么对 N 个采样,则有

$$\frac{D(Z_m)}{(\overline{Z_m})^2} = \frac{1}{N}\left[\frac{\sigma_2^2}{\sigma_1^2} \frac{1}{\left(2 - \frac{\sigma_1^2}{\sigma_2^2}\right)} e^{\frac{T^2}{2\sigma_2^2}} - 1\right] \tag{8-40}$$

如果 $\sigma_2 \gg \sigma_1$,则

$$\frac{D(Z_m)}{(\overline{Z_m})^2} = \frac{1}{N}\left[\frac{\sigma_2^2}{2\sigma_1^2} e^{\frac{T^2}{2\sigma_2^2}} - 1\right] \tag{8-41}$$

显然,我们希望式(8-41)的方差值越小越好。如果要使 $D(Z_m)/(\overline{Z_m})^2$ 最小,只要将该式对 σ_2 求导,并令其等于零,就能找到其极小值,并且能够找到门限 T 与 σ_2 之间的关系。

$$\frac{d\left[D(Z_m)/(\overline{Z_m})^2\right]}{d\sigma_2} = \frac{e^{\frac{T^2}{2\sigma_2^2}}}{2N\sigma_1^2}\left[2\sigma_2 - \frac{T^2}{\sigma_2}\right] = 0 \tag{8-42}$$

则

$$\sigma_2 = \frac{\sqrt{2}}{2} T \tag{8-43}$$

再将式(8-43)代入式(8-41),得最小方差

$$\left.\frac{D(Z_m)}{(\overline{Z_m})^2}\right|_{\min} = \frac{1}{N}\left(\frac{T^2}{4\sigma_1^2} e - 1\right) \tag{8-44}$$

如果使虚警概率等于 10^{-6},则

$$p_f = 10^{-6} = e^{-\frac{T^2}{2\sigma_1^2}} \tag{8-45}$$

将式(8-43)代入式(8-45),得

$$\frac{\sigma_2^2}{\sigma_1^2} = 13.8155 \tag{8-46}$$

$$\sigma_2 \approx 3.7169\sigma_1 \tag{8-47}$$

这就是我们所寻求的使估计误差最小的 σ_2 和 σ_1 之间的最佳关系。将式(8-47)代入式(8-44)就可得到最小方差,其相对值为

$$\frac{D(Z_m)}{(\bar{Z}_m)^2}\bigg|_{\min} = \frac{\dfrac{\sigma_2^2}{2\sigma_1^2}e - 1}{N} \approx \frac{17.777}{N} \qquad (8-48)$$

由式(8-14)知，利用常规方法，即不用重要抽样时的方差相对值为

$$\frac{D(Z_m)}{(\bar{Z}_m)^2} = \frac{10^6}{N} \qquad (8-49)$$

如果用 N_1 表示用重要抽样技术时的试验次数，N 表示用常规方法时的试验次数，那么在估计精度相同的条件下，两种情况的试验次数之比

$$r = \frac{N}{N_1} \approx 56\,250 \qquad (8-50)$$

或者说，在试验次数相同的条件下，利用重要抽样技术估计虚警概率的误差要比用常规方法估计虚警概率的误差小 56 250 倍。反之，如果在系统仿真时，用常规方法需要试验的次数 $N=10^8$，而利用重要抽样技术的试验次数 N_1 不到 1800 次便可得到与不用重要抽样时获得同样的仿真精度。将其换算成机器时间，如果按常规方法需要 10 小时，而利用重要抽样方法所需时间不到一秒钟，所节省的时间是非常可观的。表 8-1 给出了在雷达中瑞利噪声超过第一门限电平时的虚警概率的重要抽样结果，并给出了理论结果和不采用重要抽样的结果，以便于进行比较。

表 8-1　超过第一门限电平虚警概率的重要抽样仿真结果

T	不用重要抽样时的虚警概率	用重要抽样时的虚警概率	理论结果
1	6.06500e-01	5.92087e-01	6.06531e-01
2	1.35500e-01	1.39690e-01	1.35335e-01
3	1.35000e-02	1.10110e-02	1.11090e-02
4	0.00000e+00	3.52419e-04	3.35463e-04
5	0.00000e+00	3.84905e-06	3.72665e-06
6	0.00000e+00	9.83626e-09	1.52300e-08
7	0.00000e+00	2.04104e-11	2.29873e-11
8	0.00000e+00	8.16629e-15	1.26642e-14
9	0.00000e+00	2.79545e-18	2.57676e-18
10	0.00000e+00	2.57312e-22	1.92875e-22
11	0.00000e+00	5.92863e-27	5.31109e-27
12	0.00000e+00	7.89797e-32	5.38019e-32
说明	1. 试验次数 $N=2000$ 2. T 为门限值		

表 8-1 给出了一个按上述方法进行虚警概率仿真的实例。取 $\sigma_1=1$，$\sigma_2=3.72$，即 σ_2 取最佳值，试验次数 N 均取为 2000 次。表中 T 为门限值。

仿真结果表明，不采用重要抽样方法时，在试验次数 $N=2000$ 的情况下，门限 T 在 4 以上时，已经得不到任何结果了，也就是说没有任何噪声尖头超过门限电平。门限 T 为 3

时，尽管给出了结果，误差也是很大的。但采用重要抽样方法时则给出了令人满意的结果，尽管试验次数 N 只有 2000 次，在门限 T 大于 10 时，它也能给出人们能够接受的结果。

2. 有信号处理器的情况

除了上述模型之外，在实际工作中还经常遇到的一种情况是，随机变量 y 往往是某信号处理器的输出信号，x 是信号处理器的输入信号，它才是雷达接收机给出的视频信号。通常随机变量 x 的概率分布是已知的，而 y 则可能是已知的，也可能是未知的，它是由信号处理器的结构决定的，模型如图 8-5 所示。

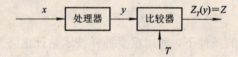

图 8-5　有处理器时的一般仿真模型

对于有信号处理器的情况，按照普通方法有仿真步骤：

（1）产生具有概率密度函数为 $f(x)$ 的随机变量 x_i。

（2）根据信号处理器输入输出关系，计算随机变量 $y_i = F(x_i)$，这里 F 只表示函数关系，并不是分布函数。

（3）将随机变量 y_i 与门限 T 进行比较，得随机变量 $Z_T(y_i)$。

（4）将以上步骤重复 N 次，最后得 p_f 的估计值 $\hat{p}_f$。

按以上步骤进行仿真时的虚警概率为

$$p_f = p(y \geqslant T) = p(F(x) \geqslant T) = p(Z_T(y) = 1) \tag{8-51}$$

输出随机变量 $Z_T(y)$ 的均值

$$E(Z_T(y)) = 1 \cdot p_f + 0 \cdot (1 - p_f) = p_f \tag{8-52}$$

$Z_T(y)$ 作为随机变量 x 的随机函数，其数学期望也可表示为

$$M(Z_T(y)) = \int_\Omega Z_T[F(x)] f(x) \, \mathrm{d}x = p_f \tag{8-53}$$

式中 Ω 为概率密度函数 $f(x)$ 的定义域。由于 p_f 是随机变量 $Z_T(y)$ 的数学期望，因此 p_f 的一个无偏估计是

$$\hat{p}_f = \frac{1}{N} \sum_{i=1}^{N} Z_T(y) = \frac{1}{N} \sum_{i=1}^{N} Z_T[F(x)] \tag{8-54}$$

可见，这种情况除了试验次数太大之外，与无处理器的情况相比，将会有更长的计算机仿真时间。

如果采用重要抽样技术，则首先必须改变随机变量 x 的分布，以适当增加其离散度，即选择适当的畸变函数。假设畸变函数为 $g(x)$，由式（8-53）得到

$$p_f = \int_\Omega Z_T[F(x)] f(x) \, \mathrm{d}x = \int_\Omega Z_T[F(x)] \frac{f(x)}{g(x)} g(x) \, \mathrm{d}x \tag{8-55}$$

于是，可以构成一个如图 8-6 所示的模型，具有畸变概率分布的随机变量 x，经信号处理器以后，得到随机变量 $y = F(x)$，它与门限电平 T 比较以后，得到随机变量 $Z_T[F(x)]$

$$Z_T[F(x)] = \begin{cases} 1, & F(x) \geqslant T \\ 0, & F(x) < T \end{cases} \tag{8-56}$$

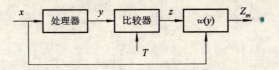

图 8-6　有信号处理器时的重要抽样模型

然后与权函数相乘，即

$$Z_m = Z_T[F(x)]w(x) = Z_T[F(x)]\frac{f(x)}{g(x)} \tag{8-57}$$

Z_m 是最后得到的随机变量，它与不采用重要抽样时所得到的随机变量有相同的统计特性。由式(8-55)知

$$E(Z_m) = E[Z_T(F(x))w(x)] = p_f \tag{8-58}$$

这样，又得到一个 p_f 的无偏估计

$$\hat{p}_f = \frac{1}{N}\sum_{i=1}^{N} Z_T[F(x_i)]w(x_i) = \frac{1}{N}\sum_{i=1}^{N} Z_T[F(x_i)]\frac{f(x_i)}{g(x_i)} \tag{8-59}$$

　　这一结果与没有处理器时的结果是相同的，即说明不管有没有信号处理器，其虚警概率的重要抽样估计值均是其权函数的算数平均值。同时也看到，不管随机变量 y 的分布是否已知，只要已知输入随机变量 x 的分布规律就足够了。实际上，处理器的影响已经通过函数关系体现出来了。统计试验时应将随机变量 y 与门限电平进行比较，这一点是必须注意的。

　　例 8.2　已知一相控阵雷达的视频积累器如图 8-7 所示。假定输入信号 x 服从韦布尔分布

$$f(x) = \frac{a}{b}\left(\frac{x}{b}\right)^{a-1} e^{-\left(\frac{x}{b}\right)^a} \tag{8-60}$$

其中 a 和 b 分别为韦布尔分布的形状参量和标度参量。要求利用重要抽样技术估计虚警概率，并分析其精度。

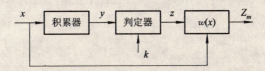

图 8-7　指向型视频积累器重要抽样模型

　　与瑞利分布相似，这里我们用增加韦布尔分布标度参量 b 的途径来获得畸变概率密度函数 $g(x)$，令

$$g(x) = \frac{a}{b_m}\left(\frac{x}{b_m}\right)^{a-1} e^{-\left(\frac{x}{b_m}\right)^a} \tag{8-61}$$

式中，$b_m > b$。标度参量 b 在韦布尔分布中是表示噪声或杂波强度的，它的增加会使超过门限电平的虚警概率增加。

　　有权函数

$$w(x) = \frac{f(x)}{g(x)} = \left(\frac{b_m}{b}\right)^a e^{-x^a\left(\frac{1}{b^a} - \frac{1}{b_m^a}\right)} \tag{8-62}$$

则虚警概率的估值

$$\hat{p}_f = \frac{1}{N}\sum_{i=1}^{N} Z_T[F(x_i)]w(x_i) = \frac{1}{N}\sum_{i=1}^{N}\left(\frac{b_m}{b}\right)^a e^{-x_i^a\left(\frac{1}{b^a}-\frac{1}{b_m^q}\right)} \tag{8-63}$$

式中

$$Z_T[F(x_i)] = \begin{cases} 1, & y \geqslant T \\ 0, & y < T \end{cases} \tag{8-64}$$

$$y = \sum_{i=1}^{N} x_i \tag{8-65}$$

N 为脉冲积累数，它等于雷达天线每个指向的目标回波数。

现在分析它所达到的精度，并找出 b_m 与 b 之间的最佳关系式。由前边分析知，系统的输出

$$Z_m = Z_T[F(x)]w(x) \tag{8-66}$$

其均值

$$\begin{aligned} \overline{Z}_m &= \int_T^{\infty} Z_T[F(x)]w(x)g(x)\,\mathrm{d}x \\ &= \int_T^{\infty} f(x)\,\mathrm{d}x \\ &= \int_T^{\infty} \frac{a}{b}\left(\frac{x}{b}\right)^{a-1} e^{-\left(\frac{x}{b}\right)^a}\,\mathrm{d}x \\ &= e^{-\left(\frac{T}{b}\right)^a} \end{aligned} \tag{8-67}$$

其均方值

$$\begin{aligned} \overline{Z_m^2} &= \int_T^{\infty} Z_T^2[F(x)]w^2(x)g(x)\,\mathrm{d}x \\ &= \int_T^{\infty} \frac{f^2(x)}{g(x)}\,\mathrm{d}x \\ &= \int_T^{\infty} \left(\frac{b_m}{b^2}\right)^a x^{a-1} e^{-x^a\left(\frac{2}{b^a}-\frac{1}{b_m^q}\right)}\,\mathrm{d}x \\ &= \frac{\left(\frac{b_m}{b^2}\right)^a e^{-T^a\left(\frac{2}{b^a}-\frac{1}{b_m^q}\right)}}{\frac{2}{b^a}-\frac{1}{b_m^a}} \end{aligned} \tag{8-68}$$

其方差

$$D(Z_m) = \frac{b_m^a e^{-T^a\left(\frac{2}{b^a}-\frac{1}{b_m^a}\right)}}{b^a\left[2-\left(\frac{b}{b_m}\right)^a\right]} - \left[e^{-\left(\frac{T}{b}\right)^a}\right]^2 \tag{8-69}$$

对 N 个采样，将方差表示成相对值，则有

$$\frac{D(Z_m)}{(\overline{Z}_m)^2} = \frac{1}{N}\left[\frac{b_m^a}{b^a\left(2-\frac{b}{b_m^a}\right)}e^{\frac{T^a}{b_m^a}}-1\right] \tag{8-70}$$

如果取 $b_m \gg b$，则

$$\frac{D(Z_m)}{(\overline{Z}_m)^2} = \frac{1}{N}\left[\frac{b_m^a}{2b^a}e^{\left(\frac{T}{b_m}\right)^a}-1\right] \tag{8-71}$$

为了使误差最小，将式(8-71)对 b_m 求导，并令其等于零，得

$$\frac{1}{2Nb^a}\left[ab_m^{a-1}\mathrm{e}^{\left(\frac{T}{b_m}\right)^a}+b_m^a\left(-\frac{T^a}{b_m^{a+1}}\right)\cdot a\mathrm{e}^{\left(\frac{T}{b_m}\right)^a}\right]=0 \qquad (8-72)$$

化简

$$\frac{ab_m^{a-1}}{2Nb^a}\mathrm{e}^{\left(\frac{T}{b_m}\right)^a}\left[1-\frac{T^a}{b_m^a}\right]=0 \qquad (8-73)$$

结果 $T^a=b_m^a$，最后有

$$T=b_m \qquad (8-74)$$

将式(8-74)代入式(8-71)，得最小方差相对值

$$\left.\frac{D(Z_m)}{(\overline{Z}_m)^2}\right|_{\min}=\frac{1}{N}\left[\frac{T^a}{2b^a}\mathrm{e}-1\right] \qquad (8-75)$$

如果要求虚警概率 $p_f=10^{-6}$，即

$$\mathrm{e}^{-\left(\frac{T}{b_m}\right)^a}=10^{-6} \qquad (8-76)$$

则有

$$\left(\frac{b_m}{b}\right)^a=13.8155$$

最后得到 b_m 与 b 之间关系表达式

$$b_m=b\sqrt[a]{13.8155} \qquad (8-77)$$

当 $a=2$ 时，即是瑞利分布时的表达式。由于韦布尔分布是个分布族，故此式更有一般性。如果将式(8-74)和式(8-76)代入式(8-75)，则得

$$\frac{D(Z_m)}{(\overline{Z}_m)^2}=\frac{17.777}{N} \qquad (8-78)$$

显然，与式(8-47)有相同的结果，这说明不管有没有处理器，也不管是瑞利分布还是韦布尔分布，采用重要抽样技术后，精度均可提高约 56 000 倍，或者说在精度保持相同的情况下，试验次数可减小约 56 000 倍。

需要说明的是，其精度不是对所有分布都是减小 N 值 56 000 倍，具体情况要具体分析，因韦布尔分布包含了瑞利分布，故二者相同了。

3. 输入输出是多维的情况

在实际工作中所遇到的另一种情况，是处理器的输入输出是多维的情况。采样间可能是相互独立的，也可能有一定的相关性。这时只有输入一个多维随机变量才被认为是做一次统计试验。多个变量可能是同时输入，如 FFT 处理器就是这种情况；也可能是时序输入，如下边将要介绍的双极点滤波器的输入与输出就属于这种类型。假定信号处理器的多维输入输出随机变量分别以 $\{x_i\}$ 和 $\{y_i\}$ 表示，其模型如图 8-8 所示。

这里我们假定，Z 是单一输出。根据图 8-8，我们有

$$Z=Z_T[F(x_1,\cdots,x_k)] \qquad (8-79)$$

$$Z_m=Z_T[F(x_1,\cdots,x_k)]w(x_1,\cdots,x_k) \qquad (8-80)$$

令 $g(x_1,\cdots,x_k)$ 为多维畸变概率密度函数。根据用与不用重要抽样这两种情况输出信号的平均值相等的原则，即 $\overline{Z}_m=Z$，必须使以下等式成立

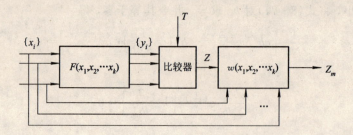

图 8-8 处理器多维输入输出时重要抽样模型

$$\int Z_T[F(x_1, \cdots, x_k)]f(x_1, \cdots, x_k) \, dx_1, \cdots, dx_k$$

$$= \int Z_T[F(x_1, \cdots, x_k)]w(x_1, \cdots, x_k)g(x_1, \cdots, x_k)dx_1, \cdots, dx_k \qquad (8-81)$$

式中：$f(x_1, \cdots, x_k)$ 为输入信号的 k 维概率密度函数。由此导出

$$w(x_1, \cdots, x_k)g(x_1, \cdots, x_k) = f(x_1, \cdots, x_k) \qquad (8-82)$$

有权函数

$$w(x_1, \cdots, x_k) = \frac{f(x_1, \cdots, x_k)}{g(x_1, \cdots, x_k)} \qquad (8-83)$$

权函数 $w(x_1, \cdots, x_k)$ 是两个 k 维联合概率密度函数之比。如果输入采样满足独立且有相同分布条件，即 IID 条件，则权函数可以写成

$$w(x_1, \cdots, x_k) = \prod_{i=1}^{k} \frac{f(x_i)}{g(x_i)} \qquad (8-84)$$

由此可以得到虚警概率的估值

$$\hat{p}_f = \frac{1}{N}\sum_{i=1}^{N} Z_T[F(x_1, \cdots, x_k)] \frac{f(x_1, \cdots, x_k)}{g(x_1, \cdots, x_k)} \qquad (8-85)$$

或

$$\hat{p}_f = \frac{1}{N}\sum_{i=1}^{N} Z_T[F(x_1, \cdots, x_k)] \prod_{i=1}^{k} \frac{f(x_i)}{g(x_i)}$$

$$Z_T[F(x_1, \cdots, x_k)] = \begin{cases} 1, & y \geq T \\ 0, & y < T \end{cases} \qquad (8-86)$$

对于输入采样是独立的情况，多维运算变成了简单的乘法运算，只是增加了 $k-1$ 次乘法运算。在雷达仿真中，如果这一条件得到满足，将会给仿真带来方便。应当指出的是，在多维输入输出的情况下，尽管也只进行了 N 次统计试验，但它所用的随机数的个数却增加了 k 倍，无疑仿真时间要增加很多。

例 8.3 已知信号处理器为双极点滤波器，如图 8-9 所示，其输入信号 x 服从均匀分布，如果每个采样以 4 位二进制数表示，则随机变量 x 的概率密度函数为

$$f(x) = f(x = l) = \frac{1}{16}, \quad l = 0, \cdots, 15 \qquad (8-87)$$

并已知回波数 $M=20$，要求用重要抽样技术估计虚警概率 p_f。

由图 8-9 可知，双极点滤波器是单输入单输出系统，在输入采样是相互独立的时候，输出信号则是相关的，它们互相之间并非单值的一一对应关系，因此不能简单地按一维情况处理。另外，考虑双极点滤波器滞后相关的特点，也不能取输入输出信号的维数刚好等

于目标回波数，否则，在有回波信号存在时，输出信号没有达到最大值之前就可能被截断了，这是由滤波器的暂态特性决定的。

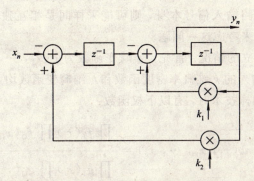

图 8-9　双极点滤波器及输入输出信号

首先假设取 40 个随机数为一组，构成一个 40 维的随机输入信号，即维数 $k = 2M$，这里 M 为回波脉冲数。然后，选择畸变函数为

$$g(x) = g(x = l) = \frac{l+1}{\sum\limits_{l=0}^{15}(l+1)} = \frac{l+1}{136}, \quad l = 0, \cdots, 15 \tag{8-88}$$

则可构成一个 40 维的权函数

$$w(x_1, \cdots, x_k) = \frac{\left(\dfrac{1}{16}\right)^{40}}{\prod\limits_{j=1}^{40} g(x_{ij})}, \quad j = 1, \cdots, 40 \tag{8-89}$$

最后，得到虚警概率的估值

$$\hat{p}_f = \frac{1}{N}\sum_{i=1}^{N} Z_T[F(x_1, \cdots, x_{40})] \frac{\left(\dfrac{1}{16}\right)^{40}}{\prod\limits_{j=1}^{40} g(x_{ij})}$$

$$Z_T[F(x_1, \cdots, x_{40})] = \begin{cases} 1, & y \geqslant T \\ 0, & y < T \end{cases} \tag{8-90}$$

其中 y 是双极点滤波器的 40 维输出信号，是由双极点滤波器的差分方程给出的，即

$$y_j = x_{j-1} + k_1 y_{j-1} - k_2 y_{j-2}, \quad j = 1, 2, \cdots, 40 \tag{8-91}$$

40 维的信号与门限 T 进行比较，显然必须建立检测准则。这里我们假定，只要 40 个输出信号中有一个超过门限电平，便认为该次试验是成功的，即 $Z_T[F(x_1, \cdots, x_{40})] = 1$，否则，其值为零。

值得注意的是，由差分方程式(8-90)可以看到，在计算机上进行仿真之前，必须给出初始值 y_0 和 y_{-1}。由于差分方程(8-90)所描述的滤波器暂态响应较长，因此 y_0 和 y_{-1} 的值不能取为零，否则，40 个随机数已经输入完毕，输出还没完全稳定下来，即没达到稳态值。解决这一问题的途径之一是将系统的稳态值作为差分方程的起始值。它们可以通过系统的直流放大系数和输入随机信号的平均值求出。

4. 正交双通道情况

在雷达系统或分机的设计与研究中，要经常对正交双通道的信号处理器的性能进行评估，这就又提出了一个问题，即对正交双通道系统如何应用重要抽样技术问题。

我们知道，正交双通道系统的两个输入信号 x_I 和 x_Q 有随机初始相位，因此它们之间是相互独立的。而每一路输入信号本身，则可能采样间是相互独立的，也可能是相关的。这样，就可分两种情况来考虑这一问题。

(1) 样点之间是独立的情况。首先，令畸变函数为 $g(x_1, \cdots, x_k)$，如采样值 $x_1, \cdots, x_k$ 之间是独立的，则输入的 k 维概率密度函数和 k 维畸变函数均可写成积的形式，则正交双通道系统应用重要抽样技术时，有以下权函数：

$$w(x_1, x_2, \cdots, x_k) = \frac{\prod_{i=1}^{k} f_I(x_i) \prod_{i=1}^{k} f_Q(x_i)}{\prod_{i=1}^{k} g_I(x_i) \prod_{i=1}^{k} g_Q(x_i)} \qquad (8-92)$$

如果输入信号 $x_i (i=1, \cdots, k)$ 是独立正态随机变量，畸变函数 $g(x_i)$ 也有正态概率密度函数，两者只是 σ 有区别；如果以 σ_1^2 和 σ_2^2 分别表示畸变前后的信号方差，则应满足 $\sigma_2 > \sigma_1$。

如果令 $k=10$，则

$$\begin{aligned} w(x_1, \cdots, x_k) &= \left(\frac{\sigma_2}{\sigma_1}\right)^{20} \exp\left[-\frac{10(B^2-1)x^2}{\sigma_1^2 B^2}\right] \\ &= B^{20} \exp\left(\frac{10(1-B^2)}{\sigma_1^2 B^2}\right) \end{aligned} \qquad (8-93)$$

式中：$\sigma_2 = B\sigma_1$，B 为畸变系数。最后得到虚警概率的估值

$$\begin{aligned} \hat{p}_f &= \frac{1}{N} \sum_{i=1}^{N} Z_T[F(x_1, \cdots, x_{10})] \frac{\prod_{j=1}^{k} f_I(x_j) \prod_{j=1}^{k} f_Q(x_j)}{\prod_{j=1}^{k} g_I(x_j) \prod_{j=1}^{k} g_Q(x_j)} \\ &= \frac{1}{N} \sum_{i=1}^{N} Z_T(x_1, \cdots, x_{10}) B^{20} \exp\left[\frac{10(1-B^2)x^2}{2\sigma_1^2 B^2}\right] \end{aligned} \qquad (8-94)$$

(2) 样点间是相关的情况。由前一种情况可以直接写出样点间是相关情况的畸变函数表达式

$$w(x_1, \cdots, x_k) = \frac{f_I(x_1, \cdots, x_k) f_Q(x_1, \cdots, x_k)}{g_I(x_1, \cdots, x_k) g_Q(x_1, \cdots, x_k)} \qquad (8-95)$$

这是最一般的情况。有虚警概率的估值

$$\hat{p}_f = \frac{1}{N} \sum_{i=1}^{N} Z_T[F(x_1, \cdots, x_k)] \frac{f_I(x_1, \cdots, x_k) f_Q(x_1, \cdots, x_k)}{g_I(x_1, \cdots, x_k) g_Q(x_1, \cdots, x_k)} \qquad (8-96)$$

这里应当指出的是，只有在 $f(x_1, \cdots, x_k)$ 是多维正态的情况下才是方便的。因为对多维正态信号可以通过改变其协方差矩阵的途径，使所希望的事件（如虚警概率 p_f）出现得更频繁，然后再用权函数 $w(\cdot)$ 去修正这一概率失真。对其他类型的分布来说，获得多维概率密度函数是困难的。由表达式可以看出，即使是正态的，也会占用相当多的计算时间，如果在系统模型中的某些环节上能够写出数学表达式，就可采用所谓的解析法和统计法相结合的办法来研究系统的性能。这种办法可以部分地解决计算时间过长的问题。

最后应当说明的是，实际工作中所遇到的问题可能是各种各样的，要根据具体问题作具体分析，特别要注意畸变函数的选择问题，否则可能出现估计误差增大的现象。

8.3.2　重要抽样在雷达中的应用 Ⅱ

众所周知，通常在设计雷达信号检测器时，都要给定噪声或杂波模型，然后设计检测器，这类检测器就是参量检测器。参量检测器的最大优点是对给定的噪声或杂波模型，能够提供高的检测概率。但是，当实际情况与给定的模型不一致时，这类检测器的损失是非常大的。实际上，雷达环境通常都是时变的，用某一固定的模型去描述它，并不很准确，这时就有必要考虑采用非参量检测问题。计算机仿真结果表明，参量检测器在偏离所假定的模型时产生的损失，甚至要比非参量检测器的损失大得多。非参量检测器的损失主要是由于它对给出的信息利用得不充分而造成的，因此，有必要对非参量检测器进行一些仔细的研究，而通过系统仿真对它们进行研究是最好的途径。

在非参量检测器中的秩和检测器，由于简单，加之有输出虚警概率恒定的特性，因此应用比较广泛。具体应用时，为了提高其检测性能，通常要在它后边加积累器，例如，对扫描雷达加双极点积累器或单极点积累器；对指向型雷达加均匀加权积累器等。虽然，秩和检测器加单极点积累器的性能不如秩和检测器加双极点积累器的性能，但它简单，省设备，易实现，分辨率高，所以仍有必要对它进行仿真研究。这一节主要通过例子介绍在这类非参量检测器的仿真中，如何应用重要抽样技术及如何选择畸变函数问题。所考虑的系统结构如图 8-10 所示。

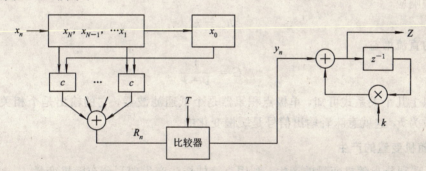

图 8-10　秩和检测器加单极点积累器结构

图中的 x_n、y_n 分别表示系统的输入和输出信号，R_n 表示秩和检测器的输出，c 是比较器。所选择的信号模型是在纯噪声时服从瑞利分布；在有信号存在时，其概率密度函数是广义瑞利分布。它们的概率密度函数分别以 $f_0(x)$ 和 $f_1(x)$ 表示

$$f_0(x) = \frac{x}{\sigma^2} \exp\left(-\frac{x^2}{2\sigma^2}\right), \quad x \geqslant 0 \tag{8-97}$$

$$f_1(x) = \frac{x}{\sigma^2} \exp\left(-\frac{x^2 + A^2}{2\sigma^2}\right) I_0\left(\frac{Ax}{\sigma^2}\right), \quad x \geqslant 0 \tag{8-98}$$

式中：$I_0(\cdot)$ 为零阶第一类修正的贝塞尔函数；A 为信号幅度；σ 为噪声的分布参量。如果随机变量 x 是输入信号的视频包络的话，A/σ 即是中频信号噪声比。

1. 秩和检测器及单极点积累器的基本特性

（1）秩和检测器。秩和检测器是一种非参量检测器，有人也称其为非参量量化器。它的很重要的特性之一，就是不管输入信号服从何种分布，只要满足独立同分布条件，即 IID 条件，其输出，即秩 R_n 就服从均匀分布，这就是它的非参量特性。可以证明，秩 R_n 等于 r 的概率

$$p(R_n = r_j) = \frac{1}{N_1 + 1}, \quad j = 1, 2, \cdots \tag{8-99}$$

式中：N_1 为秩和检测器的参考单元数。其输出平均值

$$E(R_n) = \sum_{i=0}^{N_1} r_i p \tag{8-100}$$

式中：P 为 R_n 等于 r 的概率。其输出方差

$$D(R_n) = \sum_{i=0}^{N_1} [r_i - E(R_n)]^2 p \tag{8-101}$$

（2）单极点积累器。描述单极点积累器的差分方程

$$y_n = R_n + k y_{n-1} \tag{8-102}$$

传递函数

$$H(z) = \frac{z}{z - k} \tag{8-103}$$

幅频响应

$$|H(e^{j\omega T})| = \frac{1}{\sqrt{1 - 2k \cos\omega T + k^2}} \tag{8-104}$$

采样脉冲响应

$$h_n = k^n \tag{8-105}$$

积累器的直流增益

$$G = \frac{1}{1 - k} \tag{8-106}$$

由以上几个关系式可知，单极点积累器是个低通滤波器，它的输出是个相关序列，其相关系数为 k，这就意味着输出信号是缓慢变化的。

2. 随机变量的产生

（1）瑞利分布随机变量的产生。利用直接抽样法产生瑞利分布随机变量

$$x_i = \sqrt{-2 \ln u_i} \tag{8-107}$$

式中：u_i 为 $[0, 1]$ 区间上的均匀分布随机数。

（2）广义瑞利分布随机变量的产生。采用以下公式产生广义瑞利分布随机变量

$$y_i = \sqrt{(x_{Ii} + a)^2 + x_{Qi}^2} \tag{8-108}$$

式中：x_{Ii}、x_{Qi} 为互相独立的，均值为零，方差为 1 的正态分布随机变量，a 是常数。

（3）正态分布随机变量的产生。

$$\left.\begin{array}{l} x_{Ii} = r_i \cos(2\pi u_{2i}) \\ x_{Qi} = r_i \sin(2\pi u_{2i}) \end{array}\right\} \tag{8-109}$$

经变换

$$\left.\begin{array}{l} x_{Ii} = V_1 \sqrt{\dfrac{-2 \ln V}{V}} \\[3mm] x_{Qi} = V_2 \sqrt{\dfrac{-2 \ln V}{V}} \end{array}\right\} \tag{8-110}$$

式中：V_1、V_2 均是 $[-1, 1]$ 区间上的均匀分布随机变量

$$V_1 = 2u_1 - 1 \left.\vphantom{\begin{matrix}1\\1\end{matrix}}\right\} \tag{8-111}$$

$$V_2 = 2u_2 - 1$$

$$V^2 = V_1^2 + V_2^2 \tag{8-112}$$

这里需要说明的是，随机变量 V 是用选舍抽样法产生的，如果 $V_1^2 + V_2^2 \geqslant 1$，舍掉，重新去产生一对均匀分布随机数继续进行计算；如果 $V_1^2 + V_2^2 < 1$，结果有效。u_1，u_2 是 $[0, 1]$ 区间上的均匀分布随机数。

以上几种随机变量的产生方法在第 5 章中均进行了直接或间接的推导与证明，这里不再赘述。

3. 重要抽样在非参量检测中的应用

为了获得系统的检测性能，首先必须进行虚警试验，然后按给定的虚警概率确定一个门限，最后在该电平上进行发现概率试验，从而获得检测概率。前边已经指出，按普通方法对 10^{-6} 的虚警概率进行仿真是困难的，试验次数 N 大约等于 10^8。如果利用重要抽样技术，N 将大大下降。在采用重要抽样技术时，根据单极点积累器的特性应采用多维模型，并且样点间是相互独立的，于是有权函数

$$w(R_1, \cdots, R_k) = \prod_{j=1}^{k} \frac{f(R_j)}{g(R_j)} \tag{8-113}$$

虚警概率的估值

$$\hat{p}_f = \frac{1}{N} \sum_{i=1}^{N} Z_T(F(R_1, \cdots, R_k)) \prod_{j=1}^{k} \frac{f(R_j)}{g(R_j)} \tag{8-114}$$

这里仍然采用一次超越准则，即在 k 个信号中，只要有一个超过门限，就认为该次试验是成功的。

值得注意的是，不能直接在秩和检测器输入端进行重要抽样，因为无论如何选畸变函数，其输出信号仍然是均匀分布的，并且秩和的大小决定了它的分布区间。因此，我们将利用理论分析与蒙特卡罗法相结合的途径，在单极点积累器的输入端进行重要抽样，这样把问题就归结到了例 8.3 上。所以，重要抽样本身的问题就不多介绍了，只就畸变函数及其选择问题做些讨论。

首先，假设秩和检测器参考单元数 $N_1 = 7$，这就意味着秩和检测器中的加法器有三位，其输出信号在 $[0, 7]$ 区间上是均匀分布的。选择畸变概率密度函数，我们将其称为正阶梯分布，其表达式为

$$g(R_n = r_i) = \frac{2^{r_j}}{\sum_{r_j=0}^{N_1} 2^{r_j}} \tag{8-115}$$

由于取 $N_1 = 7$，故该式可化为

$$g(R_n = r_i) = \frac{2^{r_j}}{255} \tag{8-116}$$

权函数

$$w(R_1, \cdots, R_k) = \prod_{j=1}^{k} \frac{f(R_j)}{g(R_j)} = \prod_{j=1}^{k} \frac{31.875}{2^{r_j}} \tag{8-117}$$

式中：$k = 2M$，M 为天线 3 dB 波束宽度内的回波数。

在选定畸变函数之后，接着要产生满足该分布的随机变量。我们知道，畸变前随机变量 R_n 是均匀分布的，在 $N_1=7$ 时，R_0，R_1，$\cdots$，R_7 出现的概率均为 1/8。畸变后 R_0，R_1，$\cdots$，R_7 出现的概率也给出来了。

按表 8-2 的规律来产生统计试验的随机变量，是一种特殊的随机变量产生问题，它不能用以前介绍的产生随机变量的方法。根据它的基本原理，在计算机上产生这种随机变量是很容易的，并且比较简单。

表 8-2　畸变前后 R_n 出现的概率

变量	畸变前出现的概率	畸变后出现的概率
R_0	1/8	1/255
R_1	1/8	2/255
R_2	1/8	4/255
R_3	1/8	8/255
R_4	1/8	16/255
R_5	1/8	32/255
R_6	1/8	64/255
R_7	1/8	128/255

应当指出，这种选择畸变函数的方法并不是靠增大随机变量的方差而使虚警增加的，实际上，它是靠增加平均值的方法来达到目的的，而且它的方差比畸变前还减小了。按式 (8-100) 和式 (8-101) 计算表明，畸变前的均值和方差分别为 3.5 和 5.25，而畸变后的平均值和方差则分别为 6.03 和 1.748。畸变后的平均值增加将近一倍，而方差却减小了三倍，但总的效果是使虚警增加了。毫无疑问，这又给我们提供了一种选择畸变函数的原则，即如果要使虚警增加，不管是增加平均值，还是增加方差，或是将平均值和方差互相组合，其目的使总的效果达到我们的要求。

仿真试验结果表明，对 1000 次统计试验结果是比较满意的，如果将试验次数增至 10 000 次，试验结果的方差将进一步减小。在给出了 S/N 的情况下，发现概率随着参考单元数 N_1 的增加而增加，在 N_1 值相同时，与秩和检测器加双极点积累器结构相比，在性能上约差 0.5~1.0 dB。它们之间的性能差异与参量检测时的双极点积累器结构和单极点积累器结构之间的性能差异约有相同的数量级。

8.4　重要抽样中畸变函数的选择

根据前几节的分析知道，重要抽样技术在雷达仿真及系统性能评估中是一种非常有效的工具，它能节省大量的计算机时间以提高工作效率。但我们也看到，仿真试验是否成功，或其精度如何，在很大程度上取决于畸变函数。这就是说，在应用重要抽样技术时，若能正确地选择畸变函数，它可以得到最小误差；否则，不仅不会提高精度，反而会使精度变差。因此，在仿真试验之前必须仔细地选择畸变函数，这个问题是在雷达性能仿真中最困难也是最关键的问题之一。

在 8.2 节已经指出，要使经重要抽样以后的输出随机变量的方差最小，畸变函数应选为

$$g_0(y) = \frac{|f(y)|}{p_f} \qquad (8-118)$$

但由于该式中包含待估量 p_f 而不能用。当时指出，应选择与 $g_0(y)$ 相近的函数作为畸变函数来尽量减小方差。下面给出一些选择畸变函数的主要方法和原则：

（1）如前所述，首先必须保证畸变函数 $g(x)$ 是一个概率密度函数，在给定的定义域内其面积等于 1，同时要保证与 $f(x)$ 有相同的定义域。

（2）所选畸变函数必须保证畸变以后的随机变量超过某门限电平 T 的概率有较大的增加，或者说，要使权函数 $w(x)$ 适当地小，才能把小概率问题变成大概率问题，然后通过修正以达到加速收敛的目的。值得注意的是，$w(x)$ 不能减小得太少，否则重要抽样效果不明显，但 $w(x)$ 也不能减小得太多，不然将会在计算中出现收敛过速现象，达不到减小方差的目的。

通常，选择 $g(y)$ 与 $f(y)$ 有相同的形式，并且尽量使两者之比在（$T\sim\infty$）的范围内接近于一个小于 1 的常数，这样就有

$$p_f = \int_T^{\infty} \frac{f(y)}{g(y)} g(y)\, \mathrm{d}y \approx C p_{f1} = C_1 \qquad (8-119)$$

式中：C 为常数，p_{f1} 为畸变以后的随机变量 y 超过门限 T 的概率。上式意味着用小于 1 的常数 C 对用畸变以后的随机变量做统计试验而产生的虚警概率 p_{f1} 的修正。显然，p_{f1} 即是所谓的畸变概率。下面给出几种实现上述思想的方法：

· 在 $g(y)$ 与 $f(y)$ 有相同形式的情况下，可通过增大随机变量方差的方法来实现。假设 σ_1^2、σ_2^2 分别表示畸变前和畸变后与随机变量的方差成正比的两个量，且有 $\sigma_2 \gg \sigma_1$，或者找出使误差最小的 σ_1 和 σ_2 之间的关系式。以概率密度函数瑞利分布为例，该种情况下的畸变前后的概率密度函数之间关系如图 8-11 所示。

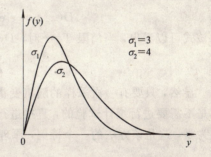

图 8-11　利用增加方差法构造畸变函数

· 在 $g(y)$ 与 $f(y)$ 有相同形式的情况下，可通过增大随机变量均值的途径来使感兴趣的事件出现得更频繁。设 a_1、a_2 分别表示畸变前后的均值，且有 $a_2 \gg a_1$，这就相当于将概率分布曲线在横轴上右移一个量，如图 8-12 所示。前面介绍的非参量检测器仿真中的畸变函数与此种情况相似。

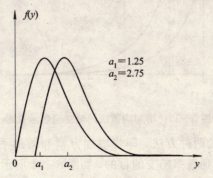

图 8-12　利用增加均值法构造畸变函数

下面以一个例子说明这种思想。假设，系统的输入是指数分布的随机变量，有概率密度函数

$$f(y) = \mathrm{e}^{-y} \tag{8-120}$$

显然，有超过门限电平 T 的概率

$$p_f = \mathrm{e}^{-T} \tag{8-121}$$

取畸变函数

$$q(y) = \mathrm{e}^{-(y-c)} \tag{8-122}$$

则有权函数为

$$w(y) = \frac{f(y)}{q(y)} = \frac{\mathrm{e}^{-y}}{\mathrm{e}^{-y}\mathrm{e}^{c}} = \mathrm{e}^{-c} \tag{8-123}$$

有虚警概率的估值为

$$\hat{p}_f = \frac{1}{N} \sum_{i=1}^{N} Z_T(y) w(y) = \mathrm{e}^{-c} \tag{8-124}$$

z_m 的均值

$$\bar{z}_m = \mathrm{e}^{-c} \tag{8-125}$$

z_m 的均方值

$$\overline{z}_m^2 = \mathrm{e}^{c}\mathrm{e}^{-T} \tag{8-126}$$

z_m 的方差

$$D(z_m) = \mathrm{e}^{c}\mathrm{e}^{-T} - \left[\mathrm{e}^{-c}\right]^2 = \mathrm{e}^{-c}\mathrm{e}^{-T} - \mathrm{e}^{-2c} \tag{8-127}$$

由该式可以看出，当门限 $T=c$ 时，$D(z_m)=0$，故 $c_{\mathrm{opt}} = T$ 为 c 的最佳值。于是，有

$$\hat{p}_f = Z_T(y)\mathrm{e}^{-T} \tag{8-128}$$

显然，只要有一次采样的随机变量 y 超过门限 T，$\hat{p}_f = \mathrm{e}^{-T}$ 就确定了。在仿真时，实际上是不需要进行统计试验的，直接进行计算便可以了，所以该估计是一个无偏估计。其方差为零，这是该方法的一个特例，原理图如图 8-13 所示。

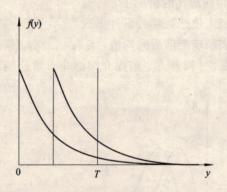

图 8-13　增加均值法的畸变函数示意图

• 混合运用前面给出的两种方法，即将增加方差和增加平均值的两种方法根据具体情况组合起来，同样可以达到概率畸变的目的，如图 8-14 所示。值得注意的是，这时必须重新推导畸变函数的表达式。

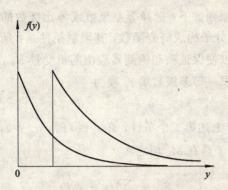

图 8-14　利用同时增加均值和方差的方法选择畸变函数

（3）由于进行统计试验时，是利用畸变以后的随机变量进行的，因此在选择畸变函数时，必须考虑按畸变后的概率密度函数是否易于产生畸变后的随机变量。

（4）畸变函数 $g(y)$ 应尽量简单，以便使对权函数 $w(y)$ 的计算有比较高的速度，从而缩短计算时间，否则又失去了采用重要抽样技术的意义。

（5）如果系统的输入是多维的，则畸变函数 $g(y)$ 也必须是多维的，并且它的维数必须与概率密度函数的维数相等，即

$$w(y_1, \cdots, y_k) = \frac{f(y_1, \cdots, y_k)}{g(y_1, \cdots, y_k)} \tag{8-129}$$

如果输入抽样满足相互独立且有相同分布的条件，即 IID 条件，则权函数可写成

$$w(y_1, \cdots, y_k) = \prod_{j=1}^{k} \frac{f(y_j)}{g(y_j)} \tag{8-130}$$

利用该式便可得到 p_f 的表达式及其估值。对带有反馈的单极点、双极点视频积累器进行仿真时，由于它们的输入和输出并不是一一对应的，因此必须采用多维的畸变函数和权函数。尽管输入信号是多维的，由于样本间通常是独立的，也不会给仿真带来多大困难。应当说明的是，它们均是多输入单输出系统。

（6）倘若系统的输入输出均是多维的，并且所用样本之间是相关的，那么只有在多维高斯等少数几种分布的情况下才是可行的，而如多维韦布尔等分布到目前为止还没有找到相应的概率密度函数表达式。在对零中频雷达信号处理机进行仿真时，I、Q 通道相干检波器给出的信号在通道与通道之间是独立的，而在采样与采样之间是相关的，因此有权函数

$$w(y_1, \cdots, y_k) = \frac{f_I(y_1, \cdots, y_k) f_Q(y_1, \cdots, y_k)}{g_I(y_1, \cdots, y_k) g_Q(y_1, \cdots, y_k)} \tag{8-131}$$

如果采样与采样之间也是独立的，则有

$$w(y_1, \cdots, y_k) = \frac{\prod_{j=1}^{k} f_I(y_j) \prod_{j=1}^{k} f_Q(y_j)}{\prod_{j=1}^{k} g_I(y_j) \prod_{j=1}^{k} g_Q(y_j)} \tag{8-132}$$

这里必须指出，在用相关采样进行仿真试验时，试验的样本数必须增加，因为统计试验的次数是按独立样本计算的，相关采样时的统计试验次数与相关样本之间的相关系数有关。

（7）在对输入端包含非参量秩和检测器的系统进行仿真时，由于该检测器的输出 r 总是均匀分布的随机变量，因此直接从输入端进行重要抽样是不行的，这时可考虑将其输出

端的均匀分布畸变，具体原则如下：选择等差级数或等比级数的有限项之和作分母，选第 $j(j=1, 2, \cdots, N)$ 项作为分子构成畸变函数，其限制条件是：所选级数是单调递增的；所选级数的首项不应为零，以便保证秩和检测器输出随机变量 R_0 出现的概率不为零。

• 等差级数情况。如果一等差级数第 r_j 项为

$$a_{r_j} = a + r_j d \tag{8-133}$$

式中：a 为首项，为了满足上述第二个条件，在 $r_j = 0$ 时，$a_{r_j} = a$，不为零。d 为公差，大于零，级数的项数取为 M_0，于是有 M_0 项之和

$$S_M = \sum_{r_j=0}^{N_1} (a + r_j d) \tag{8-134}$$

$M_0 = N_1 + 1$，则有畸变函数

$$g = (R = r_j) = \frac{a + r_j d}{\displaystyle\sum_{r_j=0}^{N_1} (a + r_j d)} \tag{8-135}$$

例 8.4 有级数 $1+3+5+\cdots+15$。显然，它是等差级数的前 8 项，$a=1$，$d=2$。按式 (8-135)，畸变函数在 $N_1 = 7$ 时为

$$g(R_n = r) = \frac{1 + 2r_j}{\displaystyle\sum_{r_j=0}^{7} (1 + 2r_j)} = \frac{1 + 2r_j}{64} \tag{8-136}$$

相应的权函数

$$w(R_1, \cdots, R_k) = \prod_{j=1}^{k} \frac{\dfrac{1}{N_1 + 1}}{\dfrac{1 + 2r_j}{64}} = \prod_{j=1}^{k} \frac{8}{1 + 2r_j} \tag{8-137}$$

式中：r_j 为均匀分布的随机变量。

• 等比级数的情况。如果一等比级数第 r_j 项为

$$a_{r_j} = aq^{r_j} \tag{8-138}$$

式中：a 为等比级数的首项，不为零。q 为公比，大于零。前 M_0 项之和

$$S_M = \sum_{r_j=0}^{N_1} aq^{r_j} \tag{8-139}$$

仍然按上述原则，则畸变函数

$$g(R_n = r) = \frac{aq^{r_j}}{\displaystyle\sum_{r_j=0}^{N_1} aq^{r_j}} \tag{8-140}$$

例 8.5 有级数，$1+2+4+8+\cdots+128$。它是一等比级数的前 8 项之和，且 $a=1$，$q=2$。按上述原则，有畸变函数和权函数

$$g(R_n = r) = \frac{2^{r_j}}{\displaystyle\sum_{r_j=0}^{N_1} q^{r_j}} = \frac{2^{r_j}}{255} \tag{8-141}$$

$$w(R_1, \cdots, R_k) = \prod_{j=1}^{k} \frac{31.875}{2^{r_j}} \qquad (8-142)$$

根据上述原则，还可以找到一些畸变函数和由它们构成的权函数。

例 8.6　有级数 $1+4+9+\cdots$ 选畸变函数

$$g(R_n = r) = \frac{r_j^2 + 1}{\sum\limits_{r_j=0}^{N_1} (r_j^2 + 1)} = \frac{r_j^2}{148} \qquad (8-143)$$

式中取 $N_1 = 7$，则相应的权函数

$$w(R_1, \cdots, R_k) = \prod_{j=1}^{k} \frac{18.5}{r_j^2 + 1} \qquad (8-144)$$

例 8.7　有级数 $1+8+27+\cdots$ 根据同样道理，有畸变函数

$$g(R_n = r) = \frac{r_j^3 + 1}{\sum\limits_{r_j=0}^{N_1} (r_j^2 + 1)} = \frac{r_j^3 + 1}{792} \qquad (8-145)$$

式中取 $N_1 = 7$，则相应权函数

$$w(R_1, \cdots, R_k) = \prod_{j=1}^{k} \frac{99}{r_j^3 + 1} \qquad (8-146)$$

例 8.8　有级数 $1+2+3+\cdots$ 有畸变函数和权函数

$$g(R_n = r) = \frac{r_j + 1}{\sum\limits_{r_j=0}^{N_1} (r_j + 1)} = \frac{r_j + 1}{36} \qquad (8-147)$$

$$w(R_1, \cdots, R_k) = \prod_{j=1}^{k} \frac{4.5}{r_j + 1} \qquad (8-148)$$

按这种方法，还能找出一些这类的畸变函数，这里不一一例举了。按上述方法选择畸变函数，均能给出满意的结果。利用简单的数学关系式解决了重要抽样试验中选择畸变函数或权函数这一困难的问题。这种方法的另一优点在于产生随机数比较简单。

（8）在对单元平均恒虚警处理器或对对数单元平均恒虚警处理器进行性能评估时，也不能在输入端利用增加方差或均值的方法进行重要抽样，因为在后续处理时将会把增加的方差或均值抵消掉，如果改在中心抽头处进行会收到好的效果。

（9）在利用增加方差或均值的方法时，必须保证门限电平 T 不设在畸变以后的概率分布曲线和原概率分布曲线的交点附近，或完全在该交点的左侧。正确的选择应是门限 T 设在畸变函数曲线峰值的右侧，如图 8-15 所示。只要在小概率区一般是能够加快收敛速度的。

（10）无论利用上述的哪种方法，方差和均值的增加都不能太大或太小，太小则改善不明显，太大将会出现加快收敛的现象。通常可以找到一个最佳值，例如在瑞利分布时，$\sigma_2 / \sigma_1 \approx 3.72$。

（11）理论分析和统计试验相结合是解决复杂电子信息系统性能评估的一种有效的方法。这时的畸变函数的选择要具体问题要具体分析。例如，某电子信息系统很复杂，但在其中某一点的统计特性是已知的，我们便可在此处根据它的统计特性，产生统计试验时所需要的随机变量、随机矢量和随机流，然后按照基本原则进行统计试验。

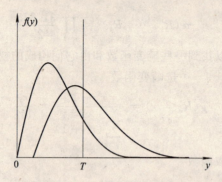

图 8-15 利用同时增加方差和均值的方法选择畸变函数时门限的设置原则

8.5 估计分布函数的一些重要结果

本节给出一些利用重要抽样技术估计分布函数的某些结果，它们都是在雷达仿真或杂波分析中经常遇到的。其中有的是没加处理器的情况，有的是加了线性处理器，有的是加了非线性处理器，但不管哪种情况，利用重要抽样技术均得到了比较满意的结果。这些结果对从事这方面工作的工程技术人员，都会有一些帮助。

1. 指数分布

假定，随机变量 ξ 服从指数分布

$$f(y) = \begin{cases} \dfrac{1}{\bar{y}} \exp\left(-\dfrac{y}{\bar{y}}\right), & y \geqslant 0 \\ 0, & y < 0 \end{cases} \qquad (8-149)$$

式中：$\bar{y}$ 是随机变量 ξ 的平均值。对该式从 T 到无穷大进行积分，得

$$p_f = \exp\left(-\dfrac{T}{\bar{y}}\right), \quad y \geqslant 0 \qquad (8-150)$$

显然，它是随机变量 ξ 超过某个门限 T 的虚警概率。当用重要抽样技术时，令畸变密度函数为

$$g(y) = \begin{cases} \dfrac{1}{\bar{y}_m} \exp\left(-\dfrac{y}{\bar{y}_m}\right), & y \geqslant 0 \\ 0, & y < 0 \end{cases} \qquad (8-151)$$

式中：$\bar{y}_m > \bar{y}$。根据直接抽样方法，有畸变后的随机变量

$$y_i = \bar{y}_m \ln\left(\dfrac{1}{u_i}\right) \qquad (8-152)$$

式中：u_i 为 $[0, 1]$ 区间上均匀分布随机数。而权函数

$$w(y) = \dfrac{\bar{y}_m}{\bar{y}} \cdot \exp\left[-\left(\dfrac{1}{\bar{y}} - \dfrac{1}{\bar{y}_m}\right)y\right] \qquad (8-153)$$

虚警概率的估值为

$$\hat{p}_f = \dfrac{1}{N} \sum_{i=1}^{N} Z_T(y_i) w(y_i)$$

$$= \dfrac{1}{N} \sum_{i=1}^{N} Z_T(y_i) \bar{y}_m \exp \dfrac{-\left(\dfrac{1}{\bar{y}} - \dfrac{1}{\bar{y}_m}\right) y_i}{\bar{y}} \qquad (8-154)$$

利用与前边相似的方法，可得到对 N 个抽样的方差相对值

$$\frac{D(Z_m)}{(\overline{Z}_m)^2} = \frac{1}{N}\left[\frac{\overline{y}_m}{\overline{y}}\left(2 - \frac{\overline{y}}{\overline{y}_m}\right) \cdot \exp\left(\frac{T}{\overline{y}_m}\right) - 1\right] \tag{8-155}$$

如果 $\overline{y}_m \gg \overline{y}$，则

$$\frac{D(Z_m)}{(\overline{Z}_m)^2} = \frac{1}{N}\left[\left(\frac{\overline{y}_m}{2\overline{y}}\right)\exp\left(\frac{T}{\overline{y}_m}\right) - 1\right] \tag{8-156}$$

为求出 $\overline{y}_m$ 的最佳值，将上式对 $\overline{y}_m$ 求导并令其等于零，则

$$\frac{D(Z_m)}{(\overline{Z}_m)^2} = \frac{1}{N}\left[\left(\frac{e}{2}\right)\left(\frac{T}{\overline{y}} - 1\right)\right] \tag{8-157}$$

求得 $\overline{y}_{mopt} = T$。对于 $P(T) = 10^{-6}$，$\overline{y}_m = 13.8\overline{y}$。

$$\frac{D(Z_m)}{(\overline{Z}_m)^2} = \frac{17.777}{N} \tag{8-158}$$

其精度与瑞利分布时相同。

2. 高斯分布

假设，随机变量 ξ 服从高斯分布

$$f(y) = \frac{1}{\sqrt{2\pi}\sigma}\exp\left[-\frac{y^2}{2\sigma^2}\right] \tag{8-159}$$

式中：σ 为随机变量 ξ 的均方根值。对上式积分，得

$$P(T) = \int_T^\infty f(y)\,\mathrm{d}y \tag{8-160}$$

利用重要抽样技术，选畸变函数

$$g(y) = \frac{1}{\sqrt{2\pi}\sigma_m}\exp\left[-\frac{y^2}{2\sigma_m^2}\right] \tag{8-161}$$

得权函数

$$w(y) = \frac{\sigma_m}{\sigma}\exp\left[-\frac{\left(\frac{1}{\sigma^2} - \frac{1}{\sigma_m^2}\right)y^2}{2}\right] \tag{8-162}$$

可以证明，对单次观察，输出信号的均方值

$$\overline{Z_m^2} = \left\{\frac{\sigma_m/\sigma}{\sqrt{2 - (\sigma^2/\sigma_m^2)}}\right\} \cdot P\left(T\sqrt{2 - (\sigma^2/\sigma_m^2)}\right) \tag{8-163}$$

式中：$P(\cdot)$ 由式(6-153)给出。对 N 次独立观察，输出信号方差的相对值

$$\frac{D(Z_m)}{(\overline{Z}_m)^2} = \left\{\frac{\sigma_m/\sigma}{\sqrt{2 - (\sigma^2/\sigma_m^2)}}\right\} \cdot \left\{P\left[\frac{T\sqrt{2 - \sigma^2/\sigma_m^2}}{P^2(T)}\right] - 1\right\} \tag{8-164}$$

我们利用前面给出的 $\sigma_m \gg \sigma$ 的条件，在给定门限 T 的情况下，通过使式(8-164)最小，得到 σ_m 的近似最佳值 $\sigma_{mopt} = T$。对 $\sigma_{mopt} = T = 4.7\sigma$，$P(T) = 10^{-6}$ 的条件下，最后得到近似最小方差相对值为

$$\frac{D(Z_m)}{(\overline{Z}_m)^2} = \frac{49}{N} \tag{8-165}$$

显然，它的精度不如指数分布时的估计精度。在 $N = 1000$ 的情况下，在估计 $P(T)$ 时，它

大约有 22% 的相对均方根误差。由表达式我们可以看出，在将试验次数 N 增加到 3000 时，它与指数分布会有相同的精度。

3. 两个高斯变量的平方和

这种情况是有处理器的情况，处理器有两个输入信号 x_1 和 x_2，它们均服从高斯分布，且是独立的，零均值的随机变量。处理器的输出为

$$y = F(x_1, x_2) = x_1^2 + x_2^2 \tag{8-166}$$

如果 $\sigma^2 = 0.5$，则 y 将是一个具有 $\bar{y} = 1$ 的指数分布的随机变量。利用重要抽样技术时，可将其按二维情况进行处理，得权函数

$$w(x_1, x_2) = \prod_{k=1}^{2} \frac{f(x_k)}{g(x_k)} \tag{8-167}$$

其中，

$$f(x_k) = \frac{1}{\sqrt{2\pi}\sigma} \exp\left(-\frac{x_k^2}{2\sigma^2}\right) \tag{8-168}$$

$$g(x_k) = \frac{1}{\sqrt{2\pi}\sigma_m} \exp\left(-\frac{x_k^2}{2\sigma_m^2}\right) \tag{8-169}$$

将式(8-168)和式(8-169)代入式(8-167)，最后得到

$$w(x_1, x_2) = 2\sigma_m^2 \exp\left[-\left(1 - \frac{1}{2\sigma_m^2}\right)(x_1^2 + x_2^2)\right] \tag{8-170}$$

或

$$w(x_1, x_2) = 2\sigma_m^2 \exp\left[-\left(1 - \frac{1}{2\sigma_m^2}\right)y\right] \tag{8-171}$$

式中：$\sigma_m > \sigma$。试验中，选 $\sigma_m = 2.63$，$N = 1000$，所得结果与指数情况基本一致。

4. 指数随机变量之和

这也是有处理器的情况。假设 x 和 y 分别表示处理器的输入和输出信号。由于 k 个指数分布的独立随机变量之和是 $2k$ 自由度的 chi 分布随机变量，于是，处理器的输入输出关系式则可写成

$$y = F(x_1, x_2, \cdots, x_k) = \sum_{i=1}^{k} x_i \tag{8-172}$$

式中：$\{x_i\}$ 是输入端 i 个指数随机变量集合。利用重要抽样技术，权函数

$$
\begin{aligned}
w(x_1, \cdots, x_k) &= \left(\frac{\bar{x}_m}{\bar{x}}\right)^k \exp\left[-\left(\frac{1}{\bar{x}} - \frac{1}{\bar{x}_m}\right)\sum_{i=1}^{k} x_i\right] \\
&= \left(\frac{\bar{x}_m}{\bar{x}}\right)^k \exp\left[-\left(\frac{1}{\bar{x}} - \frac{1}{\bar{x}_m}\right)y\right]
\end{aligned} \tag{8-173}
$$

试验中，$k = 5$，$N = 1000$，$\bar{x}_m = 4.7\bar{x}$，对于 $P(T) = 10^{-6}$，它是最佳的。$P(T)$ 在 $10^{-4} \sim 10^{-6}$ 范围内，误差都很小。

5. 对数—正态变量之和

用一般的数字方法计算对数—正态变量之和的分布是困难的。如果采用重要抽样技术，这个问题就能得到比较合理的解决。首先，从指数分布入手，令 x_k 服从指数分布，且 $\bar{x} = 1$，则一个具有单位方差的正态随机变量可表示成如下形式：

$$g_k = \sqrt{2x_k}\,\cos\theta \qquad\qquad (8-174)$$

式中：θ 是在 $[0, 2\pi]$ 区间上的均匀分布随机数。由此，又可得到对数—正态随机变量

$$l_k = \exp(\sigma_L g_k) \qquad\qquad (8-175)$$

式中：σ_L 是标准差。l_k 的中值为 1。最后得到处理器的输出

$$y = \sum_{k=1}^{K} l_k \qquad\qquad (8-176)$$

权函数与式(8-162)相同。由于该处理器比较复杂，并不存在一种选择 $\bar{x}_m$ 的直接方法。这里以 4 为步长，选择了 8 个 $\bar{x}_m$ 值，进行统计试验。由试验结果可以看出，在 $6 \leqslant \bar{x}_m \leqslant 30$ 的范围内，均可利用重要抽样技术，并可产生一种可以接受的结果。试验中，取 $K=2$，$\sigma_L=1$，$N=1000$。由于在 $\bar{x}_m=22$ 时这种方法对单一高斯随机变量在 $P(T)=10^{-6}$ 是最佳的，因此 $\bar{x}_m$ 值不超过 22 为好。

6. 对数—正态相子之和

在雷达杂波分析中，所遇到的另一种情况是随机相位因子之和。这里假定，每个幅度都是对数—正态分布的。首先产生对数—正态幅度 l_k，然后产生随机相位因子。

$$V_k = l_k \exp(j\varphi_k) \qquad\qquad (8-177)$$

式中：φ_k 是 $[0, 2\pi]$ 区间的均匀分布随机变量。最后形成处理器的输出

$$y = \left| \sum_{k=1}^{K} V_k \right|^2 \qquad\qquad (8-178)$$

权函数仍与式(6-167)相同。试验中所用参数：$\bar{x}_m = 18$，22 和 26，$K=2$，$\sigma_L=0.5$，$N=1000$。试验结果表明，在给定条件下所得到的重要抽样试验结果是可以接受的。

第 9 章　基于 Simulink 的雷达仿真

本章在简单介绍了脉冲多普勒雷达及脉冲压缩雷达的结构及工作原理的基础上，利用 MATLAB 的一个附加组件 Simulink 给出了脉冲多普勒雷达和脉冲压缩雷达仿真系统的总体设计框架。在此基础上建立了基于 Simulink 的雷达系统仿真模块库，其中有：

（1）雷达系统输入模块：主要包括相参脉冲串产生模块，线性调频信号产生模块，二相编码信号产生模块，多种雷达杂波产生模块，系统噪声产生模块等。

（2）信号处理模块：主要包括 A/D 变换模块，各种杂波对消模块，FFT 模块，匹配滤波器模块，取模模块，各类恒虚警处理模块，多种视频积累模块及显示模块等。

（3）天线方向图模块，高频放大器模块，中频放大器模块，频率变换器模块，相干检波器模块，低通滤波器模块等。

（4）系统性能评估模块：主要包括虚警概率测试模块，发现概率测试模块，威力计算模块，干扰测试模块等。

利用其中部分模块，搭建了简单的脉冲多普勒雷达和脉冲压缩雷达软系统，并进行了仿真，给出了部分仿真结果。从仿真结果看，基于 Simulink 的雷达系统仿真是非常具有利用价值的。

Simulink 这种图形化、交互式的建模过程非常直观，且容易掌握。由于 Simulink 的开放性，使用者可以随时根据自己的需要修改或者添加新的模块。Simulink 5.0 在软硬件的接口方面有了长足的进步，已经可以很方便地进行实时的信号控制和处理、通信以及 DSP 的处理。仿真程序经过编译可以直接下载到 DSP 等硬件设备中去，缩短了新产品的研制周期，科研工作者可将更多的精力放在系统级的设计上。由于 MATLAB 的广泛使用，该雷达系统库较易推广，并且在使用中可不断地对其进行改进和扩充。

9.1　Simulink 概述

Simulink 是一种在国内外得到广泛应用的计算机仿真工具，它是 MATLAB 的一个附加组件，用来提供一个系统级的建模与动态仿真工作平台，它可以附着在 MATLAB 上同时安装和工作，也具有独立安装和工作版本。

MATLAB 是当今国际上公认的在科学技术领域最为优秀的应用软件和开发环境。从 1984 年推出正式版本到现在，MATLAB 经受住了时间的考验。在欧美各高等院校，MATLAB 已经成为线性代数、数理统计、自动控制理论、动态系统仿真、数字信号处理、时间序列分析、图像处理和小波分析等不同层次课程的基本教学工具，并且已经成为大学本科生、硕士研究生和博士研究生必须掌握的基本技能。

MATLAB 语言作为一种功能强大的高度集成化的程序设计语言，它具备了一般通用程序设计语言的基本语法结构，且功能更强大，使用起来非常方便。MATLAB 的功能和特点使它对新兴学科，特别是边缘学科和交叉学科有极强的适应能力，并很快地成为科学计算、计算机辅助分析、设计、仿真、教学乃至数据处理不可缺少的基础软件。

　　MATLAB 广泛流行的另一个原因是，国际上许多新版的科技书籍，特别是高等院校教材在讲述专业内容时均把 MATLAB 作为基本工具。在我国高等院校、科研院所和工业部门中，MATLAB 也得到了广泛应用。

　　MATLAB 的附加组件 Simulink 由于具有强大的功能与友好的用户界面，已经被广泛地应用到各个领域，特别是在电子信息系统的研究、设计、仿真和性能评估等方面得到了普遍应用，比如在各类通信系统；主动和被动雷达系统；信息对抗系统；军队指挥自动化系统，即 C^3I 系统；遥控、遥测和导航系统；计算机网络系统等。

　　广义地说，Simulink 在航空航天、卫星导航、交通运输、生物医学工程、地球物理、金融、企业管理等诸多领域均有应用。在科学技术飞速发展的 21 世纪，Simulink 的应用领域将会更加广泛。

　　Simulink 是一个用来对动态系统进行建模、仿真和分析的软件包。它支持线性和非线性系统，连续和离散时间系统，或者是两者的混合系统以及多采样率系统。

　　对于建模，Simulink 提供了一个图形化的用户界面 GUI，可以用鼠标点击和拖拉模块的图标建模，通过图形界面，可以像用铅笔在纸上画图一样画模型图。这是以前需要用编程语言明确地用公式表达微分方程的仿真软件包所远远不能相比的。Simulink 包括一个复杂的由接收器、信号源、线性和非线性组件以及连接件组成的模块库，当然也可以定制或者创建用户自己的模块。

　　所有模型是分级的，因此可以通过自上而下或者自下而上的方法建立模型。可以在最高层面上查看一个系统，然后通过双击系统中的各个模块进入到系统的低一级层面以查看模型的更多细节。这就为用户提供了一个了解模型是如何组成以及它的各个部分是如何相互联系的方法。

　　待一个模型定义完之后，就可以通过 Simulink 的菜单或者在 MATLAB 的命令窗口输入命令对该模型进行仿真。菜单对于交互式工作非常方便，而命令行方式对于批处理仿真比较有用。使用 Scopes 或者其他的显示模块，可以在运行仿真模型时观察到系统模型的各个节点的仿真结果。另外，还可以在仿真时改变系统参数，并且立即就看到结果有什么变化。仿真的结果可以放在 MATLAB 的工作空间(Work Space)中以待进一步的处理或者可视化。

　　模型分析可使用的工具包括可直接通过命令行方式调用的线性化和整理(Trimming)工具，MATLAB 的其他各种工具，以及所有应用程序工具箱。因为 MATLAB 和 Simulink 是集成在一起的，所以用户可以在任何环境的任意点对用户的模型进行仿真、分析或修改。

　　Simulink 没有单独的语言，但它提供了 S 函数规则。所谓的 S 函数可以是一个 M 文件、FORTRAN 程序、C 或 C++ 语言程序等，通过特殊的语法规则使之能够被 Simulink 模型或模块调用。S 函数使 Simulink 更加充实、完备，具有更强的处理能力。

　　同 MATLAB 一样，Simulink 也不是封闭的，它允许用户很方便地定制自己的模块和模块库。同时 Simulink 也同样有比较完整的帮助系统，使用户可以随时找到对应模块的说明，便于用户使用。

利用 Simulink 进行系统的建模和仿真，其最大的优点是易学、易用，并能依托 MATLAB 提供的丰富的仿真资源。Simulink 的强大功能主要有：

1. 交互式、图形化的建模环境

Simulink 提供了丰富的模块库以帮助用户快速地建立动态系统模型，建模时只需使用鼠标拖放不同模块库中的系统模块并将它们连接起来便可构成一个系统。另外，还可以把若干功能块组合成子系统，建立起分层的多级模型，Simulink 提供的模型浏览器（Model Browser）可以使用户方便地浏览整个模型的结构和细节。Simulink 这种图形化、交互式的建模过程非常直观，且容易掌握。

2. 交互式的仿真环境

Simulink 提供了交互性很强的仿真环境，既可以通过下拉式菜单执行仿真，也可以通过命令行进行仿真。菜单方式对于交互工作非常方便，而命令行方式对于运行一大类仿真如蒙特卡罗仿真非常有用。有了 Simulink，用户在仿真的同时，可以采用交互或批处理的方式，方便地更换参数来进行"What-If"式的分析仿真。仿真过程中各种状态参数可以在仿真运行的同时通过示波器或者利用 ActiveX 技术的图形窗口显示。

3. 专用模块库（Blocksets）

作为 Simulink 建模系统的补充，MathWorks 公司还开发了专用功能块程序包，如 DSP Blockset 和 Communication Blockset 等。通过使用这些程序包，用户可以迅速地对系统进行建模、仿真与分析。更重要的是用户还可以对系统模型进行代码生成，并将生成的代码下载到不同的目标机上。可以说，MathWorks 为用户从算法设计、建模仿真，直到系统实现提供了完整的解决方案。而且，为了方便用户的系统实施，MathWorks 公司还开发了实施软件包，如 TI 和 Motorola 开发工具包，以方便用户进行目标系统的开发。表 9-1 列出了 Simulink 的一些软件工具包。

表 9-1　Simulink 的一些软件工具包

DSP Blockset	数字信号处理工具包
Fixed-Point Blockset	定点运算控制系统仿真工具包
Power System Blockset	电力系统工具包
Dials & Gauges Blockset	交互图形和控制面板设计工具包
Communication Blockset	通信系统工具包
CDMA Reference Blockset	CDMA 通信系统设计和分析工具包
Nonlinear Control Design Blockset	非线性控制设计工具包
Motorola DSP Developer's Kit	Motorola DSP 开发工具包
TI DSP Developer's Kit	TI DSP 开发工具包

4. 提供了仿真库的扩充和定制机制

Simulink 的开放式结构允许用户扩展仿真环境的功能（采用 MATLAB、FORTRAN 和 C 代码生成自定义模块库），并拥有自己的图标和界面。用户可以将使用 FORTRAN 或

C 编写的代码链接进来，或者使用第三方开发的模块库进行更高级的系统设计、仿真与分析。

5. 与 MATLAB 工具箱的集成

由于 Simulink 可以直接利用 MATLAB 的诸多资源与功能，因此用户可以直接在 Simulink 下完成诸如数据分析、过程自动化、优化参数等工作。工具包提供的高级的设计和分析能力可以融入仿真过程。

简而言之，Simulink 具有以下特点：基于矩阵的数值计算；高级编程语言；图形与可视化；工具包提供的面向具体应用领域的功能；丰富的数据 I/O 工具；提供与其他高级语言的接口；支持多平台（PC/Macintosh/UNIX）工作；开放与可扩展的体系结构。

下面简单介绍一下 Simulink 是如何工作的。一个典型的 Simulink 模型包括信号源模块、系统模块和输出显示模块。

图 9-1 给出了这三种元素之间的典型关系。系统模块是仿真对象，如雷达、通信系统所包含的模块，作为中心模块是 Simulink 仿真建模的主要部分；信号源作为系统的输入，它包括常数信号源、函数信号发生器（如正弦波和阶跃函数波形等），以及用户自己在 MATLAB 中创建的自定义信号（如雷达仿真中的噪声、杂波等）。系统的输出由显示模块接收。输出显示包括图形显示、示波器显示和输出到文件或 MATLAB 工作空间中三种模式。输出模块主要在 Sinks 库中。

图 9-1　Simulink 模型元素关系图

Simulink 模型并不一定要包含全部的三种元素，在实际应用中通常可以缺少其中的一个或两个。例如，要模拟一个系统偏离平衡位置后的自恢复行为，就可以建立一个没有输入而只有系统模块加一个显示模块的模型。在某种情况下，也可以建立一个只有源模块和显示模块的系统。若需要生成一个由有用信号、杂波和噪声组成的复合信号，则可以使用源模块进行生成并将其送入 MATLAB 工作间或文件中便可。

Simulink 仿真包括两个阶段：初始化阶段和模型执行阶段。

（1）模块初始化。在初始化阶段主要要完成以下工作：

· 模型参数传给 MATLAB 进行估值，得到的数值结果将作为模型的实际参数。

· 展开模型的各个层次，每一个非条件执行的子系统被它所包含的模块代替。

· 模型中的模块按更新的次序进行排序。排序算法产生一个列表以确保具有代数环的模块在产生它的驱动输入的模块被更新后才更新。当然，这一步要先检测出模型中存在的代数环。

· 决定模型中有无显式设定的信号属性，例如名称、数据类型、数值类型以及大小等，并且检查每个模块是否能够接收连接到它们输入端的信号。Simulink 使用属性传递的过程来确定未被设定的属性，这个过程将源信号的属性传递到它所驱动的模块的输入端作为输入信号。

· 决定所有无显示设定采样时间的模块的采样时间。

· 分配和初始化用于存储每个模块的状态和输入当前值的存储空间。

完成这些工作后就可以进行仿真了。

（2）模型执行。一般模型是使用数值积分来进行仿真的。所运用的仿真解算器，即仿真算法，依赖于模型提供的连续状态微分能力。计算微分可分为两步来进行：

首先，按照排序所确定的次序计算每个模块的输出；然后，根据当前时刻的输入和状态来决定状态的微分；得到微分向量后再把它返回给解算器。后者用它来计算下一个采样点的状态向量。一旦新的状态向量计算完毕，被采样的数据源模块和接收模块才被更新。

在仿真开始时，模型设定待仿真系统的初始状态和输出。在每一个时间步中，Simulink计算系统的输入、状态和输出，并更新模型来反映计算出的值。在仿真结束时，模型得出系统的输入、状态和输出。

在每个时间步中，Simulink所采取的动作依次为：

· 按排列好的次序更新模型中模块的输出。Simulink通过调用模块的输出函数来计算模块的输出。Simulink只把当前值、模块的输入以及状态量传给这些函数来计算模块的输出。对于离散系统，Simulink只有在当前时间是模块采样时间的整数倍时，才会更新模块的输出。

· 按排列好的次序更新模型中模块的状态。Simulink计算一个模块的离散状态的方法是调用模块的离散状态更新函数。而对于连续状态，则对连续状态的微分（在模块可调用的函数里，有一个用于计算连续微分的函数）进行数值积分来获得当前的连续状态。

· 检查模块连续状态的不连续点。Simulink使用过零检测来检测连续状态的不连续点。

· 计算下一个仿真时间步的时间。这是通过调用模块获得下一个采样时间函数来完成的。

（3）确定模块更新次序。在仿真中，Simulink更新状态和输出都要根据事先确定的模块更新次序运行，而更新次序对仿真结果的有效性来说非常关键。特别当模块的输出是当前时刻输入值的函数时，这个模块必须在驱动它的模块被更新之后才能被更新，否则，模块的输出将没有意义。注意不要把模块保存到模块文件的次序与仿真过程模块被更新的次序相混淆。Simulink在模块初始化时已将模块排好正确的次序。

为了建立有效的更新次序，Simulink根据输入和输出的关系将模块分类。其中，当前输出依赖于当前输入的模块称为直接馈入模块，所有其他的模块都称为非虚拟模块。直接馈入模块的例子有 Gain、Product 和 Sum 模块。非直接馈入模块的例子有 Integrator 模块（它的输出只依赖于它的状态）、Constant 模块（没有输入）和 Memory 模块（它的输出只依赖于前一个模块的输入）。

基于上述分类，Simulink 使用下面两个基本规则对模块进行排序：

· 每个模块必须在它驱动的所有模块更新之前被更新。这条规则确保了模块被更新时输入有效。

· 若非直接馈入模块在直接馈入模块之前更新，则它们的更新次序可以是任意的。这条规则允许 Simulink 在排序过程中忽略非虚拟模块。

另外一个约束模块更新次序的因素是用户给模块设定的优先级，Simulink 必须在更新低优先级模块之前更新高优先级模块。

至此，读者应该对动态系统的模型建立、系统仿真与分析有了初步的认识，同时对 Simulink 的强大功能也会有一定的了解。那么使用 Simulink 到底可以对什么样的动态系统进行仿真分析与辅助设计呢？其实，任何使用数学方式进行描述的动态系统都可以使用 Simulink 进行建模、仿真与分析。

综上所述，Simulink 是一种开放式的，用来模拟线性或非线性的以及连续或离散的或者两者混合的动态系统的强有力的系统级仿真工具。

目前，随着软件的不断升级换代，Simulink 在软硬件的接口方面有了长足的进步，Simulink 已经可以很方便地进行实时的信号控制和处理、信息通信以及 DSP 的处理。世界上许多知名大公司已经使用 Simulink 作为他们产品设计和开发的强有力工具。

9.2　脉冲多普勒雷达系统仿真

根据多普勒原理，利用具有不同脉冲重复频率的相干脉冲串，在频域能对运动目标进行无模糊的速度分辨和单根谱线提取，在时域对运动目标进行无模糊测距的雷达，便称做脉冲多普勒雷达（Pulse Doppler Radar），简称 PD 雷达。它的平台如果是飞机，就称其为机载脉冲多普勒雷达，或机载 PD 雷达。脉冲多普勒雷达是 20 世纪 60 年代以后发展起来的，目前已经广泛应用于各个领域，如用于机载预警、机载火控、导弹寻的、地面武器控制及气象等雷达中。

机载预警是最能发挥和体现脉冲多普勒技术优越性的领域之一。地面搜索雷达由于天线架设高度有限，探测距离受到限制，因此不能为部队提供足够的预警时间。又因为基站固定，无机动能力，易受摧毁。而机载脉冲多普勒雷达视距大，探测距离远，且具有下视能力。由于飞机机动性好，故其生存能力强，因此美、俄、英等国早就着手大力发展机载脉冲多普勒雷达的机载预警系统，其中比较有代表性的有美国的 E-3A 和英国的"猎迷"等。

E-3A 系统具有优良的下视能力，能从极强的地物杂波中发现各种运动目标，对低空和超低空飞机的探测距离达 400 km，对中、高空目标的探测距离达 600 km，并具有良好的对抗各种人为干扰的能力。

"猎迷"AEW.MK.3 预警系统可覆盖 360°全向空间，俯仰面内可采用电扫描测高。由于它没有因机身所形成的对电磁波的遮挡效应，因而对飞机气动性能影响小。

现在世界上先进的战斗机火控雷达几乎毫无例外地都采用了脉冲多普勒体制。美国的西屋公司（Westinghouse）、休斯公司（Hughes）、通用电气公司、英国的皇家信号和雷达研究院（RSRE）及马可尼公司、瑞典的 L.M.埃里克森公司和法国的汤姆逊 CSF 公司都做出了自己的努力。如 F-15 战斗机上的 AGP-63 型机载脉冲多普勒火控雷达便是美国休斯公司于 20 世纪 70 年代中期定型生产的，它采用三种重复频率的工作方式，高重复频率用于探测迎头飞来的远距离目标；中重复频率用于探测远距离尾随目标；低重复频率和脉冲压缩相配合用于上视搜索；此外还可进行全姿态角快速截获和跟踪。

除此之外，美国的 F-16 和 F-18 战斗机，高中空预警飞机 AW-ACS 上的 E-3 雷达，海军的低空预警飞机 E-2C 以及以色列战斗机上的 Volvo 雷达均采用了脉冲多普勒体制。

9.2.1 脉冲多普勒雷达工作原理

前面已经指出，脉冲多普勒雷达是一种利用多普勒效应检测运动目标的一种脉冲雷达。它是在动目标显示(MTI)雷达的基础上发展起来的一种新的雷达体制。由于脉冲多普勒雷达集中了脉冲雷达和连续波雷达的优点，同时具有脉冲雷达的距离分辨率和连续波雷达的速度分辨率，因此它具有更强的杂波抑制能力，能在强杂波背景中提取出运动目标。一个全相参脉冲多普勒雷达的简化原理图如图 9-2 所示。

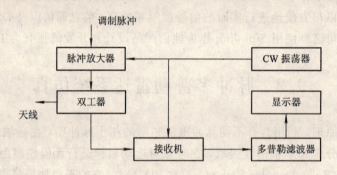

图 9-2 全相参脉冲多普勒雷达原理框图

脉冲多普勒雷达的关键技术是信号处理，其功能是以很高的距离和速度分辨率把在杂波和噪声背景中的运动目标的谱线提取出来。对机载脉冲多普勒雷达由于有了下视功能，其杂波环境发生了重要的变化，除了主瓣杂波之外，还有副瓣杂波和高度线杂波，因此其信号处理技术与动目标显示雷达有了很大的区别。机载脉冲多普勒雷达信号与杂波环境如图 9-3 所示。

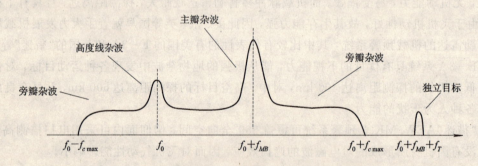

图 9-3 机载脉冲多普勒信号与杂波环境示意图

其中：f_0 为雷达工作频率，即所谓的射频频率(RF)；$f_0 + f_{MB}$ 为主瓣杂波中心频率；$f_0 + f_{MB} + f_T$ 为目标频率位置；$f_0 + f_{c\,max}$ 为旁瓣杂波最高频率位置；$f_0 - f_{c\,max}$ 为旁瓣杂波最低频率位置。

在信号处理时，首先必须去掉高度线杂波，高度线杂波一般只占 1～2 个距离单元，但它很强。再利用杂波对消方法挖掉主瓣杂波，主瓣杂波的位置与天线指向和载机运动速度有关，它是方位角的函数。把处于清晰区和处于旁瓣杂波区的目标提取出来，当存在模糊时，要解模糊，最后给出的是既不存在频率模糊也不存在距离模糊的目标信号。

9.2.2　机载 PD 雷达杂波环境建模

为了能够更好地对机载 PD 雷达杂波环境进行理解，这里给出了一个简单的机载 PD 雷达杂波环境模型。

1. 地杂波单元与雷达的几何关系

地杂波单元与雷达的几何关系是推导杂波功率谱表达式的基础，其关系如图 9-4 所示。

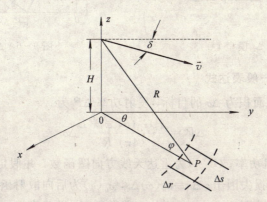

图 9-4　地杂波单元与雷达的几何关系

首先假设地球表面是一个无限延伸的平面，点 P 代表杂波单元 Δs 在 x-y 平面的几何中心位置，并假设，载机在 z-y 平面运动，其运动速度为 v，俯冲角为 δ，飞行高度为 H。上述假设既可以适用于普通机载 PD 雷达，也适用于预警机雷达。图中载机到杂波单元 Δs 的斜距为 R，擦地角为 φ，方位角为 θ。由图 9-4，可推得由于平台运动使点 P 具有多普勒频率

$$f_d = f_m(\cos\theta \cos\varphi \cos\delta + \sin\varphi \sin\delta) \tag{9-1}$$

其中，$f_m = 2v/\lambda$ 为最大多普勒频率，λ 为雷达工作波长。

2. 杂波单元的两种模型

众所周知，地杂波功率谱密度是杂波单元的函数，杂波单元的大小和形状必须根据雷达的实际工作状态来确定，否则将严重影响所建模型的置信度。根据实际情况这里给出两种模型：

(1) Δs 模型 I：该模型主要针对天线垂直波束较宽，擦地角较小的情况，如图 9-5 所示。杂波单元 Δs 的径向尺寸 Δr_1 主要由距离门宽度 τ 决定，杂波单元 Δs 的面积为

$$\Delta s_1 = \frac{R}{2} c\tau \Delta\theta \tag{9-2}$$

其中，c 为光速。

(2) Δs 模型 II：该模型针对天线垂直波束较窄，擦地角较大的情况，如图 9-6 所示。杂波单元 Δs 的径向尺寸 Δr_2 主要由波束俯仰半功率角 φ_0 决定，杂波单元 Δs 的面积为

$$\Delta s_2 = R^2 \varphi_0 \cot\varphi \Delta\theta \tag{9-3}$$

在实际计算时，杂波单元面积 Δs 应取

$$\Delta s = \min(\Delta s_1, \Delta s_2) \tag{9-4}$$

以保证杂波单元面积与实际情况的一致。

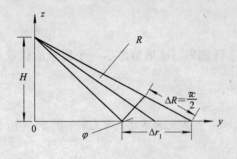

图 9-5　Δs 模型 I

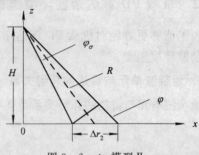

图 9-6　Δs 模型 II

3. 杂波谱密度的一般表达式

根据雷达方程，截面积为 $\Delta\sigma$ 的目标，发射功率 ΔP 为

$$\Delta P = \frac{P_t G^2(\theta,\ \varphi)\lambda^2 L}{(4\pi)^3 R^4}\Delta\sigma \tag{9-5}$$

式中：P_t 为雷达发射机功率；$G(\cdot)$ 为雷达天线方向图函数，并假定是收、发共用天线；λ 为雷达工作波长；L 为损失因子；$\Delta\sigma = \sigma_0(\varphi)\Delta s$，$\sigma_0(\varphi)$ 为后向散射函数。

由式(9-1)可求出杂波单元 Δs 的平均多普勒频率，并且有

$$\Delta f_d = f_m\ |\ \sin\theta\ \cos\varphi\ \cos\delta\ |\ \Delta\theta \tag{9-6}$$

将式(9-4)、(9-6)代入式(9-5)，得到 Δs 的功率谱密度

$$P_c(f_d,\ R) = \frac{P_t G^2(\theta,\ \varphi)\lambda^2 \sigma_0(\varphi) KL}{(4\pi)^3 R^3 f_m\ \sin\theta\ \cos\varphi\ \cos\delta} \tag{9-7}$$

其中，$K = \min\left(\dfrac{1}{2}Rc\tau,\ R^2\varphi_\sigma\cot\varphi\right)$。

式(9-7)又可以写成

$$P_c(f_d,\ R) = \frac{P_t G^2(\theta,\ \varphi)\lambda^2 \sigma_0(\varphi) KL}{(4\pi)^3 R^3\ \sqrt{R^2 - H^2}\,f_m\cos\delta\sqrt{1 - \left(\dfrac{f_d - f_0}{f_\varphi}\right)^2}} \tag{9-8}$$

式中：$f_0 = f_m\sin\varphi\ \sin\delta$，$f_\varphi = f_m\cos\varphi\ \cos\delta$，其他参数同式(9-5)。

4. 存在时频模糊时的基本公式

在某些雷达参数和载机飞行姿态情况下，使信号在频域、时域分别或同时存在模糊，便会造成不同距离或方位单元上的杂波信号的叠加。

(1) 频域模糊：按通常定义，当雷达采用中、低 PRF 时，将出现频域模糊，模糊数为

$$N_F = \text{int}\left(2\,\frac{f_m}{f_r}\right) + 1 \tag{9-9}$$

其中，int($\cdot$)表示取整，f_m 为最大多普勒频率，f_r 为雷达 PRF。

(2) 时域模糊：当雷达采用中、高 PRF 时，将出现时域模糊，或称距离模糊，模糊数为

$$N_R = \text{int}\left(\frac{R_m}{R_{ua}}\right) \tag{9-10}$$

其中，R_m 为地面最大作用距离，$R_{ua} = \dfrac{c}{2f_r}$ 为最大不模糊距离。对任一距离 R，$H < R \leqslant R_m$，

都可以找到 m，$0 \leqslant m < 1$，使

$$R = (m + j)R_{ua} \quad j \in \{0, 1, 2, \cdots, N_R\} \tag{9-11}$$

（3）时、频模糊通用表达式：在考虑了时频模糊之后，式（9-8）可以写成

$$P_c(f_d, R) = \sum_i \sum_{j=-NF}^{NF} \frac{P_t G^2(\theta, \varphi) \lambda^2 \sigma_0(\varphi) KL}{(4\pi)^3 (R + iR_{ua})^3 \sqrt{(R + iR_{ua})^2 - H^2} f_m \cos\delta \sqrt{1 - \left(\frac{(f_d + jf_r) - f_0}{f_\varphi}\right)^2}} \tag{9-12}$$

其中，$-f_r/2 < f_d \leqslant f_r/2$，$i$ 取所有可能整数，使 $H < R + iR_{ua} \leqslant R_m$。

5. 主瓣杂波的计算

主瓣杂波的特点是在频率上集中于一个窄带范围内。由几何关系知，擦地角为

$$\varphi = \arcsin\frac{H}{R} \tag{9-13}$$

由式（9-1）可解出

$$\theta = \arccos \frac{f_d R - f_m H \sin\delta}{f_m \sqrt{R^2 - H^2} \cos\delta} \tag{9-14}$$

于是方向图函数变成

$$G(\theta, \varphi) = G(f_d, R) = G\left[\arccos \frac{f_d R - f_m H \sin\delta}{f_m \sqrt{R^2 - H^2} \cos\delta}, \arcsin \frac{H}{R}\right] \tag{9-15}$$

将式（9-15）代入式（9-12），即可得到计算主杂波功率谱密度的表达式。计算中采用等 γ 模型

$$\sigma_0(\varphi) = \gamma \sin\varphi, \quad 0 < \gamma \leqslant 1 \tag{9-16}$$

与此相应，杂波单元模型采用模型 I，即 $K = \dfrac{Rc}{2}\tau$。

6. 副瓣杂波和高度线杂波的计算

副瓣杂波可能同时存在时、频模糊，高度线杂波虽然很强，但它只影响几个距离单元。后向散射函数采用以下修正：

$$\sigma_0(\varphi) = \gamma_1 \sin\varphi + \gamma_2 \exp\left[-\left(\frac{\pi/2 - \varphi}{\varphi_0}\right)^2\right] \tag{9-17}$$

一般 $\gamma_1 < \gamma_2$，杂波单元模型由式（9-4）决定。将副瓣方向图函数及 $\sigma_0(\varphi)$ 代入式（9-12），即得副瓣、高度线杂波谱密度。φ_0 是镜面分量峰值和 $1/e$ 值之间的宽度。

7. 计算主瓣、副瓣、高度线杂波的通用表达式

在给出通用表达式之前，首先考虑地球曲率对擦地角的影响。实际擦地角为

$$\varphi_s = \sin\left(\frac{H}{R} - \frac{R}{2R_e}\right) \tag{9-18}$$

R_e 为地球半径。已知地球曲率半径为 6370 km，考虑大气折射后的等效半径为 8490 km。于是有载机的最大地面视距

$$R_H = \sqrt{2R_e H} \tag{9-19}$$

最后，给出了一个考虑时、频模糊，地球曲率，大气折射效应之后，计算主瓣杂波、副瓣杂波和高度线杂波的通用表达式

$$P_c(f_d, R) = \sum_i \sum_{j=-NF}^{NF} \frac{2P_t\lambda^2\left[\frac{1}{2}G^2(\theta, \varphi_s) + G_s^2\right]\left[\gamma_1\sin\varphi_s + \gamma_2 e^{-\left(\frac{\pi/2-\varphi_s}{\varphi_0}\right)^2}\right]KL}{(4\pi)^3(R+iR_{ua})^3\sqrt{(R+iR_{ua})^2-H^2}\sqrt{1-[(f_d+jf_r-f_0)/f_\varphi]^2}f_m\cos\delta}$$

$$(9-20)$$

式中，G_s 为副瓣平均电平，其他参数与前面相同。该式的定义域为

$$-\frac{f_r}{2} < f_d \leqslant \frac{f_r}{2}, \quad H < R \leqslant \min(R_M, R_H) \tag{9-21}$$

计算结果示于图 9-7。

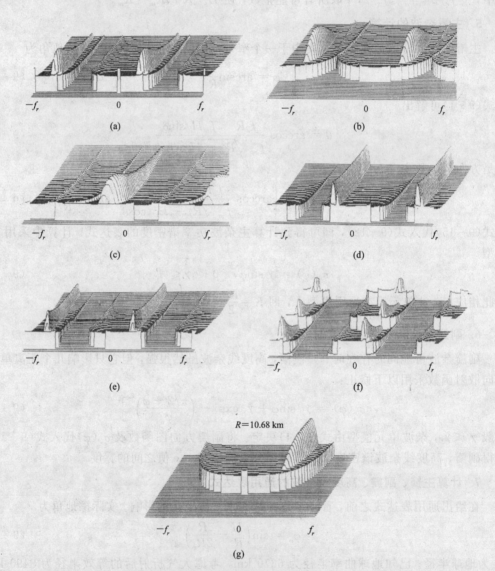

图 9-7　机载 PD 雷达主瓣杂波、副瓣杂波、高度线杂波及频率和距离模糊关系图

（a）主瓣杂波、副瓣杂波和高度线杂波关系；（b）频率模糊；（c）高度频率模糊；

（d）主杂波在左侧；（e）主杂波在右侧；（f）距离模糊；

（g）近距离的主瓣杂波、副瓣杂波和高度线杂波

从图中可以清楚地看出，当存在模糊时杂波是如何叠加的，也可以看出主、副瓣杂波的位置及变化规律，即随距离和频率变化的相对关系，而高度线杂波只影响第一个距离门。图中没有加基底噪声，可清晰地看出当无模糊区和有旁瓣的区域存在目标时，若进行信号检测，则检测概率将会有明显的区别。

9.2.3 脉冲多普勒雷达系统基本结构

图 9-8 给出了 PD 雷达系统的基本结构。这里对其中的主要模块作简要介绍。

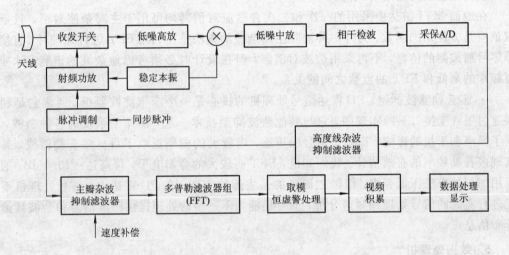

图 9-8 机载 PD 雷达简化结构图

1. 低旁瓣天线

由图 9-7 可以看出，只有目标的速度较大时，它才落入主瓣和旁瓣以外的区域，这时的背景只有噪声，信号噪声比较高，目标易于检测。当载机与目标之间的相对速度小于载机本身对地速度时，目标回波落入天线旁瓣杂波区内，因此，要检测这样的目标信号，必须降低天线旁瓣杂波电平，最为有效的方法之一就是设计低旁瓣天线。目前广泛采用的是平面缝阵天线，这种天线消除了馈源遮挡，除可以精确地控制口径场的分布外，还可以得到满意的旁瓣电平和较高的天线效率。

2. 主振放大式相参发射机

目前广泛用来衡量主振放大式发射机的指标是信号的谱线宽度和频谱纯度。信号的谱线宽度将直接影响 PD 雷达的作用距离和速度分辨力。显然，它取决于主振的频率稳定度和倍频次数。这使得 PD 雷达的频率稳定度要达到相当的程度才能达到相参测速的要求。

3. 零中频处理

由于中频处理的固有缺点，当前在 PD 雷达中均采用零中频处理。零中频处理就是将中频信号进行相干检波以后在视频范围对信号进行处理。由于单通道零中频处理存在盲相，通常都采用正交双通道系统，在消除盲相的同时，还有 3 dB 的增益。

4. 信号处理机

信号处理机主要有三个功能：

·高度线杂波消除。我们知道，高度线杂波是由于载机上的 PD 雷达的波束照射到地面时所产生的镜面反射分量所形成的，它只在最近的 1～2 个距离单元才存在。可以通过距离门控制的方法将其去掉。

·主瓣杂波消除。主瓣杂波位置是天线方位角的函数，因此在天线进行扫描时，随着主波束指向的变化，要求抑制主瓣杂波的滤波器的凹口时时刻刻对准主瓣杂波位置，才能达到消除主瓣杂波的目的。对 PD 雷达来说，高度线杂波相当于地面 MTI 雷达的地杂波，它是与零多普勒频率相对应的。应当指出的是，以上情况是在速度补偿之后，使固定目标相对载机的速度为零时得到的。

在地面 MTI 雷达中采用的一次和二次自适应对消器均可用于主瓣杂波对消，只是其权值应是方位角的函数。另外一种消除主瓣杂波的方法是在利用 FFT 进行处理时，直接去掉零号滤波器的信息，不再采用杂波对消器，但在设计时必须考虑地杂波的谱宽、脉冲重复频率的高低和 FFT 的点数之间的关系。

·多普勒滤波器组。PD 雷达信号处理机的核心是一个窄带滤波器组，通常它是利用快速付里叶变换（FFT）实现的，它与其他杂波抑制技术一起，滤除了系统的各种杂波，削弱了噪声和干扰的影响，提高了信号噪声比，以较大的概率提取了目标多普勒谱线，并可实现多普勒频率的有效估计。我们知道，FFT 有较大的旁瓣电平，可高达 -13.6 dB。通常采用加权的方法压低旁瓣，但随之而来的是主瓣的变宽。在 PD 雷达中，信号处理机不仅能进行实时的信号处理和频谱分析，而且还能为下一步的处理提供回波信号和杂波频谱的分布信息。

5. 数据处理机

数据处理机除了对目标的数据进行关联、滤波和预测，实现距离和角度跟踪之外，还要对雷达的工作方式、雷达参数的选择、天线控制、站速的预测和估计、信息显示方式、对系统进行性能监视和机内自检等进行大量的计算和管理。

根据脉冲多普勒雷达系统结构和基本原理，给出了 PD 雷达系统仿真原理框图，如图 9-9 所示。脉冲发生器产生相参脉冲串信号，通过目标回波模块加入目标信息，包括目标的多普勒信息、距离信息和目标的起伏，同时加入地物杂波信号和系统噪声信号。接下来通过高放和变频模块将信号变为中频信号，再经中放模块，将信号送入零中频正交双通道处理模块，将信号变为零中频信号或视频信号，进行 A/D 变换、主杂波对消器、多普勒滤波，即 FFT 处理。在经过多普勒处理后，取模进行恒虚警处理和视频积累，最终得到视频输出送入显示器。

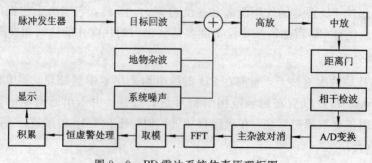

图 9-9　PD 雷达系统仿真原理框图

　　图 9-10 是根据图 9-9 中 PD 雷达系统仿真原理框图利用 Simulink 仿真平台所搭建的 PD 雷达系统简化的仿真框图。为了提高仿真速度，适当降低了系统各部分的频率和省略了有关线性部分，但这并不影响仿真结果的正确性。某些仿真结果在下面各个模块中给出。

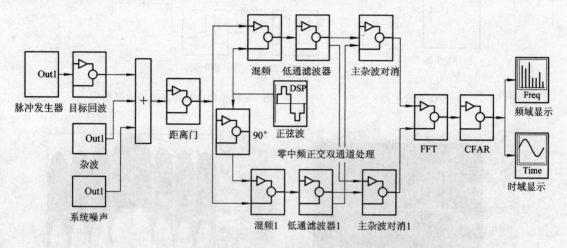

图 9-10　在 Simulink 平台上所建立的 PD 雷达仿真系统框图

9.2.4　PD 雷达仿真模块介绍

　　前面已经指出，Simulink 是一个开放式的平台，除了原有的一些可用模块之外，我们新建了部分与雷达仿真有关的模块，这里给出几个与 PD 雷达仿真有关的模块。

1. 相参脉冲发生器模块

　　由多个离散的中频（或高频）脉冲组成的相参脉冲串信号，可以写成如下形式：

$$s(t) = u(t) \cos\omega_0 t \tag{9-22}$$

$u(t)$ 为调制函数，表示为

$$u(t) = \mathrm{rect}\left(\frac{t}{\tau}\right) + \mathrm{rect}\left(\frac{t - T_r}{\tau}\right) + \cdots + \mathrm{rect}\left(\frac{t - (N-1)T_r}{\tau}\right) \tag{9-23}$$

式中：$\mathrm{rect}(x)$ 为矩形函数，T_r 为脉冲重复周期。

　　若中频周期为 $T_0 = \dfrac{2\pi}{\omega}$，当满足 $T_r = mT_0$，即脉冲重复周期为中频周期的整数倍时，每个中频脉冲的起始相位相同。

　　图 9-11 是用 Simulink 建立的相参脉冲发生器，图 9-12 是相参脉冲发生器的内部结构图。图 9-13 是脉冲重复频率为 10 kHz，脉冲宽度为 4 μs 的矩形脉冲串。图 9-14 是矩形脉冲串的频谱。图 9-15 是矩形脉冲串频谱的放大图，从中可以清楚地看出脉冲重复频率为 10 kHz。图 9-16 是调制在 1 MHz 的相参脉冲串的波形，图 9-17 是其中的一个高频脉冲，图 9-18 是相参脉冲串的频谱图。最后，将所产生的相参脉冲串信号经过目标回波模块加入目标的延迟信息、多普勒信息和目标起伏信息，然后送去与系统噪声和杂波进行混合。

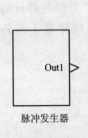

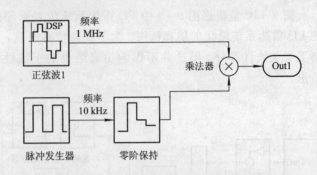

图 9-11 相参脉冲发生器　　　　　　　图 9-12 相参脉冲发生器内部结构

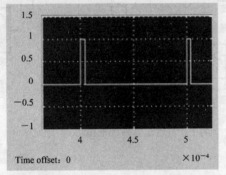

图 9-13 矩形脉冲串信号

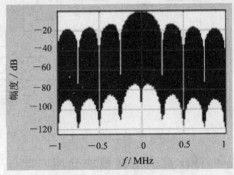

图 9-14 矩形脉冲串频谱

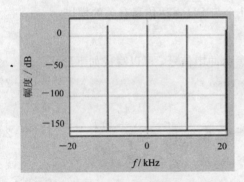

图 9-15 矩形脉冲串频谱

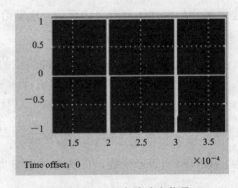

图 9-16 相参脉冲串信号

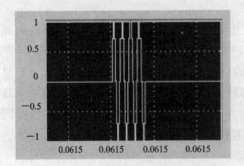

图 9-17 相参脉冲串信号(单个脉冲)

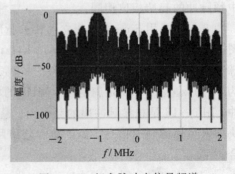

图 9-18 相参脉冲串信号频谱

2. 杂波产生模块

在第 4 章和第 5 章介绍了雷达各类杂波模型及其仿真方法，它们是我们在雷达仿真时产生各类杂波模块的理论基础。在实际应用中，由于不易获得真实的雷达环境数据，特别是不同气象条件下的数据，通常都是利用杂波模型来建立雷达杂波仿真库，实际上这些模型也是在实际测量的基础上通过曲线拟合以后建立起来的，有些是经实践检验的经验数据，它们是近半个世纪的研究成果和积累，因此利用它们对雷达系统的性能进行研究和性能评估是合理的。当然，如果条件允许，还可以将实际测量的雷达杂波数据充实杂波库。杂波是构成雷达环境的重要部分，它是影响雷达检测、跟踪和目标识别等性能的重要因素，因此，对雷达杂波的建模应力求在一定环境下的统计上的准确。

(1) 杂波谱模型有三种谱模型，即高斯谱模型、柯西谱模型和全极型谱模型。

• 高斯谱模型：高斯谱模型可以表示为

$$S(f) = \exp\left(-\frac{f^2}{2\sigma_f^2}\right) \tag{9-24}$$

式中：σ_f 为杂波谱分布的标准差。

• 柯西谱模型：柯西谱模型也称马氏谱模型，它可以表示为

$$S(f) = \frac{1}{1 + \left(\frac{f}{f_c}\right)^2} \tag{9-25}$$

式中：f_c 为截止频率，在该频率处信号幅度下降 3 dB。

• 全极型谱模型：全极型谱能更好地描述杂波谱的"尾巴"，它的表达式为

$$S(f) = \frac{1}{1 + \left(\frac{f}{f_c}\right)^n} \tag{9-26}$$

式中：f_c 的意义同柯西谱模型。n 的典型值为 2～5，当 $n=2$ 时，全极型谱即为柯西谱，当 $n=3$ 时，即为通常所说的立方谱。

(2) 幅度分布模型有五种分布模型，即指数分布、瑞利分布、对数—正态分布、韦布尔分布和复合 k 分布。

各种模型的参数均可在仿真时进行设置。根据三种谱模型和五种幅度分布模型，再加上考虑相干和非相干情况，就可以组合出 20 多种模型。

产生各类杂波基本上可以分为三步：首先产生白高斯噪声序列 $n(t)$；然后将白高斯噪声序列 $n(t)$ 通过一个线性滤波器 $H(f)$，得到一个相关高斯随机序列 $y(t)$；最后，通过无记忆非线性变换法或球不变随机过程法产生任意分布的相关随机序列 $z(t)$。

利用无记忆非线性变换法产生相关随机序列的方法如图 9-19 所示。

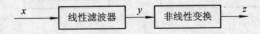

图 9-19 无记忆非线性变换法框图

利用无记忆非线性变换法的一个关键问题是，在给定系统输出序列的自相关函数时，根据满足幅度分布的非线性变换，能够求出非线性变换输入端的相关高斯随机序列 $Y(t)$ 的

自相关函数，如此才能同时满足幅度分布和自相关函数的要求。然后，再根据自相关函数设计线性滤波器。

下面以瑞利杂波为例介绍杂波模块的生成。瑞利分布是雷达杂波中最常用的一种幅度分布模型。在雷达波束照射范围内，当散射体的数目很多时，根据散射体反射信号振幅和相位的随机特性，它们合成的回波信号包络服从瑞利分布。如果采用 x 表示瑞利分布杂波回波的包络振幅，则 x 的概率密度函数为

$$f(x) = \frac{x}{\sigma^2} \exp\left(-\frac{x^2}{2\sigma^2}\right), \quad x \geqslant 0 \tag{9-27}$$

式中，σ 是杂波分布参量，它是杂波中频的标准差。由于雷达目标环境中的噪声也服从瑞利分布，因此这种模型也可以用来描述雷达环境中的噪声。

（1）瑞利分布杂波产生原理。产生相关瑞利分布杂波，要分两步：首先产生相关高斯杂波。我们知道，平稳高斯过程通过一线性滤波器输出仍为平稳高斯过程，对于频率响应为 $H(f)$ 的滤波器，若输入过程为 $x(t)$，输出过程为 $y(t)$，它们的功率谱分别为 $S_x(f)$ 和 $S_y(f)$，则有

$$S_y(f) = S_x(f) \, | \, H(f) \, |^2 \tag{9-28}$$

即输出过程的功率谱密度等于输入过程功率谱密度与频率响应函数取模的平方，即功率响应的乘积。有时，将 $|H(f)|^2$ 称为滤波器的功率增益函数。

在产生相关瑞利分布杂波时，首先产生白高斯噪声，其谱密度为 1，将其通过根据给定的杂波谱密度设计的滤波器，这时输出过程的功率谱密度即为滤波器的功率增益函数 $S_y(f) = |H(f)|^2$，通常称此滤波器为成形滤波器，如图 9-20(a) 所示。

产生相关瑞利分布杂波的第二步，对两个分别设计的相关高斯滤波器的输出杂波取模，得到相干相关瑞利杂波。

这里需要注意的有三点，即 I、Q 正交通道信号采样之间是相互独立的；每个通道的时间采样之间是相关的；对相干瑞利杂波，一对成形滤波器 $H(f)$ 的输入高斯序列必须是正交的。

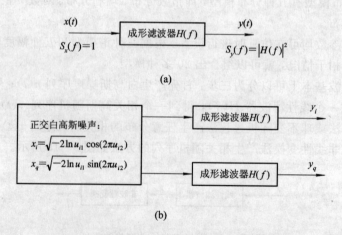

(a)

(b)

图 9-20　产生正交相干相关高斯杂波模型
(a) 高斯成形滤波器；(b) 产生相干相关序列模型

（2）成形滤波器的设计。产生相干相关瑞利分布杂波的关键问题之一是如何根据杂波功率谱特性设计成形滤波器。在已知杂波功率谱的前提下，有很多滤波器的设计方法可以采用。由于 FIR 滤波器具有收敛快、易于实现等优点。这种方法用对所希望的滤波器的频率特性作付里叶级数展开的方法求 FIR 滤波器的权系数，因而，称这种方法为付里叶级数展开法。

众所周知，FIR 滤波器的频率响应为

$$H(f) = \sum_{n=0}^{N-1} a_n e^{j2\pi fnT} \tag{9-29}$$

式中：$a_n(n=0, 1, \cdots, N)$ 为滤波器的加权系数。

对于高斯谱，滤波器的频率特性应满足

$$|H(f)| = \exp\left(-\frac{f^2}{4\sigma_f^2}\right) \tag{9-30}$$

将上式展开成付里叶级数形式，有

$$|H(f)| = \left|\sum_{n=0}^{N} C_n \cos(2\pi fnT)\right| \tag{9-31}$$

其中，

$$C_n = 2\sigma_f T_0 \sqrt{\pi} e^{-4\sigma_f^2 \pi^2 T_0^2 n^2} \tag{9-32}$$

式中：T_0 为采样周期；a_n 为滤波器的加权系数；C_n 为付里叶系数。

这样，FIR 滤波器的权系数就确定了。最后就可以写出描述该滤波器的差分方程和传递函数。

图 9-21 是利用 Simulink 建立的瑞利分布杂波产生模块。图 9-22 是杂波产生模块的内部结构，显然它所产生的是相干相关瑞利杂波。图 9-23 是产生的相干相关瑞利分布杂波的时域波形。图 9-24 是瑞利杂波的功率谱，显然它是高斯分布的。

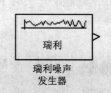

图 9-21　瑞利分布杂波发生模型

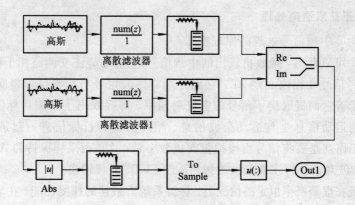

图 9-22　瑞利分布杂波发生器模块内部结构

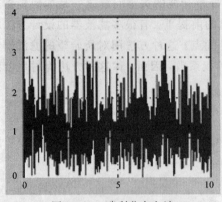

图 9-23 瑞利分布杂波

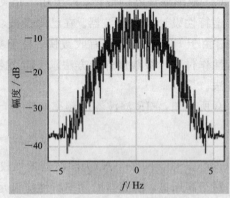

图 9-24 瑞利分布杂波 PSD

系统噪声用白高斯噪声模拟。图 9-25 给出了在相参脉冲串信号上叠加了杂波和系统噪声的波形，信号完全被杂波和噪声所淹没。图 9-26 是信号加杂波和系统噪声后的信号频谱。这里需要说明的是，对 I、Q 两路的正交双通道系统，应在两路分别加上相干相关高斯杂波、独立的高斯基底噪声和加入多普勒信息的相干脉冲串经正交分解之后的信号，然后分别送入 I、Q 两路的杂波抑制器，待信号处理之后取模。

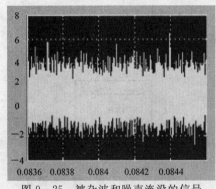

图 9-25 被杂波和噪声淹没的信号

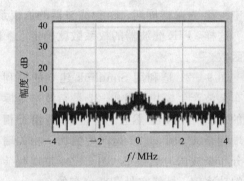

图 9-26 信号加杂波、噪声的频谱

3. 零中频正交双通道处理

图 9-27 为零中频信号处理的原理框图。

从图 9-27 可以看出，接收机输出的中频信号送入 I、Q 正交两路相干检波器，两路相干检波器的参考信号在相位上差 90°，它们分别将回波信号与相参信号之间的相位差提取出来，这就意味着它们提取出了信号的多普勒频率，即提取出了观测目标的运动信息。我们知道，目标的运动信息是与运动杂波信息、相对固定的目标信息一起进入雷达接收机的。接下来的工作就是要将信号由模拟量变成数字量，这是由采样保持和 A/D 变换器完成的。然后，经杂波对消器将主瓣杂波去掉，再经 FFT、取模输出。

为了使系统在虚警概率恒定的情况下，保持系统有最佳的探测性能，在取模之后要进行恒虚警处理。恒虚警处理所用的是同一个探测周期不同距离门的数据。对前面给出的瑞利分布来说，只要估计信号单元两侧的若干个相邻距离门的数据的平均值，就可实现对杂波强度的估计以实现门限电平的自动调整。如果是对数—正态或韦布尔杂波，则必须估计其二阶矩。

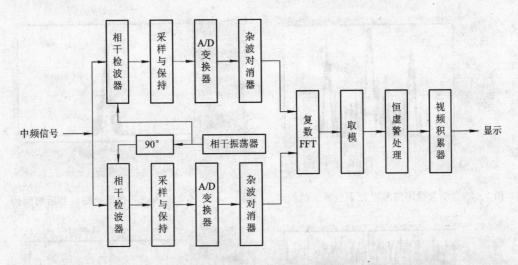

图 9 - 27　零中频信号处理的原理框图

　　视频积累器实现的是非相干积累,被积累的信号是来自不同探测周期的同一个距离门的信号,显然这就要有一个能存储中间结果的存储器配合它工作。积累结果与一个门限进行比较,如果该结果超过给定的门限电平,则认为有目标存在,否则,则认为没有目标存在。由于有用信号是按幅度相加的,而噪声是按功率相加的,因此视频积累器可以提高信号噪声比,从而提高系统的探测性能。

　　图 9 - 28 是利用 Simulink 建立的零中频处理部分的仿真框图。

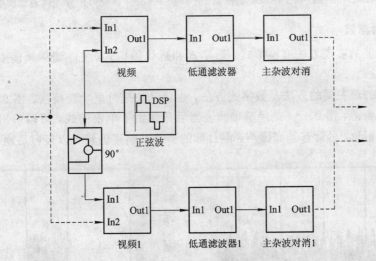

图 9 - 28　利用 Simulink 建立的零中频处理部分的仿真框图

　　图 9 - 29 是不含噪声信号经相干检波器后输出信号的频谱,图 9 - 30 是不含噪声信号经低通滤波器滤除高频分量后的信号频谱。图 9 - 31 是含噪声信号经相干检波器后输出信号的频谱,图 9 - 32 是含噪声信号经低通滤波器滤除高频分量后的信号频谱。为了减轻后续数字信号处理的负担,还要使用主杂波对消器,将主瓣杂波尽可能地减弱。

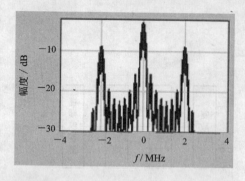

图 9 - 29　不含噪声信号经相干检波后的频谱

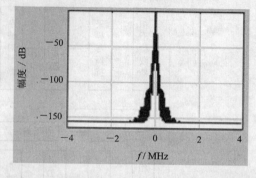

图 9 - 30　不含噪声信号经低通滤波器后的频谱

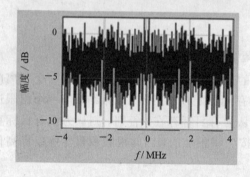

图 9 - 31　含噪声信号经相干检波后的频谱

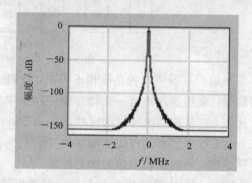

图 9 - 32　含噪声信号经低通滤波器后的频谱

4. 多普勒滤波

多普勒滤波的实现方法有模拟式、数字式和近代模拟式（线性调频频谱变换（CT））等三种方法。

目前使用的最主要的方法是数字式方法，也就是快速付里叶变换法。图 9 - 33 为 FFT 变换后的信号频谱，图 9 - 34 是经窄带滤波器后只保留了单根谱线，可以看出该目标的多普勒频移为 5 kHz，尽管有基底噪声，但目标的多普勒频移仍然可以很容易地被检测出来。

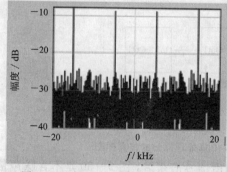

图 9 - 33　经 FFT 变换后的信号频谱

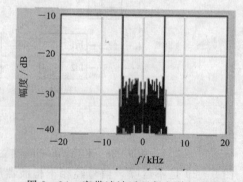

图 9 - 34　窄带滤波后只保留单根谱线

FFT 变换后输出的信号再经求模、恒虚警处理和数字视频积累处理，一旦判定为目标，便去录取目标的坐标以形成点迹，其中包括距离、方位、高度以及特征参数，如速度、机型等数据，最后将其送到显示器或数据处理计算机。

9.3　脉冲压缩雷达的仿真

随着现代武器和现代飞行器的发展，对雷达的作用距离、分辨率和测量精度等性能提出了越来越高的要求。根据雷达信号分析表明，在实现最佳处理并保证一定信噪比的条件下，测量精度和分辨率对信号形式的要求是一致的。测距精度和距离分辨率主要取决于信号的频率结构，为了提高测距精度和距离分辨率，要求信号具有大的带宽。测速精度和速度分辨率则取决于信号的时间结构，为了提高测速精度和速度分辨率，要求信号具有大的时宽。由于常规雷达采用单一载频的脉冲调制信号，信号时宽 T 和带宽 B 的乘积近似为 1，因此，用这种信号不能同时得到大的时宽和带宽、测距精度和距离分辨率、测速精度和速度分辨率以及检测能力之间存在着不可调和的矛盾。

为了解决上述矛盾，必须采用具有大时宽带宽乘积的较为复杂的信号形式。如果在宽脉冲内采用附加的频率调制或相位调制，则可以增加信号带宽 B，实现 $B_\tau \gg 1$。在接收信号时，用匹配滤波器进行处理，将宽脉冲压缩成宽度为 $1/B$ 的窄脉冲，这样既可以提高雷达的检测能力，又解决了测距精度、距离分辨率和测速精度、速度分辨率之间的矛盾。通常把这种大时宽带宽信号称为脉冲压缩信号，这种雷达就是脉冲压缩雷达，简称 PC 雷达。脉冲压缩技术所以越来越被人们重视，是因为脉冲压缩雷达与普通脉冲雷达相比有着显著的优点：

（1）脉冲压缩雷达被截获的概率低，因此也可以称其为低被截获雷达，这是因为在同样的发射功率的情况下，脉冲压缩雷达的峰值功率低，信号频谱分散，难于被敌方的侦察设备发现。

（2）脉冲压缩雷达分辨率高，探测距离远。由于采用了脉冲压缩技术，在相同脉冲宽度的情况下，脉冲压缩雷达将宽脉冲压成了很窄的脉冲，极大地提高了信号噪声比，增大了探测距离，提高了距离分辨率和测距精度。

（3）脉冲压缩雷达具有很强的抗干扰能力。由于采用了相关技术，脉冲压缩雷达具有很强的抗噪声干扰能力和抗欺骗干扰能力。

脉冲压缩信号主要分为调频脉冲压缩信号和相位编码脉冲压缩信号，调频脉冲压缩信号又分为线性调频和非线性调频两种形式。相位编码信号又分二相码、多相码。二相码中典型的如巴克码、m 序列码等，多相码中如四相码。线性调频信号，也称 Chirp 信号，它是通过对载波信号进行线性频率调制而得到的，其频率变化规律可以是单调增加的，或单调减小的。线性调频信号通过匹配滤波器进行处理，该脉冲压缩信号是提出最早而且得到广泛应用的一种脉冲压缩信号。这里简要介绍以 Simulink 为仿真平台的线性调频（LFM）信号的脉冲压缩系统的仿真概况。

9.3.1　线性调频脉冲压缩基本原理

线性调频信号的主要优点是：所用匹配滤波器对回波的多普勒频移不敏感，即使回波信号有较大的多普勒频移，仍能用同一个匹配滤波器完成脉冲压缩。该优点大大地简化了信号处理系统。但线性调频信号也存在缺点：

（1）具有较大的距离和多普勒频移的耦合，除非是距离或多普勒频移是已知的或可测定的，否则将引入误差，即多普勒频移引起视在距离变化。

（2）线性调频信号的匹配滤波器的输出旁瓣电平较高。为了将旁瓣降低至允许的电平，通常需要加权。这是以增大主瓣宽度为代价的，这将在一定程度上降低了系统的灵敏度。线性调频脉冲压缩的基本原理可用图 9 - 35 说明。

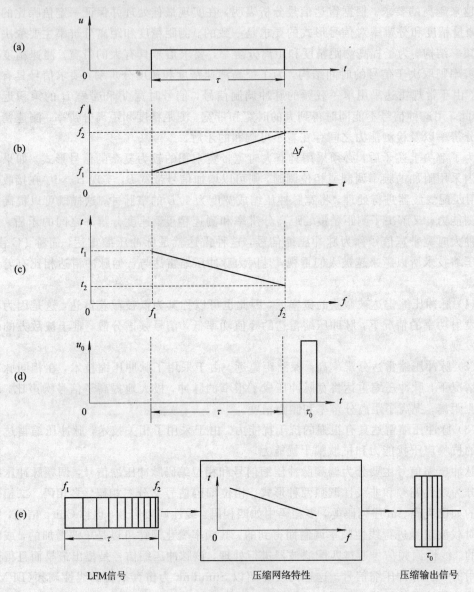

图 9 - 35　线性调频脉冲压缩基本原理图

图（a）为雷达接收机输入脉冲包络，其脉冲宽度为 τ，其间的载频随着时间的增加由 f_1 到 f_2 变化，见图（b）。图（c）为脉冲压缩网络的频率—时延特性，其频率随着时间增加呈负斜率变化，刚好与线性调频信号斜率相反，以保证线性调频信号的不同频率成分几乎同时输出形成一个单一频率的窄脉冲，其宽度为 τ，其理想的输出包络如图（d）。线性调频信号的不同频率成分的延迟是相对中心频率 f_0 而言的。图(e)为输入线性调频信号、输出脉冲压缩信号与脉冲压缩网络的关系图。

9.3.2 线性调频脉冲压缩雷达系统仿真

图 9-36 是线性调频信号脉冲压缩雷达系统仿真框图。它主要包括三部分，即信号、杂波和系统噪声产生部分，高(中)频部分和信息处理部分。在 Simulink 平台上，我们针对线性调频信号(LFM)的脉冲压缩系统建立了有关仿真模块，其中包括 LFM 信号发生器模块、杂波发生器模块、系统噪声发生器模块、零中频处理模块、视频处理模块、匹配滤波器模块、目标回波模块、低通滤波器模块、距离门模块、90°移相模块、主杂波对消模块、正弦波发生器模块和显示器模块等。

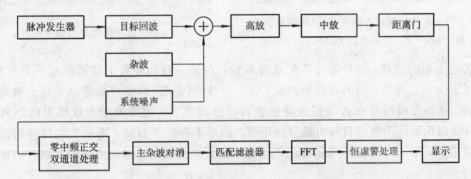

图 9-36 脉冲压缩雷达系统仿真框图

图 9-37 为利用雷达仿真模块在 Simulink 中建立的 PC 雷达仿真系统。

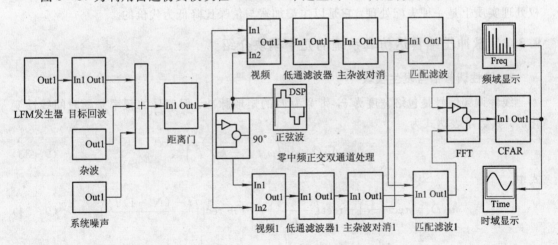

图 9-37 在 Simulink 中搭建的 PC 雷达仿真系统

9.3.3 脉冲压缩后的信号及其频谱

图 9-38 是经脉冲压缩后的信号波形，脉宽为 $0.1\,\mu s$，符合理论值 $1/B$。图 9-39 是其频谱图。

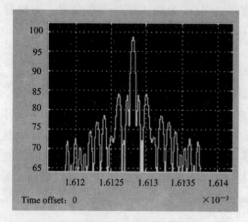

图 9-38　脉冲压缩后的信号波形(横轴单位为
1e-3s，纵轴单位为 dB)

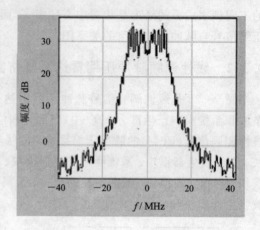

图 9-39　脉冲压缩后的信号频谱

经过上面的处理，信号通过匹配滤波器后，在某一时间位置上被压缩成一个窄脉冲，获得了最大的信噪比。但不可避免的是，这一窄脉冲(主瓣)两侧存在着以辛格函数为包络的旁瓣。这些旁瓣的存在将明显地降低多目标分辨能力，使得处于大致接近的距离位置上，有效面积不同的数个目标可能分辨不清。如果不存在多目标，则一个大目标的距离旁瓣可能造成虚警。因此必须采用专门的措施抑制距离旁瓣，而抑制旁瓣的有效方法正是加权处理。

加权处理就是在频域，对匹配滤波器的频率响应乘上适当的窗函数，如汉明窗、海明窗等。这样虽然增加了一些运算量，但却可以把旁瓣压低到主瓣的-40 dB 以下。但是，加权处理实质上是一种失配处理，它是以主瓣加宽与信噪比降低为代价的。

9.3.4　脉冲压缩雷达仿真系统的几个模块介绍

1. 线性调频信号发生模块

线性调频信号是包络宽度为 τ，带宽为 B 的矩形脉冲，但信号的频率是随时间线性变化的，其数学表达式为

$$y = Au(t)\sin\left(\omega_0 t + \frac{1}{2}k \times t^2\right) \tag{9-33}$$

式中

$$u(t) = \text{rect}\left(\frac{t}{\tau}\right) + \text{rect}\left(\frac{t - T_r}{\tau}\right) + \cdots + \text{rect}\left(\frac{t - (N-1)T_r}{\tau}\right) \tag{9-34}$$

$$\text{rect}\left(\frac{t}{\tau}\right) = \begin{cases} 1, & \left|\dfrac{t}{\tau}\right| \leqslant \dfrac{1}{2} \\ 0, & \left|\dfrac{t}{\tau}\right| > \dfrac{1}{2} \end{cases} \tag{9-35}$$

其中 A 为振幅，ω_0 为初始相位，τ 为脉冲宽度，$k = B/\tau$ 为频率变化率，T_r 为脉冲重复周期。

其瞬时角频率为

$$\omega_t = \omega_0 + kt \tag{9-36}$$

图 9-40 为 LFM 发生器内部结构,图 9-41 为 LFM 发生器所产生的带宽 10 MHz,脉宽 1 μs 的线性调频信号,图 9-42 为其频谱图。

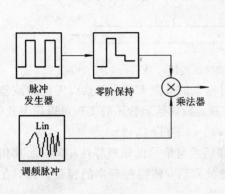

图 9-40　LFM 发生器结构

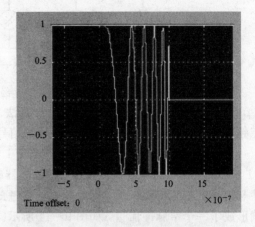

图 9-41　线性调频信号(横轴单位
　　　　　为 1e-7s,纵轴单位为 V)

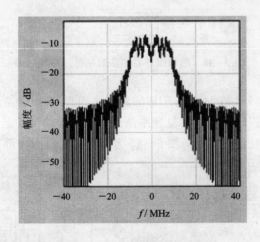

图 9-42　线性调频信号频谱图

2. 匹配滤波(脉冲压缩)模块

信号通过匹配滤波器的输出可以从频域和时域两个方面获得。在不考虑边带倒置处理时,匹配滤波器的传递函数应为线性调频信号频谱的复共轭。

时域的脉压处理是通过对接收信号 $s(n)$ 与匹配滤波器的脉冲响应 $h(n)$ 求卷积的方法来实现的。匹配滤波器的脉冲响应 $h(n)$ 为接收信号 $s(n)$ 的共轭镜像函数。匹配滤波器脉冲响应 $h(n)$ 的采样点数与信号采样点数 N 相同,则匹配滤波器输出 $y(n)$ 为

$$y(n) = \sum_{k=0}^{N-1} s(k)h(n-k) = \sum_{k=0}^{N-1} h(k)s(n-k) \tag{9-37}$$

图 9-43 是按上式构成的一种非递归的横向滤波器。在实际应用中往往在复数域进行滤波处理,因此实际应用中应采用正交双通道滤波器。

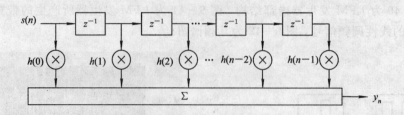

图 9-43　经典横向滤波器

另一种方法是基于频域的付里叶变换法。对输入信号做 FFT，再乘以匹配滤波器的数字频率响应函数，经 IFFT 输出压缩后的信号序列。频域数字脉压的实现可以用下式表示：

$$y(n) = \text{IFFT}\{\text{FFT}[s(n)] * \text{FFT}[h(n)]\} \qquad (9-38)$$

$h(n)$ 是 $s(n)$ 的共轭镜像函数，即滤波器幅频特性与信号的幅频特性相同，而其相频特性与信号的相频特性相反，因此，信号通过此滤波器后，使得各频率的相位一致，在输出端形成了一个窄脉冲信号，如图 9-44 所示。

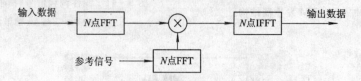

图 9-44　频域快速卷积法数字脉压原理框图

对于长度为 N 的信号，在时域用 FIR 滤波器实现数字脉压，需要进行 N^2 次复数乘法运算，而频域卷积法仅需 $2N \ln N$ 次复数乘法运算，大大减少了运算量。我们建立的模块是以频域的付里叶变换法为基础的，图 9-45 为匹配滤波器的内部结构。

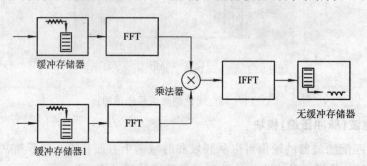

图 9-45　匹配滤波器内部结构

前面已经指出，以上只是两个雷达系统的仿真框架，如果需要对其进行性能评估，还需进行很多工作，如研究系统的探测性能，抗干扰能力等。

名词与缩略语

A

AC	Adaptive Canceler	自适应对消器
ACF	Autocorrelation Function	自相关函数
AF	Adaptive Filtering	自适应滤波
AGC	Automatic Gain Control	自动增益控制
AMTI	Adaptive Moving Target Indication	自适应动目标显示
AM	Autoreqressive Model	自回归模型
ATR	Automatic Target Recognition	自动目标识别
ATC	Air Traffic Control	空中交通管制

B

Beta Distribution		贝塔分布
BC	Binary Coding	二进制编码
BD	Binary Detection	二进制检测
BP	Bandlimited Processes	带限过程
BW	Beam Width	波束宽度

C

Cauchy Distribution	柯西分布
Central Limit Theorem	中心极限定理
Chi Distribution	chi 分布
Chi – Square(χ^2) Distribution	χ^2 分布
Complex Envelop	复包络
Complex Processes	复过程
Complex Random Variable	复随机变量
Congruential Method	同余法
Correlation Clutter	相关杂波
Covariance Matrix	协方差矩阵

Cross Correlation Function　　　　　　　　　　互相关函数
CFAR　　　　Constant False Alarm rate　　　　恒虚警率
C³I　　　　　Command Control Communication and Intelligence

　　　　　　　　　　　　　　　　　　　　　　指挥、控制、通信和情报

CW　　　　　Continuous Wave　　　　　　　　连续波

D

Detection　　　　　　　　　　　　　　　　　检测
DSP　　　　　Digital Signal Processor　　　　　数字信号处理器

E

Erlang Distribution　　　　　　　　　　　　厄兰分布
Estimation　　　　　　　　　　　　　　　　估计
Exponential Distribution　　　　　　　　　　指数分布
ECM　　　　　Electronic Countermeasure　　　电子对抗
EKF　　　　　Extended Kalman Filter　　　　　扩展卡尔曼滤波器
EW　　　　　Electronic Ware　　　　　　　　　电子战

F

F Distribution　　　　　　　　　　　　　　F 分布
Filter　　　　　　　　　　　　　　　　　　滤波器
FCM　　　　　Fuzzy Mean Cluster　　　　　　模糊均值聚类
FFT　　　　　Fast Fourier Transform　　　　　快速付里叶变换
FM　　　　　Frequency Modulation　　　　　　频率调制

G

Gamma Distribution　　　　　　　　　　　伽玛/Γ 分布
Generalized Rayleigh Distribution　　　　　广义瑞利分布
Geometric Distribution　　　　　　　　　　几何分布

H

Hard – c Mean Cluster　　　　　　　　　　硬 c 均值聚类
Hard Limiter　　　　　　　　　　　　　　硬限幅器

I

IS	Importance Sample	重要抽样
IFFN	Identification – Friend – foe – Neutral	敌我友识别
IID	Independent Identity Distribution	独立同分布
IR	Infrared	红外
ISAR	Inverse SAR	逆合成孔径雷达

J

JPD	Joint Probability Density	联合概率密度

K

KF	Kalman Filter	卡尔曼滤波器

L

Laplace Distribution		拉普拉斯分布
Linear Detector		线性检波器
Log – Normal Distribution		对数—正态分布
LFM	Linear Frequency Modulation	线性调频
LMS	Least Mean-Square	最小均方

M

Matched Filter		匹配滤波器
Mean – Square		均方
Mixed Congruential Method		混合同余法
Moments		矩
MCS	Monte Carlo Simulation	蒙特卡罗仿真
ML	Maximum Likelihood	最大似然
MMW	Millimeter-Wave	毫米波
MTD	Moving Target Detection	动目标检测
MTI	Moving Target Indication	动目标显示
MTT	Multiple Target Tracking	多目标跟踪

N

Narrow – Band Processes	窄带过程
Normal Distribution	正态分布

O

oct	octave	信频程，八度音
OD	Order Detector	秩检测器
OSCFAR	Order Statistical CFAR	秩统计 CFAR
OTHR	Over The Horizon Radar	超视距雷达

P

Probability Distribution	概率分布
Probability Theory	概率论
Phase Coding	相位编码
Poisson Distribution	泊松分布
PAM	Pulse Amplitude Modulation	脉冲幅度调制
PC	Pulse Compression	脉冲压缩
PDF	Probability Density Function	概率密度函数
PDR	Pulse Doppler Radar	脉冲多普勒雷达
PPI	Plan – Position Indicator	平面位置显示器
PRF	Pulse Repetition Frequence	脉冲重复频率
PRI	Pulse Repetition Interval	脉冲重复间隔
PRN	Pseudo – Random Number	伪随机数
PSD	Power Spectrum Density	功率谱密度
PW	Pulse Width	脉冲宽度

Q

Quantization	量化

R

Radar Antenna	雷达天线
Radar Transmitter	雷达发射机
Radar Receiver	雷达接收机

Radar Indicator		雷达显示器
Radar Clutter		雷达杂波
Radar Noise		雷达噪声
Radar Signal		雷达信号
Radar System Simulation		雷达系统仿真
Rice Distribution		莱斯分布
Rayleigh Distribution		瑞利分布
Random Sampling		随机抽样
Random Signal		随机信号
Random Sequence		随机序列
RCS	Radar Cross Section	雷达横截面积
RF	Radio Frequency	射频
RN	Random Number	随机数
RNG	Random Number Generator	随机数产生器
RMS	Root Mean Square	均方根值
RP	Radar Plot	雷达点迹
RP	Random Processes	随机过程
RV	Random Variable	随机变量
RV	Random Vector	随机矢量
RWR	Radar Warning Recievers	雷达告警接收机

S

Sample		样本
Student t Distribution		学生 t 分布
Sampling Theorem		抽样定理
Square – Law Detector		平方律检波器
State Estimation		状态估计
Simulation Techniques		仿真技术
System Simulation		系统仿真
SAR	Synthetic Aperture Radar	合成孔径雷达
SNR	Signal to Noise Ratio	信号噪声比
SP	Signal Processing	信号处理
ST	Statistical Trials	统计试验
ST	Statistical Testing	统计检验
STC	Sensitivity Time Control	灵敏度时间控制

T

Track		跟踪、航迹
Threshold		门限
TWS	Track – While – Scan	边扫描边跟踪

U

Uniform Distribution		均匀分布

V

VI	Video Integration	视频积累

W

WF	Wondows Function	窗函数
WN	White Noise	白噪声

参 考 文 献

1　401 编写组. 雷达终端(上、下册). 西安：西北电讯工程学院，1977.

2　林可祥，汪一飞. 伪随机码的原理与应用. 北京：人民邮电出版社，1978.

3　杨万海. 双极点滤波器的分析与设计方法. 录取显示会议录，1979.

4　杨万海. 蒙特卡罗法和雷达模拟初阶. 西安：西北电讯工程学院，1984.

5　A. 帕普里斯. 概率，随机变量与随机过程. 保铮，章溍五，吕胜尚，译. 西安：西北电讯工程学院出版社，1986.

6　熊光楞，肖田元，张燕云. 连续系统仿真与离散事件系统仿真. 北京：清华大学出版社，1987.

7　统计试验法(蒙特卡罗法). 杜淑敏，译.

8　杨万海. 相关高斯杂波的产生. 中国第五届雷达年会，1987.

9　杨万海. 重要抽样技术在非参量检测中的应用. 陕西省电子学会年会论文，1988.

10　戴维德. 巴顿，等. 雷达评估手册. 才永杰，等，译. 1992.

11　丁鹭飞. 耿富录. 雷达原理. 西安：西安电子科技大学出版社，1992.

12　杨万海. ×××雷达系统仿真及性能评估报告. 西安：西安电子科技大学，1994.

13　向敬成，张明友. 雷达系统. 成都：电子科技大学出版社，1997.

14　沈永欢，等. 实用数学手册. 北京：科学出版社，1997.

15　史林，杨万海. 雷达系统建模、仿真与设计. 技术报告，2000.

16　杨万海. 多传感器数据融合及其应用. 西安：西安电子科技大学出版社，2004.

17　胡海荞，杨万海. 基于 Simulink 的脉冲压缩雷达系统的建模与仿真.《电子对抗技术》. Vol. 19, No. 4. 2004.

18　胡海荞，杨万海. 基于 Simulink 的脉冲多谱勒雷达系统建模与仿真.《系统工程与电子技术》. Vol. 27, No. 27, 2005.

19　J. I. Marcum. Studies of Target Detection by a Pulsed Radar. AD - 101882, 1960.

20　P. Swerling. Probability of Detection for a Fluctuating Target. RM - 127, 1960.

21　F. Yao. A representation theorem and its application to Spherically Invariant Random Processes. IEEE Trans. On IT, 1973.

22　T. Goldman. Detection in the presence of Spherically Invariant Random Processes. IEEE Trans. Vol. IT - 22, No. 5, 1973.

23　Automatic Detection For Suppresson of Sideloke Interference. Proc. of the IEEE Conf. on Decision & Control, Vol. 1, 1977.

24　D. C. Schleher. MTI Radar. Artech House, 1978.

25　R. L. Mitchell. Importance Sampling Applied to Simulation of False Alarm Statistics. IEEE Trans. Vol. AES—17, No. 1, Jan. 1981.

26　B. C. Butters. B. S. Minst. P. Chaff. IEE Vol. 129, Pt. F, No. 3, 1982.

27　AD - A013929.

28　AD781870.

29　AD738167 .

30　Liu Bede, David C, Munson Jr.. Generation of a Random Sequences Giving a Jointly Specified Maginal Distribution and Autocovariance. IEEE Trans. On ASSP, Vol. 30, No. 6, 1982.

31　Nezih C, Geckinli. Discrete Fourier Transformation and Its Application to Power Spectra Estimation. NY, 1983.

32　Gang Li, Kai – Bor Yu. Modelling and Simulation of Coherent Weibull Clutter. IEE Proc. F, 134, 2, 1987.

33　E. Conte and M. Longo. On a Coherent Model for Log-Normal Clutter. IEE Proc. F, 134, 2, 1987.

34　Lu D, Yaa K. A New Approach to Importance Sampling for the Simulation of False Alarm. Inter. Conf. Radar'87 1987.

35　E. conte and M. longo. Characterisation of radar clutter as an Spherically Invariant Random Processes. IEE Proc. Pt. F. V01, 134, No. 2 1987.

36　Luo Falong Yang Wanhai. Two techniques for simulating Correlated Log-Normal Sequences. Inter. 88 conf. of Modelling and Simulation, 1988.

37　D. Wart, C. J. Baker. Maritime Surveillance Radar. Part 1 1990.

38　D. Wart, C. J. Baker. Maritime Surveillance Radar. Part 2 1990.

39　M. Rangaswamy and D. D. Weiner. Simulation of Correlated Non-Gaussian Interference for Radar Signal Detection. CESU, 1991.

40　Luo Falong, Yang Wanhai. The detection of clutter by use of third-Order Cumulants. IEEE International Symposium on IT 1991.

41　 Luo Falong, Yang Wanhai. One Scheme for Simulating Spherically Invariant Random Processes. AMSE REVIEW V01. 15, NO. 3, 1991.

42　Luo Falong, Yang Wanhai. The Simulation of Correlated χ^2 Sequences. AMSE REVIEW V01. 15, NO. 3, 1991.

43　Yang Wanhai, Zhao Qiang. Modelling and Simulation of Ground Clutter for Airborne Pulse Doppler Radar. Inter. Conf. Radar'91, 1991.

44　E. conte, M. Long, and M. Lops. Modelling and Simulation of Non-Rayleigh Radar Clutter. IEE Proc. F, Commun. Radar, & Signal Process. Vol. 138, No. 2, 1991.

45　J. Baker. k-Distribution Coherence Sea Clutter. IEE Proc. F, Vol. 138, No. 2, 1991.

46　D. Blacknell. New Method for the Simulation of Correlated k-Distribution Clutter. IEE Proc. F, Vol. 141, No. 1, 1994.

47　P. R. Chakravarthi. High-Level Adaptive Signal Processing Architecture With Applications Radar Non-Gaussian Clutter, The Problem of Weak Signal Detection. RL – TR – 95 – 164, Vol. 4, 1995.

48　L. James Marier Jr. Correlated k-Distribution Clutter Generation for Radar Detection and Track. IEEE Trans. On AES, Vol. 31, No. 2, 1995.

49　J. H. Michels. Covariance Matrix Estimation Performance in Non-Gaussian SIRP. RL – TR – 96 – 4, 1996.

50　P. Meyer. Radar Target Detection-Handbook of Theory and Practice. .

51　Garcia. The APG – 70 Radar Simulation Model. WL – TR 96 – 3126, 1996.

52　G. L. Bair. Airborne Radar Simulation. Camber Corporation 1996.

53　V. N. Suresh Babu and J. A. Torres. Enhanced Capabilities of Advanced Airborne Radar Simulation. RL – TR – 95 – 269, 1996.

54　Chung – Yi Chen. Modelling and Simulation of A Search Radar Receiver. NPC – 1996, 1997.

55　R. T. Tsunoda. Global Clutter Model for HF Radar. RL – TR – 97 – 180, 1998.

56　J. P. Reilly. RF-Environment Models for the ADSAM Program. JHU – APL, AIA97U – 070, 1998.

57　Irina Antipov. Simulation of Sea Clutter Returns. DSTO – TR – 0679, 1998.

58 W. Susana. Random Variables in Engineering. Math. 1998.

59 I. Antipov. Analysis of Sea Clutter Data. DSTO – 0647, 1998.

60 W. L. Simkins. Air Defense Initiative Clutter Model. 1998.

61 D. A. Shnidman. Generalized Radar Clutter Model. IEEE TRANS. AES, Vol. 35, No. 3, 1999.

62 B. Himed. Multi-Channel Signal Generation and Analysis. AFRL – IF – TR – 1998 – 184, 1999.

63 Jesus Grajal, Alberto Asensio. Maltiparametric Importance Sampling for Simulation of Radar Systems. IEEE Trans. AES, Vol. 35, No. 1, 1999.

64 Steven J Hughes. Overview of Experrimental Pulse-Doppler Radar Data Collected Oct. 1999. DREO TM 2000 – 114, 2000.

65 P. L. Choog. Modelling Airborne L-Band Radar Sea and Coastal Land Clutter. DSTO – TR – 0945, 2000.

66 M. K. Leong. Stepped Frequency Imaging Radar Simulation. NPS – 2000.

67 R. J. Mente. Mathematical Methods. Bark-House 2000.

68 W. J. Szajnowski. Computer Models of Correlated Non-Gaussian Sea Clutter. Third ONR/GTRI Workshop on Target and Sensor Fusion, 2000.

69 Michael, K. Digital Automatic Gain Control for Surseillance Radar Applications: Theory and Simulation. DREO – TR – 2000 – 115, 2000.

70 J. M. Henson. Key Techniques and Algorithms for the Development of an Air-Ground Bistatic Imaging Radar Simulation. University of Nevada, 2001.

71 Wu Feng, Shi Ling, Yang Wanhai. Modelling and Simulation of PD Radar System Based on the System View. Rarar'2001, 2001.

72 D. Thomson. A Target Simulation for Studies of Radar Detection in Clutter. DRCO – TR – 2002 – 145, 2002.

73 B. Bair. X Band Radar Ground Clutter Statistics for Resolution Cells of Arbitrary Size and Shape. AFRL – SN – HS – TR – 2001, 2002.

74 S. sayama. Weibull, Log-Weibull and k-Distributed Ground Clutter Modelling Analyzed by AIC. Radar'2003.

75 G. G. Bowman. Investigation of Doppler Effects on the Detection of Polyphase Coded Radar Waveforms. AFIT/GCE/ENG/03 – 01, 2003.

76 K. Jamil, and R. J. Burkholder. Simulation of Radar Scattering Over a Rough Sea Sueface. OSU, 2004.

77 A. Parthiban. Modelling and Simulation of Radar Sea Clutter Using k-Distribution. Inter. Conf. On SPCOM, 2004.

78 D. A. Abraham. Simulation of Non-Rayleigh Reverberation and Clutter. IEEE Journal of Oceanic Engineering, Vol. 29, No. 2, 2004.

79 S. W. Marcus. Dynamics and Radar Cross Section Density of Chaff Clouds. IEEE Trans. AES Vol. 40, No. 1, 2004.

80 E. F. Carter. The Generation and Application of Random Numbers. Forth Dimensions, Vol. $\mathbb{X} \mathbb{V}$, No. 1 & 2.

81 M. Rangaswamy, D. Weiner, and A. Ozturk. Computer Generation of Correlated Non-Gaussian Clutter for Radar Signal Detection. Accepted for Publication in IEEE – AES trans.

82 J. Barnard and D. D. Weiner. Non-Gaussian Clutter Modelling with Generalized SIRV. IEEE Trans. On. SP, Vol. 44, No. 10.

83 M. Rangaswamy. Spherically Invariant Random Processes for Modelling Non-Gaussian Radar Clutter.

ERCE 1993.

84　http://www. mathworld. wolfram. com.

85　http://www. daimi. aau. dk.

86　http://www. angelfire. com.

87　http://www. igence. com.

88　http://www. xycoon. com.

89　telnet://condor. net. ohiou. edu/.

90　http://math-dell. com.

欢迎选购西安电子科技大学出版社工程应用类图书

欢迎来函索取本社最新书目和教材介绍，欢迎投稿！

从邮局或银行汇款邮购者，汇款单上务必写清收书人姓名、地址、邮编、电话。款到后我社将挂号发书，加收5元包装邮寄费（一次购书30元以上者可免收邮费）。

通信地址：西安市太白南路2号　　西安电子科技大学出版社发行部　　　　邮　编：710071

电　话：（029）88201467　　　　　　　传　真：（029）88213675

主　页：http://www.xduph.com　　　　　E－mail：xdupfxb@pub.xaonline.com